Günter Wellenreuther
Dieter Zastrow

Lösungsbuch

Steuerungstechnik mit SPS

Günter Wellenreuther
Dieter Zastrow

Lösungsbuch Steuerungstechnik mit SPS

Lösungen der Aufgaben

2., korrigierte Auflage

vieweg

1. Auflage 1993
2., korrigierte Auflage 1995

Das in diesem Buch enthaltene Programm-Material ist mit keiner Verpflichtung oder Garantie irgendeiner Art verbunden. Die Autoren übernehmen infolgedessen keine Verantwortung und werden keine daraus folgende oder sonstige Haftung übernehmen, die auf irgendeine Art aus der Benutzung dieses Programm-Materials oder Teilen davon entsteht.

Der Verlag Vieweg ist ein Unternehmen der Bertelsmann Fachinformation GmbH.

Umschlaggestaltung: Klaus Birk, Wiesbaden
Druck und buchbinderische Verarbeitung: Lengericher Handelsdruckerei, Lengerich
Gedruckt auf säurefreiem Papier
Printed in Germany

ISBN 3-528-14637-0

Vorwort

Der vorliegende Lösungsband bringt die Lösungen der Übungsaufgaben aus dem Lehrbuch „Steuerungstechnik mit SPS“.

Die Lösungen sind ausführlich dargestellt mit

- Lösungsweg (Beschreibungsmittel und Entwurfsmethode),
- Funktionsplan,
- Anweisungsliste.

Bei den Programmen mit wortverarbeitenden Befehlen wurden ausführliche Kommentare in der Anweisungsliste angegeben. Diese Kommentare erleichtern den Nachvollzug von Programmschritten und erläutern die Parametrierungsmaßnahmen bei Standardfunktionsbausteinen für Analogwertverarbeitung und Regelungen.

Bei den Ablaufsteuerungen wurde, wegen der großen Praxisbedeutung dieses Steuerungstyps, die Verbindung zum vorgegebenen Betriebsartenteil immer dargestellt.

Wir danken dem Verlag für das Eingehen auf unsere Wünsche sowie für die sorgfältige Ausführung des Lösungsbandes. Für Zuschriften aus dem Leserkreis mit Hinweisen oder besseren Lösungsvorschlägen sind wir jederzeit dankbar.

Günter Wellenreuther
Dieter Zastrow

Mannheim, Ellerstadt, Januar 1995

Inhaltsverzeichnis

Übung 3.1: Überwachung eines chemischen Prozesses

Zuordnungstabelle:

Eingangsvariable	Betriebsmittel-kennzeichen	Logische Zuordnung
Bimetallthermometer	E	Temp. unterschr. E = 0
Ausgangsvariable		
Alarmhupe	A	Alarmhupe A = 1

Funktionstabelle:

E	A
0	1
1	0

Funktionsplan:

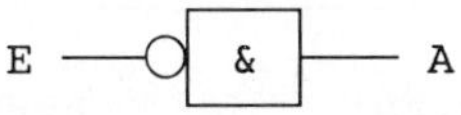

Schaltalgebraischer Ausdruck:

$A = \overline{E}$

Realisierung mit einer SPS:

Zuordnung: E = E 0.1
A = A 0.1

Anweisungsliste:

```
:UN  E    0.1
:=   A    0.1
:BE
```

Übung 3.2: Spritzgußmaschine

Zuordnungstabelle:

Eingangsvariable	Betriebsmittel-kennzeichen	Logische Zuordnung
Form geschlossen Formdruck Schutzgitter Preßtemperatur	E1 E2 E3 E4	Endschalter betätigt E1 = 1 Formdruck aufgebaut E2 = 0 Schutzgitter geschl. E3 = 1 Temperatur erreicht E4 = 0
Ausgangsvariable		
Magnetventil	A	Ventil angezogen A = 1

Funktionstabelle:

E4	E3	E2	E1	A
0	0	0	0	0
0	0	0	1	0
0	0	1	0	0
0	0	1	1	0
0	1	0	0	0
0	1	0	1	1
0	1	1	0	0
0	1	1	1	0
1	0	0	0	0
1	0	0	1	0
1	0	1	0	0
1	0	1	1	0
1	1	0	0	0
1	1	0	1	0
1	1	1	0	0
1	1	1	1	0

Funktionsplan:

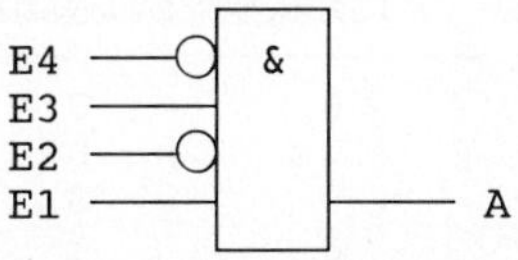

Schaltalgebraischer Ausdruck:

$A = \overline{E4}\&E3\&\overline{E2}\&E1$ oder

$A = \overline{E4}E3\overline{E2}E1$

Realisierung mit einer SPS:

Zuordnung: E1 = E 0.1 A = A 0.1
E2 = E 0.2
E3 = E 0.3
E4 = E 0.4

Anweisungsliste:

```
:UN  E    0.4
:U   E    0.3
:UN  E    0.2
:U   E    0.1
:=   A    0.1
:BE
```

Übung 3.3: Reaktionsgefäß

Zuordnungstabelle:

Eingangsvariable	Betriebsmittel-kennzeichen	Logische Zuordnung	
Druckmesser	E1	Druck zu groß	E1 = 0
Thermoelement	E2	Temperatur zu groß	E2 = 0
Einlaßventil	E3	Ventil offen	E3 = 0
Konzentration	E4	Konzentration err.	E4 = 0
Ausgangsvariable			
Sicherheitsventil	A	Ventil offen	A = 1

Funktionstabelle:

E4	E3	E2	E1	A
0	0	0	0	0
0	0	0	1	1
0	0	1	0	1
0	0	1	1	1
0	1	0	0	1
0	1	0	1	1
0	1	1	0	1
0	1	1	1	1
1	0	0	0	1
1	0	0	1	1
1	0	1	0	1
1	0	1	1	1
1	1	0	0	1
1	1	0	1	1
1	1	1	0	1
1	1	1	1	1

Funktionsplan:

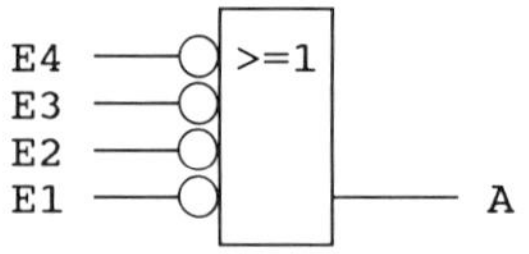

Anweisungsliste:

```
:ON  E   0.4
:ON  E   0.3
:ON  E   0.2
:ON  E   0.1
:=   A   0.1
:BE
```

Schaltalgebraischer Ausdruck:

$A = \overline{E4} \vee \overline{E3} \vee \overline{E2} \vee \overline{E1}$

Realisierung mit einer SPS:

Zuordnung: E1 = E 0.1   A = A 0.1
E2 = E 0.2
E3 = E 0.3
E4 = E 0.4

Übung 3.4: UND-vor-ODER

Funktionstabelle:

E4	E3	E2	E1	E4&E3&E2&E1	$E3\&\overline{E2}\&E1$	$\overline{E4}\&E2\&E1$	$E4\&\overline{E3}\&\overline{E2}$	A
0	0	0	0	0	0	0	0	0
0	0	0	1	0	0	0	0	0
0	0	1	0	0	0	0	0	0
0	0	1	1	0	0	1	0	1
0	1	0	0	0	0	0	0	0
0	1	0	1	0	1	0	0	1
0	1	1	0	0	0	0	0	0
0	1	1	1	0	0	1	0	1
1	0	0	0	0	0	0	1	1
1	0	0	1	0	0	0	1	1
1	0	1	0	0	0	0	0	0
1	0	1	1	0	0	0	0	0
1	1	0	0	0	0	0	0	0
1	1	0	1	0	1	0	0	1
1	1	1	0	0	0	0	0	0
1	1	1	1	1	0	0	0	1

Schaltalgebraischer Ausdruck:

$$A = E4\&E3\&E2\&E1 \text{ v } E3\&\overline{E2}\&E1 \text{ v } \overline{E4}\&E2\&E1 \text{ v } E4\&\overline{E3}\&\overline{E2}$$

Realisierung mit einer SPS:

Zuordnung: E1 = E 0.1   A = A 0.1
E2 = E 0.2
E3 = E 0.3
E4 = E 0.4

Anweisungsliste:

```
:U   E   0.1     :U   E   0.1
:U   E   0.2     :U   E   0.2
:U   E   0.3     :UN  E   0.4
:U   E   0.4     :O
:O               :UN  E   0.2
:U   E   0.1     :UN  E   0.3
:UN  E   0.2     :U   E   0.4
:U   E   0.3     :=   A   0.1
:O               :BE
```

Übung 3.5: ODER-vor-UND

Funktionstabelle:

E4	E3	E2	E1	$\overline{E4}$ v $\overline{E3}$ v E2 v $\overline{E1}$	$\overline{E4}$ v E3 v $\overline{E2}$ v E1	E4 v E2	A
0	0	0	0	1	1	0	0
0	0	0	1	1	1	0	0
0	0	1	0	1	1	1	1
0	0	1	1	1	1	1	1
0	1	0	0	1	1	0	0
0	1	0	1	1	1	0	0
0	1	1	0	1	1	1	1
0	1	1	1	1	1	1	1
1	0	0	0	1	1	1	1
1	0	0	1	1	1	1	1
1	0	1	0	1	0	1	0
1	0	1	1	1	1	1	1
1	1	0	0	1	1	1	1
1	1	0	1	0	1	1	0
1	1	1	0	1	1	1	1
1	1	1	1	1	1	1	1

Schaltalgebraischer Ausdruck:

$$A = (\overline{E4} \text{ v } \overline{E3} \text{ v } E2 \text{ v } \overline{E1}) \& (\overline{E4} \text{ v } E3 \text{ v } \overline{E2} \text{ v } E1) \& (E4 \text{ v } E2)$$

Realisierung mit einer SPS:

Zuordnung: E1 = E 0.1   A = A 0.1
E2 = E 0.2
E3 = E 0.3
E4 = E 0.4

Anweisungsliste:

```
:U(              :U(
:ON  E   0.1     :O   E   0.2
:O   E   0.2     :O   E   0.4
:ON  E   0.3     :)
:ON  E   0.4     :=   A   0.1
:)               :BE
:U(
:O   E   0.1
:ON  E   0.2
:O   E   0.3
:ON  E   0.4
:)
```

Übung 3.6: Funktionsplandarstellung

Funktionstabelle:

E4	E3	E2	E1	A1	A2
0	0	0	0	0	0
0	0	0	1	1	1
0	0	1	0	0	0
0	0	1	1	1	1
0	1	0	0	0	0
0	1	0	1	1	1
0	1	1	0	0	0
0	1	1	1	0	0
1	0	0	0	0	0
1	0	0	1	1	0
1	0	1	0	0	0
1	0	1	1	1	0
1	1	0	0	0	0
1	1	0	1	1	0
1	1	1	0	0	0
1	1	1	1	0	0

Realisierung mit einer SPS:

Zuordnung: E1 = E 0.1　　A1 = A 0.1
E2 = E 0.2　　A2 = A 0.2
E3 = E 0.3
E4 = E 0.4

Anweisungsliste:

```
:U   E   0.1
:U   E   0.2
:UN  E   0.3
:O
:U   E   0.1
:UN  E   0.2
:=   A   0.1
:U   A   0.1
:UN  E   0.4
:=   A   0.2
:BE
```

Übung 3.7: Analyse einer Anweisungsliste

Zuordnung: E0 = E 0.0　　A0 = A 0.0
E1 = E 0.1　　A1 = A 0.1
E2 = E 0.2

Funktionsplan:

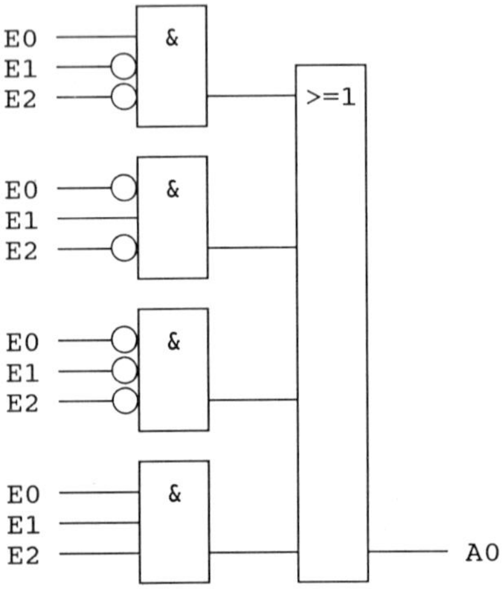

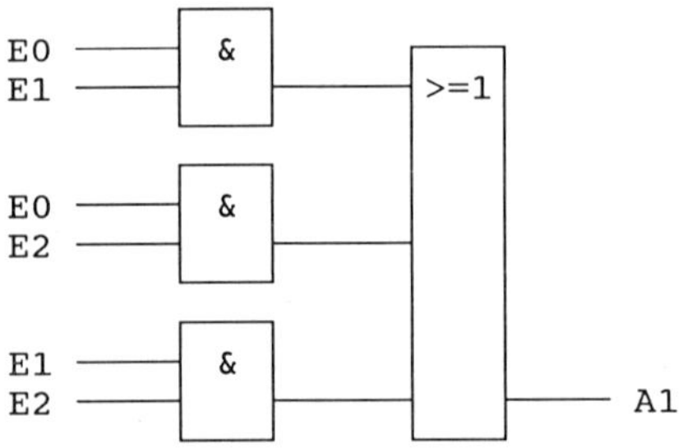

Funktionstabelle:

E2	E1	E0	A0	A1
0	0	0	1	0
0	0	1	1	0
0	1	0	1	0
0	1	1	0	1
1	0	0	0	0
1	0	1	0	1
1	1	0	0	1
1	1	1	1	1

Übung 3.8: Merker

Funktionsplan der Grundstrukturen:

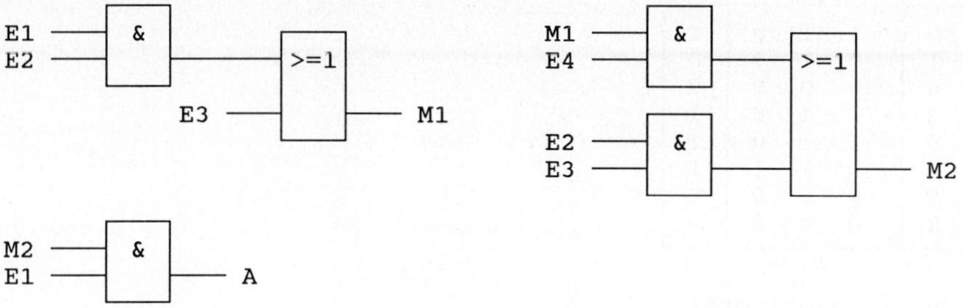

Funktionstabelle:

E4	E3	E2	E1	M1	M2	A
0	0	0	0	0	0	0
0	0	0	1	0	0	0
0	0	1	0	0	0	0
0	0	1	1	1	0	0
0	1	0	0	1	0	0
0	1	0	1	1	0	0
0	1	1	0	1	1	0
0	1	1	1	1	1	1
1	0	0	0	0	0	0
1	0	0	1	0	0	0
1	0	1	0	0	0	0
1	0	1	1	1	1	1
1	1	0	0	1	1	0
1	1	0	1	1	1	1
1	1	1	0	1	1	0
1	1	1	1	1	1	1

Schaltalgebraischer Ausdruck:

M1 = E1&E2 v E3
M2 = M1&E4 v E2&E3
A = M2&E1

Realisierung mit einer SPS:

Zuordnung: E1 = E 0.1 E2 = E 0.2 E3 = E 0.3 E4 = E 0.4 A = A 0.1 M1 = M 0.1 M2 = M 0.2

Anweisungsliste:

```
:U  E  0.1     :U  E  0.2
:U  E  0.2     :U  E  0.3
:O  E  0.3     :=  M  0.2
:=  M  0.1     :U  M  0.2
:U  M  0.1     :U  E  0.1
:U  E  0.4     :=  A  0.1
:O             :BE
```

Übung 3.9: Zerlegung in die Grundstrukturen

Funktionsplan der Grundstrukturen:

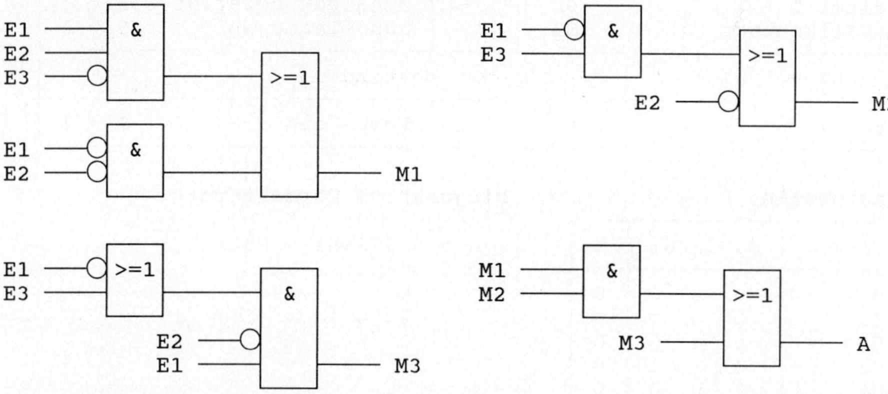

Funktionstabelle:

E3	E2	E1	M1	M2	M3	A
0	0	0	1	1	0	1
0	0	1	0	1	0	0
0	1	0	0	0	0	0
0	1	1	1	1	0	1
1	0	0	1	1	0	1
1	0	1	0	1	1	1
1	1	0	0	1	0	0
1	1	1	0	0	0	0

Realisierung mit einer SPS:

Zuordnung: E1 = E 0.1   M1 = M 0.1   A = A 0.1
E2 = E 0.2   M2 = M 0.2
E3 = E 0.3   M3 = M 0.3

Anweisungsliste:

```
:U   E   0.1    :U(
:U   E   0.2    :ON  E   0.1
:UN  E   0.3    :O   E   0.3
:O              :)
:UN  E   0.1    :UN  E   0.2
:UN  E   0.2    :U   E   0.1
:=   M   0.1    :=   M   0.3
:UN  E   0.1    :U   M   0.1
:U   E   0.3    :U   M   0.2
:ON  E   0.2    :O   M   0.3
:=   M   0.2    :=   A   0.1
                :BE
```

Übung 4.1: Ölpumpensteuerung

Zuordnungstabelle:

Eingangsvariable	Betriebsmittel-kennzeichen	Logische Zuordnung
Schalter 1 Schalter 2 Bimetallkontakt	S1 S2 S3	Schalter betätigt S1 = 1 Schalter betätigt S2 = 1 Zündflamme an S3 = 1
Ausgangsvariable		
Pumpe	A	Pumpe ein A = 1

Funktionstabelle:

Oktal-Nr.	S3	S2	S1	A
00	0	0	0	0
01	0	0	1	0
02	0	1	0	0
03	0	1	1	0
04	1	0	0	0
05	1	0	1	1
06	1	1	0	1
07	1	1	1	0

Disjunktive Normalform:

$A = S3 \& \overline{S2} \& S1 \vee S3 \& S2 \& \overline{S1}$

Funktionsplan:

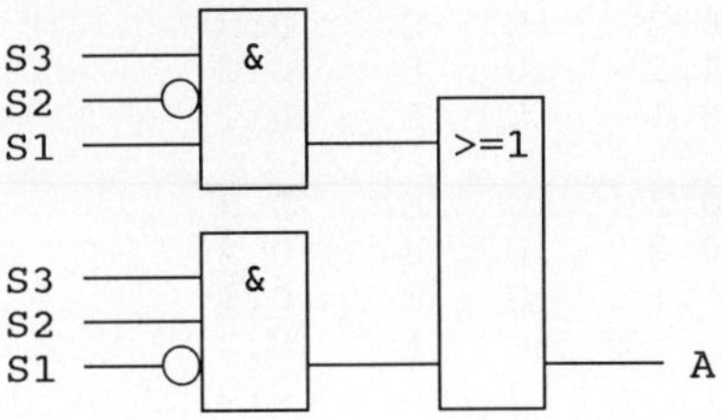

Realisierung mit einer SPS:

Zuordnung: S1 = E 0.1 A = A 0.1
S2 = E 0.2
S3 = E 0.3

Anweisungsliste:

```
:U   E   0.3
:UN  E   0.2
:U   E   0.1
:O
:U   E   0.3
:U   E   0.2
:UN  E   0.1
:=   A   0.1
:BE
```

Übung 4.2: Tunnelbelüftung

Funktionstabelle:

Oktal-Nr.	S3	S2	S1	K1	K2	K3
00	0	0	0	0	0	0
01	0	0	1	1	0	0
02	0	1	0	1	0	0
03	0	1	1	0	1	1
04	1	0	0	1	0	0
05	1	0	1	0	1	1
06	1	1	0	0	1	1
07	1	1	1	1	1	1

Disjunktive Normalformen:

$$K1 = \overline{S3} \& \overline{S2} \& S1 \text{ v } \overline{S3} \& S2 \& \overline{S1} \text{ v } S3 \& \overline{S2} \& \overline{S1} \text{ v } S3 \& S2 \& S1$$

$$K2 = K3 = \overline{S3} \& S2 \& S1 \text{ v } S3 \& \overline{S2} \& S1 \text{ v } S3 \& S2 \& \overline{S1} \text{ v } S3 \& S2 \& S1$$

Funktionsplan:

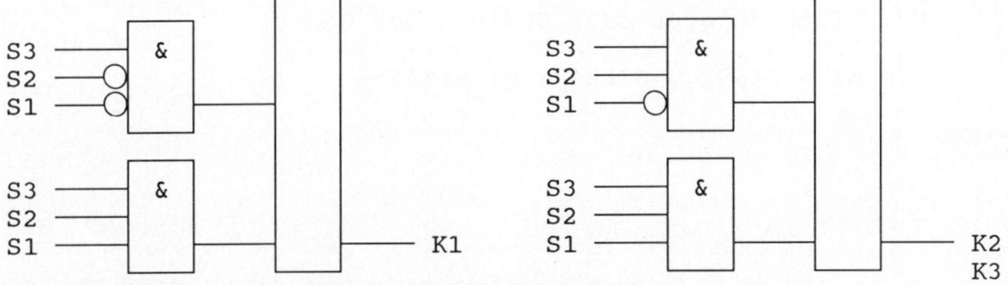

Realisierung mit einer SPS:

Zuordnung: S1 = E 0.1 K1 = A 0.1
S2 = E 0.2 K2 = A 0.2
S3 = E 0.3 K3 = A 0.3

Anweisungsliste:

```
:UN  E  0.3    :U   E  0.3    :UN  E  0.3    :U   E  0.3
:UN  E  0.2    :UN  E  0.2    :U   E  0.2    :U   E  0.2
:U   E  0.1    :UN  E  0.1    :U   E  0.1    :UN  E  0.1
:O             :O             :O             :O
:UN  E  0.3    :U   E  0.3    :U   E  0.3    :U   E  0.3
:U   E  0.2    :U   E  0.2    :UN  E  0.2    :U   E  0.2
:UN  E  0.1    :U   E  0.1    :U   E  0.1    :U   E  0.1
:O             :=   A  0.1    :O             :=   A  0.2
                                             :=   A  0.3
                                             :BE
```

Übung 4.3: Reaktionsgefäß

Aus den Einschaltbedingungen lassen sich folgende Zuordnungen ablesen:

Sicherheitsventil — S: Druck zu groß und Temperatur zu groß oder normal

$S = S1 \& \overline{S2} \& (S3 \& \overline{S4} \;v\; \overline{S3} \& \overline{S4})$

Kühlwasserzufluß — K: Temperatur zu groß und Druck zu groß oder normal

$K = S3 \& \overline{S4} \& (S1 \& \overline{S2} \;v\; \overline{S1} \& \overline{S2})$

Heizung — H: Temperatur zu klein und Druck nicht zu groß oder Druck zu klein und Temperatur normal

$H = \overline{S3} \& S4 \& \overline{S1} \;v\; S2 \& \overline{S1} \& \overline{S3} \& \overline{S4}$

Umwälzer — U: Kühlwasserzufluß oder Heizung eingeschaltet
$U = K \;v\; H$

Leuchtmelder:

Anfahren — H1: Druck zu klein

$H1 = S2 \& \overline{S1} \& \overline{(S3 \& S4)} = S2 \& \overline{S1} \& (\overline{S3} \;v\; \overline{S4})$

Normal — H2: Druck normal

$H2 = \overline{S1} \& \overline{S2} \& \overline{(S3 \& S4)} = \overline{S1} \& \overline{S2} \& (\overline{S3} \;v\; \overline{S4})$

Alarm — H3: Druck zu groß oder Störung der Geber

$H3 = S1 \;v\; S1 \& S2 \;v\; S3 \& S4 = S1 \;v\; S3 \& S4$

Funktionstabelle:

S4	S3	S2	S1	S	K	H	U	H1	H2	H3
0	0	0	0	0	0	0	0	0	1	0
0	0	0	1	1	0	0	0	0	0	1
0	0	1	0	0	0	1	1	1	0	0
0	0	1	1	0	0	0	0	0	0	1
0	1	0	0	0	1	0	1	0	1	0
0	1	0	1	1	1	0	1	0	0	1
0	1	1	0	0	0	0	0	1	0	0
0	1	1	1	0	0	0	0	0	0	1
1	0	0	0	0	0	1	1	0	1	0
1	0	0	1	0	0	0	0	0	0	1
1	0	1	0	0	0	1	1	1	0	0
1	0	1	1	0	0	0	0	0	0	1
1	1	0	0	0	0	0	0	0	0	1
1	1	0	1	0	0	0	0	0	0	1
1	1	1	0	0	0	0	0	0	0	1
1	1	1	1	0	0	0	0	0	0	1

Für das Steuerungsprogramm werden die aus der Aufgabenstellung aufgestellten Funktionsgleichungen verwendet und nicht die Disjunktive Normalform aus der Funktionstabelle.

Realisierung mit einer SPS:

Zuordnung:

S1 = E 0.1	S = A 0.1	H1 = A 0.5
S2 = E 0.2	K = A 0.2	H2 = A 0.6
S3 = E 0.3	H = A 0.3	H3 = A 0.7
S4 = E 0.4	U = A 0.4	

Anweisungsliste:

```
:U    E    0.1
:UN   E    0.2
:U(
:U    E    0.3
:UN   E    0.4
:O
:UN   E    0.3
:UN   E    0.4
:)
:=    A    0.1

:U    E    0.3
:UN   E    0.4
```

```
:U(
:U    E    0.1
:UN   E    0.2
:O
:UN   E    0.1
:UN   E    0.2
:)
:=    A    0.2

:UN   E    0.3
:U    E    0.4
:UN   E    0.1
:O
```

```
:U    E    0.2
:UN   E    0.1
:UN   E    0.3
:UN   E    0.4
:=    A    0.3
:O    A    0.2
:O    A    0.3
:=    A    0.4
:U    E    0.2
:UN   E    0.1
:U(
:ON   E    0.3
:ON   E    0.4
:)
:=    A    0.5
```

```
:UN   E    0.1
:UN   E    0.2
:U(
:ON   E    0.3
:ON   E    0.4
:)
:=    A    0.6

:O    E    0.1
:O
:U    E    0.3
:U    E    0.4
:=    A    0.7
:BE
```

Übung 4.4: Luftschleuse

Der Türöffner einer Gleittür wird nur dann angesteuert, wenn eine bestimmte logische Bedingung der Türendschalter erfüllt ist, der zugehörige Taster betätigt wird und die beiden anderen Taster nicht betätigt werden. Die logische Bedingung ergibt sich aus den Eingangsvariablen S4, S5 und S6. In der Funktionstabelle wird jeder Tür ein Merker zugewiesen, dessen Signalzustand angibt, ob die zugehörige Tür geöffnet werden darf ("1") oder nicht. Bei Kombinationen der Endschalter S4, S5, S6, die nicht vorkommen dürfen, wie alle Türen auf oder zwei aufeinanderfolgende Türen auf, wird allen Türmerkern M1 ... M3 der Signalzustand "0" zugewiesen.
Die Eingangsvariablen S1 ... S3 (Taster) brauchen in der Funktionstabelle nicht berücksichtigt zu werden. Bei den Ausgangszuweisungen werden dann die sich aus der Funktionstabelle ergebenden Variablen

M1 (= M3) bzw. M2 mit der zugehörigen Tastervariablen bejaht und den beiden anderen Tastervariablen negiert "UND"-verknüpft.
Wird die Lösung über eine Funktionstabelle mit 6 Eingangsvariablen bestimmt, so erhält man das gleiche Ergebnis wie mit der zuvor dargestellten Methode.
Da die Lösung über eine Funktionstabelle mit 6 Eingangsvariablen sehr viel umfangreicher ist, wird hier die Lösung über eine Funktionstabelle mit drei Eingangsvariablen dargestellt.

Funktionstabelle:

Oktal-Nr.	S6	S5	S4	M1	M2	M3
00	0	0	0	0	0	0
01	0	0	1	0	0	0
02	0	1	0	1	0	1
03	0	1	1	1	0	1
04	1	0	0	0	0	0
05	1	0	1	0	1	0
06	1	1	0	1	0	1
07	1	1	1	1	1	1

Disjunktive Normalformen der Merker:

$M1 = M3 = \overline{S6}\&S5\&\overline{S4}$ v $\overline{S6}\&S5\&S4$ v $S6\&S5\&\overline{S4}$ v $S6\&S5\&S4$

<u>Anmerkung:</u> Da Merker M1 und Merker M3 die gleichen Disjunktiven Normalformen haben, genügt es, nur mit Merker M1 weiterzuarbeiten.

$M2 = S6\&\overline{S5}\&S4$ v $S6\&S5\&S4$

Ausgangszuweisungen:

$K1 = M1\&S1\&\overline{S2}\&\overline{S3}$ $K2 = M2\&\overline{S1}\&S2\&\overline{S3}$ $K3 = M1\&\overline{S1}\&\overline{S2}\&S3$

Funktionsplan:

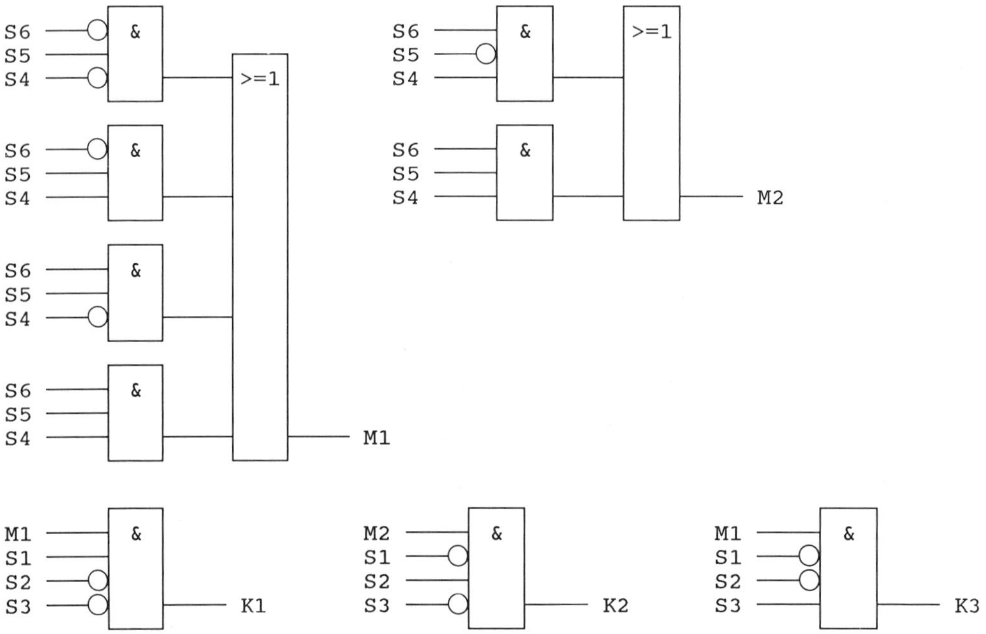

Realisierung mit einer SPS:

```
Zuordnung: S1 = E 0.1      K1 = A 0.1       M1 = M 0.1
           S2 = E 0.2      K2 = A 0.2       M2 = M 0.2
           S3 = E 0.3      K3 = A 0.3
           S4 = E 0.4
           S5 = E 0.5
           S6 = E 0.6
```

Anweisungsliste:

```
:UN  E    0.6
:U   E    0.5
:UN  E    0.4
:O
:UN  E    0.6
:U   E    0.5
:U   E    0.4
:O
:U   E    0.6
:U   E    0.5
:UN  E    0.4
:O
:U   E    0.6
:U   E    0.5
:U   E    0.4
:=   M    0.1
:U   E    0.6
:UN  E    0.5
:U   E    0.4
:O
:U   E    0.6
:U   E    0.5
:U   E    0.4
:=   M    0.2

:U   M    0.1
:U   E    0.1
:UN  E    0.2
:UN  E    0.3
:=   A    0.1
:U   M    0.2
:UN  E    0.1
:U   E    0.2
:UN  E    0.3
:=   A    0.2

:U   M    0.1
:UN  E    0.1
:UN  E    0.2
:U   E    0.3
:=   A    0.3
:BE
```

Übung 4.5: Würfelcodierung

Zuordnungstabelle:

Eingangsvariable	Betriebsmittel-kennzeichen	Logische Zuordnung
Schalter 1 Schalter 2 Schalter 3	S1 S2 S3	betätigt S1 = 1 betätigt S2 = 1 betätigt S3 = 1
Ausgangsvariable		
Leuchte a Leuchte b Leuchte c Leuchte d Leuchte e Leuchte f Leuchte g	A1 A2 A3 A4 A5 A6 A7	Leuchte an A1 = 1 Leuchte an A2 = 1 Leuchte an A3 = 1 Leuchte an A4 = 1 Leuchte an A5 = 1 Leuchte an A6 = 1 Leuchte an A7 = 1

Funktionstabelle:

Oktal-Nr.	S3	S2	S1	A1	A2	A3	A4	A5	A6	A7
00	0	0	0	0	0	0	0	0	0	0
01	0	0	1	0	0	0	1	0	0	0
02	0	1	0	1	0	0	0	0	0	1
03	0	1	1	0	0	1	1	1	0	0
04	1	0	0	1	0	1	0	1	0	1
05	1	0	1	1	0	1	1	1	0	1
06	1	1	0	1	1	1	0	1	1	1
07	1	1	1	0	0	0	0	0	0	0

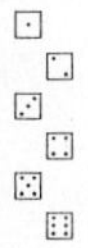

Disjunktive Normalformen:

$A1 = A7 = \overline{S3}\&S2\&\overline{S1} \vee S3\&\overline{S2}\&\overline{S1} \vee S3\&\overline{S2}\&S1 \vee S3\&S2\&\overline{S1}$

$A2 = A6 = S3\&S2\&\overline{S1}$

$A3 = A5 = \overline{S3}\&S2\&S1 \vee S3\&\overline{S2}\&\overline{S1} \vee S3\&\overline{S2}\&S1 \vee S3\&S2\&\overline{S1}$

$A4 = \overline{S3}\&\overline{S2}\&S1 \vee \overline{S3}\&S2\&S1 \vee S3\&\overline{S2}\&S1$

Funktionsplan:

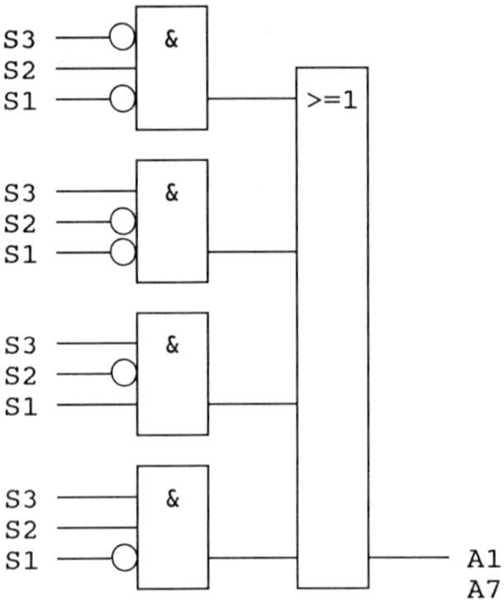

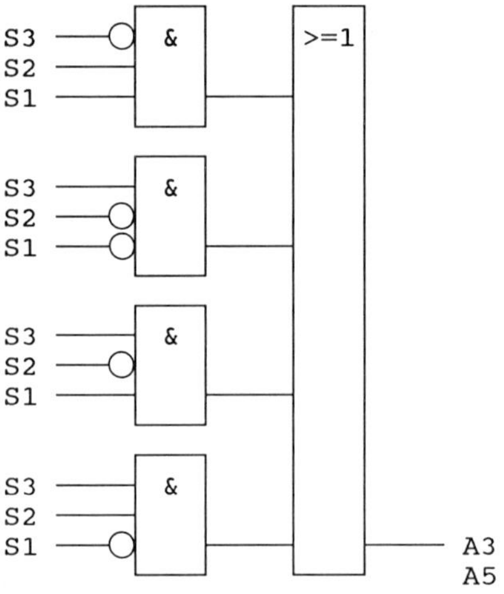

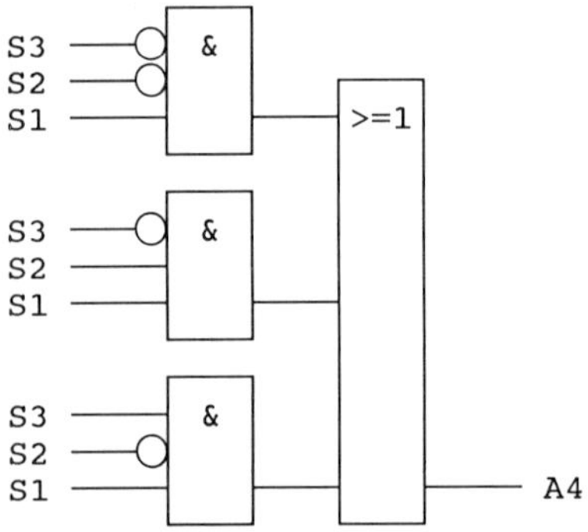

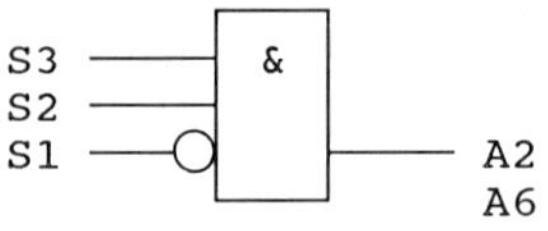

Realisierung mit einer SPS:

Zuordnung: S1 = E 0.1   A1 = A 0.1
S2 = E 0.2   A2 = A 0.2
S3 = E 0.3   A3 = A 0.3
A4 = A 0.4
A5 = A 0.5
A6 = A 0.6
A7 = A 0.7

Anweisungsliste:

```
:UN  E   0.3    :U   E   0.3    :O                 :O
:U   E   0.2    :U   E   0.2    :U   E   0.3      :UN  E   0.3
:UN  E   0.1    :UN  E   0.1    :UN  E   0.2      :U   E   0.2
:O              :=   A   0.1    :U   E   0.1      :U   E   0.1
:U   E   0.3    :=   A   0.7    :O                 :O
:UN  E   0.2                    :U   E   0.3      :U   E   0.3
:UN  E   0.1    :UN  E   0.3    :U   E   0.2      :UN  E   0.2
:O              :U   E   0.2    :UN  E   0.1      :U   E   0.1
:U   E   0.3    :U   E   0.1    :=   A   0.3      :=   A   0.4
:UN  E   0.2    :O              :=   A   0.5      :U   E   0.3
:U   E   0.1    :U   E   0.3                       :U   E   0.2
:O              :UN  E   0.2    :UN  E   0.3      :UN  E   0.1
                :UN  E   0.1    :UN  E   0.2      :=   A   0.2
                                :U   E   0.1      :=   A   0.6
                                                   :BE
```

Übung 4.6: Durchlauferhitzer I

Da zur Ermittlung der Disjunktiven Normalform für die Ausgangsvariablen nur die erlaubten Kombinationen erforderlich sind, wird auf die komplette Darstellung der Funktionstabelle verzichtet. Erlaubt sind alle Kombinationen, bei denen höchstens zwei Lastabwurfrelais angezogen haben.

Reduzierte Funktionstabelle:

Oktal-Nr.	S5	S4	S3	S2	S1	K1	K2	K3	K4	K5
07	0	0	1	1	1	0	0	0	1	1
13	0	1	0	1	1	0	0	1	0	1
15	0	1	1	0	1	0	1	0	0	1
16	0	1	1	1	0	1	0	0	0	1
17	0	1	1	1	1	1	1	1	1	1
23	1	0	0	1	1	0	0	1	1	0
25	1	0	1	0	1	0	1	0	1	0
26	1	0	1	1	0	1	0	0	1	0
27	1	0	1	1	1	1	1	1	1	1
31	1	1	0	0	1	0	1	1	0	0
32	1	1	0	1	0	1	0	1	0	0
33	1	1	0	1	1	1	1	1	1	1
34	1	1	1	0	0	1	1	0	0	0
35	1	1	1	0	1	1	1	1	1	1
36	1	1	1	1	0	1	1	1	1	1
37	1	1	1	1	1	1	1	1	1	1

Da die Minterme bei den Ausgangszuweisungen mehrfach verwendet werden, empfiehlt sich die Einführung von Merkern, welche je eine erlaubte Eingangskombination darstellen. Die Bezeichnung der Merker entspricht der oktalen Nummer der Eingangskombination.

Disjunktive Normalformen:

K1 = M16 v M17 v M26 v M27 v M32 v M33 v M34 v M35 v M36 v M37
K2 = M15 v M17 v M25 v M27 v M31 v M33 v M34 v M35 v M36 v M37
K3 = M13 v M17 v M23 v M27 v M31 v M32 v M33 v M35 v M36 v M37
K4 = M7 v M17 v M23 v M25 v M26 v M27 v M33 v M35 v M36 v M37
K5 = M7 v M13 v M15 v M16 v M17 v M27 v M33 v M35 v M36 v M37

Realisierung mit einer SPS:

Zuordnung:	S1 = E 0.1	K1 = A 0.1	M7 = M 0.7	M27 = M 2.7
	S2 = E 0.2	K2 = A 0.2	M13 = M 1.3	M31 = M 3.1
	S3 = E 0.3	K3 = A 0.3	M15 = M 1.5	M32 = M 3.2
	S4 = E 0.4	K4 = A 0.4	M16 = M 1.6	M33 = M 3.3
	S5 = E 0.5	K5 = A 0.5	M17 = M 1.7	M34 = M 3.4
			M23 = M 2.3	M35 = M 3.5
			M25 = M 2.5	M36 = M 3.6
			M26 = M 2.6	M37 = M 3.7

Anweisungsliste:

```
:UN  E  0.5
:UN  E  0.4
:U   E  0.3
:U   E  0.2
:U   E  0.1
:=   M  0.7
:UN  E  0.5
:U   E  0.4
:UN  E  0.3
:U   E  0.2
:U   E  0.1
:=   M  1.3
:UN  E  0.5
:U   E  0.4
:U   E  0.3
:UN  E  0.2
:U   E  0.1
:=   M  1.5
:UN  E  0.5
:U   E  0.4
:U   E  0.3
:U   E  0.2
:UN  E  0.1
:=   M  1.6
:UN  E  0.5
:U   E  0.4
:U   E  0.3
:U   E  0.2
:U   E  0.1
:=   M  1.7
:U   E  0.5
:UN  E  0.4
:UN  E  0.3
:U   E  0.2
:U   E  0.1
:=   M  2.3
:U   E  0.5
:UN  E  0.4
:U   E  0.3
:UN  E  0.2
:U   E  0.1
:=   M  2.5
:U   E  0.5
:UN  E  0.4
:U   E  0.3
:U   E  0.2
:UN  E  0.1
:=   M  2.6
:U   E  0.5
:UN  E  0.4
:U   E  0.3
:U   E  0.2
:U   E  0.1
:=   M  2.7
:U   E  0.5
:U   E  0.4
:UN  E  0.3
:UN  E  0.2
:U   E  0.1
:=   M  3.1
:U   E  0.5
:U   E  0.4
:UN  E  0.3
:U   E  0.2
:UN  E  0.1
:=   M  3.2
:U   E  0.5
:U   E  0.4
:UN  E  0.3
:U   E  0.2
:U   E  0.1
:=   M  3.3
:U   E  0.5
:U   E  0.4
:U   E  0.3
:UN  E  0.2
:UN  E  0.1
:=   M  3.4
:U   E  0.5
:U   E  0.4
:U   E  0.3
:UN  E  0.2
:U   E  0.1
:=   M  3.5
:U   E  0.5
:U   E  0.4
:U   E  0.3
:U   E  0.2
:UN  E  0.1
:=   M  3.6
:U   E  0.5
:U   E  0.4
:U   E  0.3
:U   E  0.2
:U   E  0.1
:=   M  3.7

:O   M  1.6
:O   M  1.7
:O   M  2.6
:O   M  2.7
:O   M  3.2
:O   M  3.3
:O   M  3.4
:O   M  3.5
:O   M  3.6
:O   M  3.7
:=   A  0.1

:O   M  1.5
:O   M  1.7
:O   M  2.5
:O   M  2.7
:O   M  3.1
:O   M  3.3
:O   M  3.4
:O   M  3.5
:O   M  3.6
:O   M  3.7
:=   A  0.2
:O   M  1.3
:O   M  1.7
:O   M  2.3
:O   M  2.7
:O   M  3.1
:O   M  3.2
:O   M  3.3
:O   M  3.5
:O   M  3.6
:O   M  3.7
:=   A  0.3

:O   M  0.7
:O   M  1.7
:O   M  2.3
:O   M  2.5
:O   M  2.6
:O   M  2.7
:O   M  3.3
:O   M  3.5
:O   M  3.6
:O   M  3.7
:=   A  0.4

:O   M  0.7
:O   M  1.3
:O   M  1.5
:O   M  1.6
:O   M  1.7
:O   M  2.7
:O   M  3.3
:O   M  3.5
:O   M  3.6
:O   M  3.7
:=   A  0.5
:BE
```

Übung 4.7: Behälterfüllanlage

Zuordnungstabelle

Eingangsvariable	Betriebsmittel-kennzeichen	Logische Zuordnung
Halbvollmeldung Beh.1 Halbvollmeldung Beh.2 Vollmeldung Beh.1 Vollmeldung Beh.2	S1 S2 S3 S4	Beh. 1 halbvoll S1 = 1 Beh. 2 halbvoll S2 = 1 Beh. 1 voll S3 = 1 Beh. 2 voll S4 = 1
Ausgangsvariable		
Pumpe 1 Pumpe 2 Pumpe 3 Meldeleuchte	P1 P2 P3 H1	Pumpe P1 an P1 = 1 Pumpe P2 an P2 = 1 Pumpe P3 an P3 = 1 Leuchte H1 an H1 = 1

Entscheidungstabelle:

	Problembeschreibung	Entscheidungsregeln oktal codiert 0	1	2	3	5	7	12	13	17	Sonst
Bedingungsteil	B1 halbvoll S1	0	1	0	1	1	1	0	1	1	
	B2 halbvoll S2	0	0	1	1	0	1	1	1	1	
	B1 voll S3	0	0	0	0	1	1	0	0	1	
	B2 voll S4	0	0	0	0	0	0	1	1	1	
Aktionsteil	Pumpe 1 P1	1	1	1	0	1	0	1	0	0	0
	Pumpe 2 P2	1	1	1	1	0	1	0	1	0	0
	Pumpe 3 P3	1	1	1	1	1	0	1	0	0	0
	Meldel. H1	0	0	0	0	0	0	0	0	0	1

Disjunktive Normalformen:

$P1 = 0 \vee 1 \vee 2 \vee 5 \vee 12$

$P1 = \overline{S4}\&\overline{S3}\&\overline{S2}\&\overline{S1} \vee \overline{S4}\&\overline{S3}\&\overline{S2}\&S1 \vee \overline{S4}\&\overline{S3}\&S2\&\overline{S1} \vee \overline{S4}\&S3\&\overline{S2}\&S1 \vee$

$S4\&\overline{S3}\&S2\&\overline{S1}$

$P2 = 0 \vee 1 \vee 2 \vee 3 \vee 7 \vee 13$

$P2 = \overline{S4}\&\overline{S3}\&\overline{S2}\&\overline{S1} \vee \overline{S4}\&\overline{S3}\&\overline{S2}\&S1 \vee \overline{S4}\&\overline{S3}\&S2\&\overline{S1} \vee \overline{S4}\&\overline{S3}\&S2\&S1 \vee$

$\overline{S4}\&S3\&S2\&S1 \vee S4\&\overline{S3}\&S2\&S1$

$P3 = 0 \vee 1 \vee 2 \vee 3 \vee 5 \vee 12$

$P3 = \overline{S4}\&\overline{S3}\&\overline{S2}\&\overline{S1} \vee \overline{S4}\&\overline{S3}\&\overline{S2}\&S1 \vee \overline{S4}\&\overline{S3}\&S2\&\overline{S1} \vee \overline{S4}\&\overline{S3}\&S2\&S1 \vee$

$\overline{S4}\&S3\&\overline{S2}\&S1 \vee S4\&\overline{S3}\&S2\&\overline{S1}$

$H1 = 4 \vee 6 \vee 10 \vee 11 \vee 14 \vee 15 \vee 16$

$H1 = \overline{S4}\&S3\&\overline{S2}\&\overline{S1} \vee \overline{S4}\&S3\&S2\&\overline{S1} \vee S4\&\overline{S3}\&\overline{S2}\&\overline{S1} \vee S4\&\overline{S3}\&\overline{S2}\&S1 \vee$

$S4\&S3\&\overline{S2}\&\overline{S1} \vee S4\&S3\&\overline{S2}\&S1 \vee S4\&S3\&S2\&\overline{S1}$

Realisierung mit einer SPS:

Da die Minterme bei den Ausgangszuweisungen mehrfach verwendet werden, empfiehlt sich wieder die Einführung von Merkern, welche je eine Entscheidungsregel darstellen. Die Bezeichnung der Merker entspricht der oktalen Nummer der Eingangskombination.
Zur Ansteuerung der Meldeleuchte H1 können dann alle Merker der Entscheidungsregeln negiert miteinander UND-verknüpft werden.

$H1 = \overline{0} \& \overline{1} \& \overline{2} \& \overline{3} \& \overline{5} \& \overline{7} \& \overline{12} \& \overline{13} \& \overline{17}$

Zuordnung:

S1 = E 0.1	P1 = A 0.1
S2 = E 0.2	P2 = A 0.2
S3 = E 0.3	P3 = A 0.3
S4 = E 0.4	H1 = A 0.4

Anweisungsliste:

```
:UN  E  0.4
:UN  E  0.3
:UN  E  0.2
:UN  E  0.1
:=   M  0.0
:UN  E  0.4
:UN  E  0.3
:UN  E  0.2
:U   E  0.1
:=   M  0.1
:UN  E  0.4
:UN  E  0.3
:U   E  0.2
:UN  E  0.1
:=   M  0.2
:UN  E  0.4
:UN  E  0.3
:U   E  0.2
:U   E  0.1
:=   M  0.3

:UN  E  0.4
:U   E  0.3
:UN  E  0.2
:U   E  0.1
:=   M  0.5
:UN  E  0.4
:U   E  0.3
:U   E  0.2
:U   E  0.1
:=   M  0.7
:U   E  0.4
:UN  E  0.3
:U   E  0.2
:UN  E  0.1
:=   M  1.2
:U   E  0.4
:UN  E  0.3
:U   E  0.2
:U   E  0.1
:=   M  1.3

:U   E  0.4
:U   E  0.3
:U   E  0.2
:U   E  0.1
:=   M  1.7

:O   M  0.0
:O   M  0.1
:O   M  0.2
:O   M  0.5
:O   M  1.2
:=   A  0.1

:O   M  0.0
:O   M  0.1
:O   M  0.2
:O   M  0.3
:O   M  0.7
:O   M  1.3
:=   A  0.2

:O   M  0.0
:O   M  0.1
:O   M  0.2
:O   M  0.3
:O   M  0.5
:O   M  1.2
:=   A  0.3

:UN  M  0.0
:UN  M  0.1
:UN  M  0.2
:UN  M  0.3
:UN  M  0.5
:UN  M  0.7
:UN  M  1.2
:UN  M  1.3
:UN  M  1.7
:=   A  0.4
:BE
```

Übung 4.8: 7-Segment-Anzeige I

Funktionstabelle:

Oktal-Nr.	E4	E3	E2	E1	A1	A2	A3	A4	A5	A6	A7
00	0	0	0	0	1	1	1	1	1	1	0
01	0	0	0	1	0	1	1	0	0	0	0
02	0	0	1	0	1	1	0	1	1	0	1
03	0	0	1	1	1	1	1	1	0	0	1
04	0	1	0	0	0	1	1	0	0	1	1
05	0	1	0	1	1	0	1	1	0	1	1
06	0	1	1	0	1	0	1	1	1	1	1
07	0	1	1	1	1	1	1	0	0	0	0
10	1	0	0	0	1	1	1	1	1	1	1
11	1	0	0	1	1	1	1	0	0	1	1

Konjunktive Normalformen:

$A1 = (E4vE3vE2v\overline{E1})\ \&\ (E4v\overline{E3}vE2vE1)$

$A2 = (E4v\overline{E3}vE2v\overline{E1})\ \&\ (E4v\overline{E3}v\overline{E2}vE1)$

$A3 = (E4vE3v\overline{E2}vE1)$

$A4 = (E4vE3vE2v\overline{E1})\ \&\ (E4v\overline{E3}vE2vE1)\ \&\ (E4v\overline{E3}v\overline{E2}v\overline{E1})\ \&\ (\overline{E4}vE3vE2v\overline{E1})$

$A5 = (E4vE3vE2v\overline{E1})\ \&\ (E4vE3v\overline{E2}v\overline{E1})\ \&\ (E4v\overline{E3}vE2vE1)\ \&\ (E4v\overline{E3}vE2v\overline{E1})\ \&$
$(E4v\overline{E3}v\overline{E2}v\overline{E1})\ \&\ (\overline{E4}vE3vE2v\overline{E1})$

$A6 = (E4vE3vE2v\overline{E1})\ \&\ (E4vE3v\overline{E2}vE1)\ \&\ (E4vE3v\overline{E2}v\overline{E1})\ \&\ (E4v\overline{E3}v\overline{E2}v\overline{E1})$

$A7 = (E4vE3vE2vE1)\ \&\ (E4vE3vE2v\overline{E1})\ \&\ (E4v\overline{E3}v\overline{E2}vE1)$

Funktionsplan:

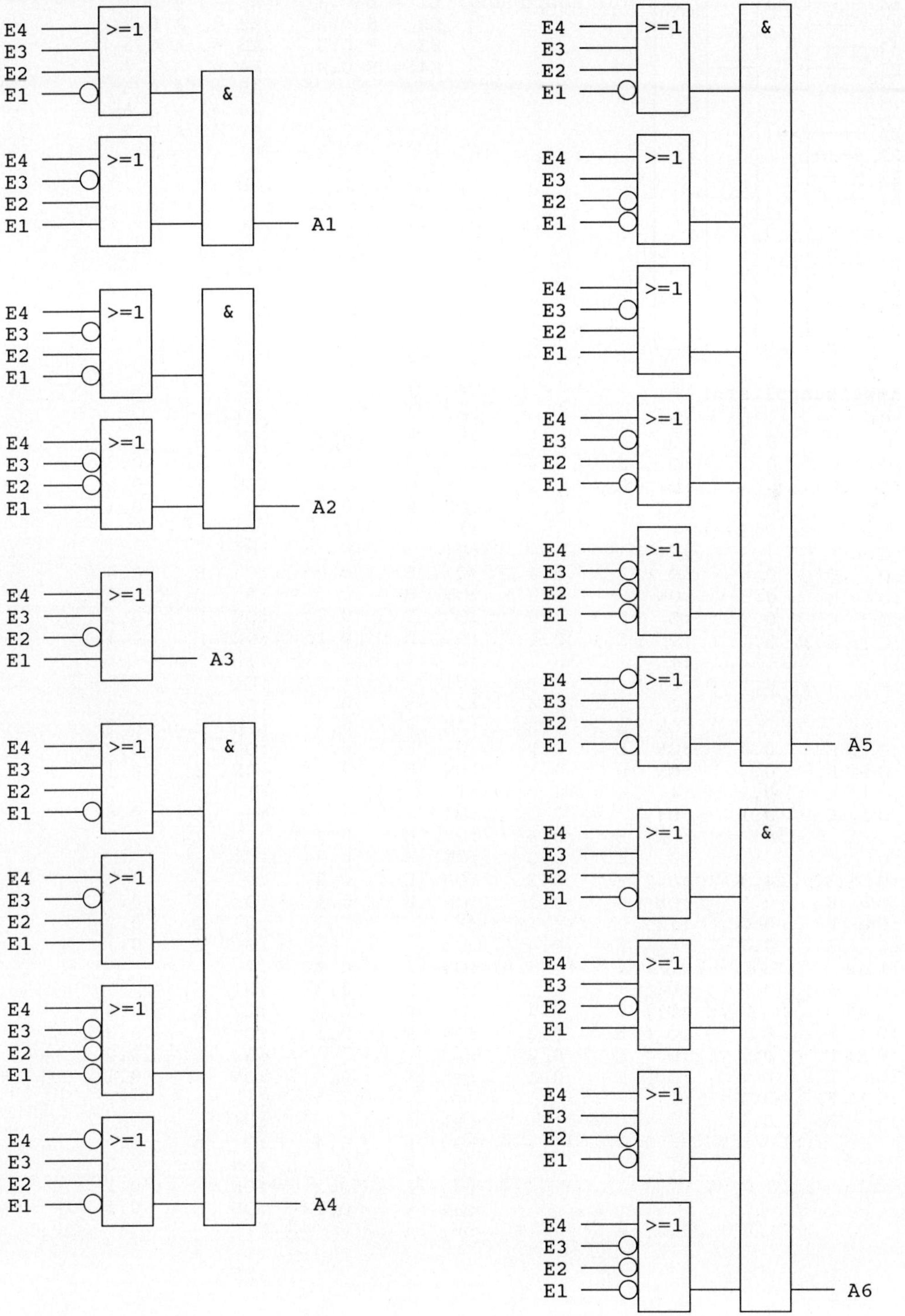

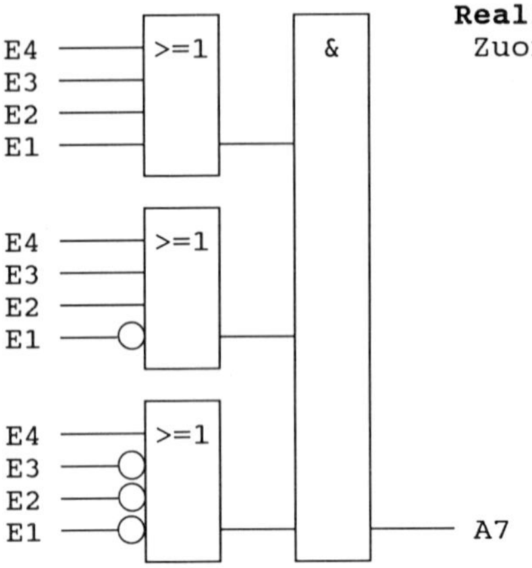

Realisierung mit einer SPS:

Zuordnung:

E1 = E 0.1	A1 = A 0.1
E2 = E 0.2	A2 = A 0.2
E3 = E 0.3	A3 = A 0.3
E4 = E 0.4	A4 = A 0.4
	A5 = A 0.5
	A6 = A 0.6
	A7 = A 0.7

Anweisungsliste:

```
:U(
:O    E    0.4
:O    E    0.3
:O    E    0.2
:ON   E    0.1
:)
:U(
:O    E    0.4
:ON   E    0.3
:O    E    0.2
:O    E    0.1
:)
:=    A    0.1

:U(
:O    E    0.4
:ON   E    0.3
:O    E    0.2
:ON   E    0.1
:)
:U(
:O    E    0.4
:ON   E    0.3
:ON   E    0.2
:O    E    0.1
:)
:=    A    0.2

:O    E    0.4
:O    E    0.3
:ON   E    0.2
:O    E    0.1
:=    A    0.3
```

```
:U(
:O    E    0.4
:O    E    0.3
:O    E    0.2
:ON   E    0.1
:)
:U(
:O    E    0.4
:ON   E    0.3
:O    E    0.2
:O    E    0.1
:)
:U(
:O    E    0.4
:ON   E    0.3
:ON   E    0.2
:ON   E    0.1
:)
:U(
:ON   E    0.4
:O    E    0.3
:O    E    0.2
:ON   E    0.1
:)
:=    A    0.4

:U(
:O    E    0.4
:O    E    0.3
:O    E    0.2
:ON   E    0.1
:)
```

```
:U(
:O    E    0.4
:O    E    0.3
:ON   E    0.2
:ON   E    0.1
:)
:U(
:O    E    0.4
:ON   E    0.3
:O    E    0.2
:O    E    0.1
:)
:U(
:O    E    0.4
:ON   E    0.3
:O    E    0.2
:ON   E    0.1
:)
:U(
:O    E    0.4
:ON   E    0.3
:ON   E    0.2
:ON   E    0.1
:)
:U(
:ON   E    0.4
:O    E    0.3
:O    E    0.2
:ON   E    0.1
:)
:=    A    0.5

:U(
:O    E    0.4
:O    E    0.3
:O    E    0.2
:ON   E    0.1
:)
```

```
:U(
:O    E    0.4
:O    E    0.3
:ON   E    0.2
:O    E    0.1
:)
:U(
:O    E    0.4
:O    E    0.3
:ON   E    0.2
:ON   E    0.1
:)
:U(
:O    E    0.4
:ON   E    0.3
:ON   E    0.2
:ON   E    0.1
:)
:=    A    0.6

:U(
:O    E    0.4
:O    E    0.3
:O    E    0.2
:O    E    0.1
:)
:U(
:O    E    0.4
:O    E    0.3
:O    E    0.2
:ON   E    0.1
:)
:U(
:O    E    0.4
:ON   E    0.3
:ON   E    0.2
:ON   E    0.1
:)
:=    A    0.7
:BE
```

Übung 4.9: 7-Segment-Anzeige II

KVS-Diagramme:

Segment a A1: siehe Lehrbuch, S.52

Segment b A2:

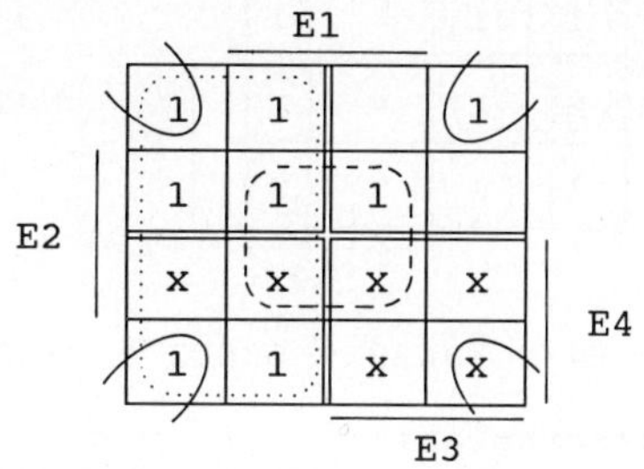

$A2 = \overline{E3}$ v E2&E1 v $\overline{E2}\&\overline{E1}$

Segment c A3:

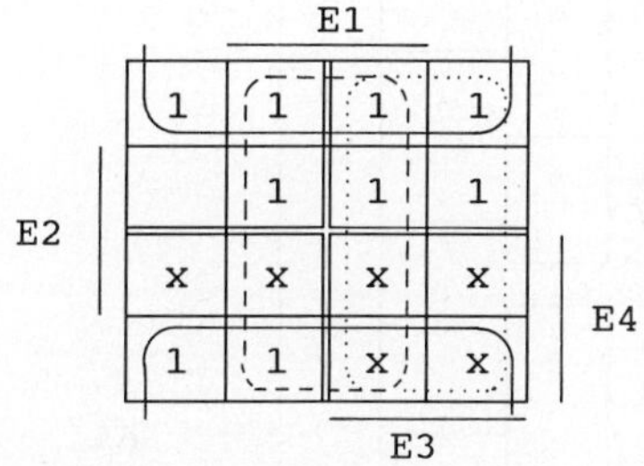

A3 = E1 v $\overline{E2}$ v E3

Segment d A4:

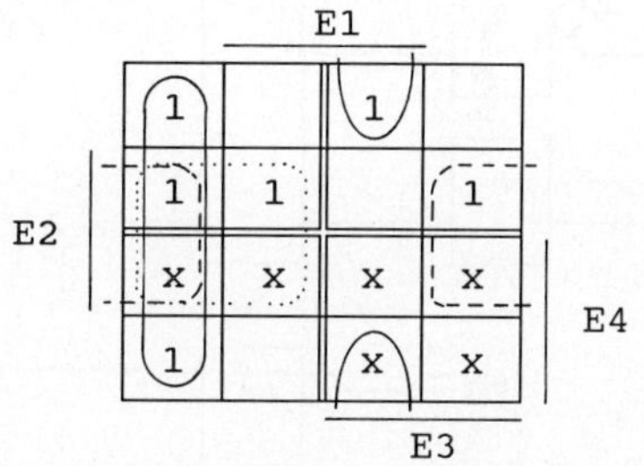

A4 = $\overline{E3}\&\overline{E1}$ v $\overline{E3}$&E2 v E2&$\overline{E1}$ v E3$\overline{E2}$E1

Segment e A5:

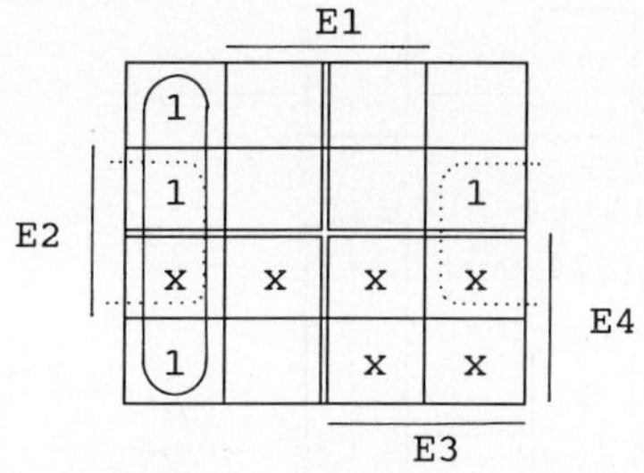

A5 = $\overline{E3}\&\overline{E1}$ v E2&$\overline{E1}$

Segment f A6:

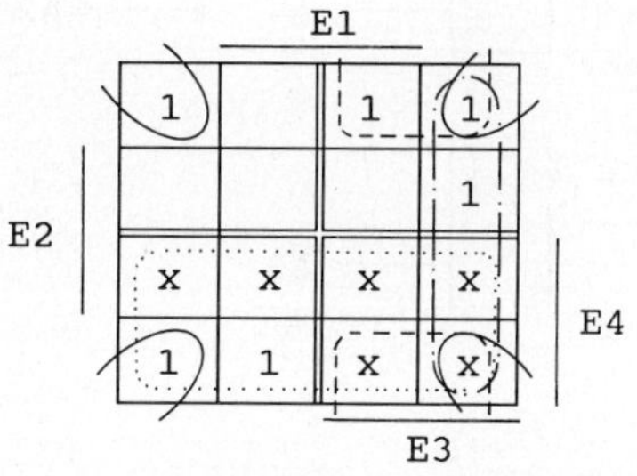

A6 = E4 v E3&$\overline{E2}$ v $\overline{E2}\&\overline{E1}$ v E3$\overline{E1}$

Segment g A7:

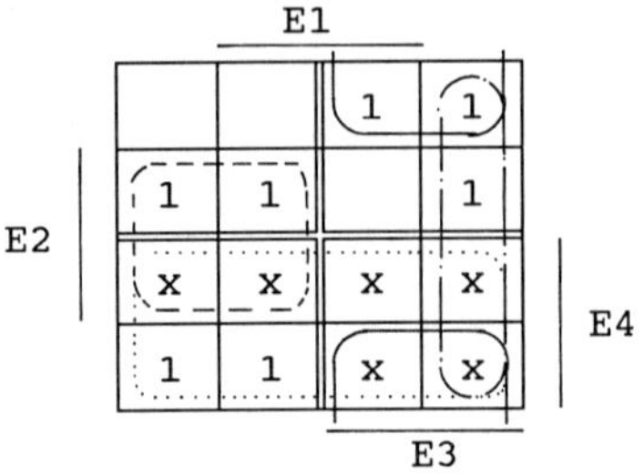

$A7 = E4 \vee \overline{E3}\&E2 \vee E3\&\overline{E2} \vee E3\&\overline{E1}$

Funktionsplan:

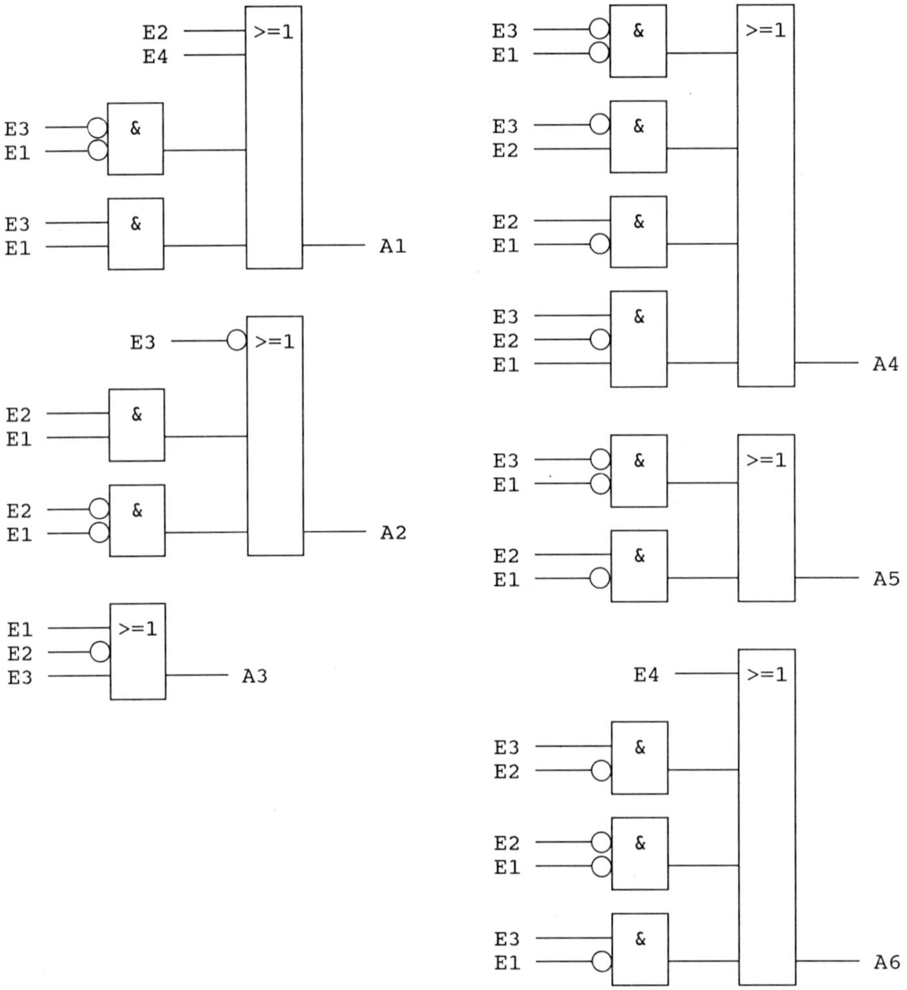

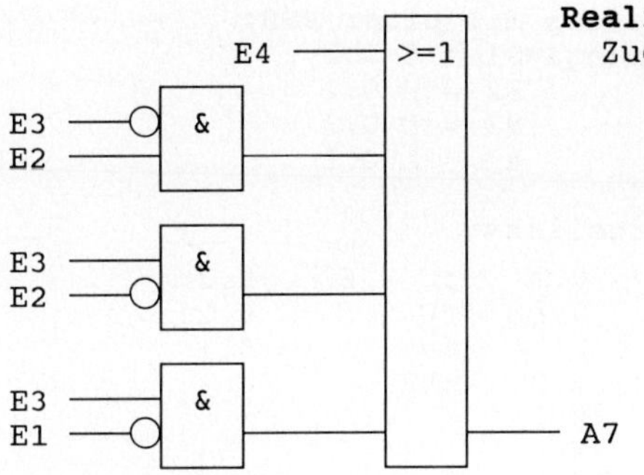

Realisierung mit einer SPS:

Zuordnung:

E1 = E 0.1	A1 = A 0.1
E2 = E 0.2	A2 = A 0.2
E3 = E 0.3	A3 = A 0.3
E4 = E 0.4	A4 = A 0.4
	A5 = A 0.5
	A6 = A 0.6
	A7 = A 0.7

Anweisungsliste:

```
:O   E   0.2
:O   E   0.4
:O
:UN  E   0.3
:UN  E   0.1
:O
:U   E   0.3
:U   E   0.1
:=   A   0.1

:ON  E   0.3
:O
:U   E   0.2
:U   E   0.1
:O
:UN  E   0.2
:UN  E   0.1
:=   A   0.2

:O   E   0.1
:ON  E   0.2
:O   E   0.3
:=   A   0.3

:UN  E   0.3
:UN  E   0.1
:O
:UN  E   0.3
:U   E   0.2
:O
:U   E   0.2
:UN  E   0.1
:O
:U   E   0.3
:UN  E   0.2
:U   E   0.1
:=   A   0.4

:UN  E   0.3
:UN  E   0.1
:O
:U   E   0.2
:UN  E   0.1
:=   A   0.5

:O   E   0.4
:O
:U   E   0.3
:UN  E   0.2
:O
:UN  E   0.2
:UN  E   0.1
:O
:U   E   0.3
:UN  E   0.1
:=   A   0.6

:O   E   0.4
:O
:UN  E   0.3
:U   E   0.2
:O
:U   E   0.3
:UN  E   0.2
:O
:U   E   0.3
:UN  E   0.1
:=   A   0.7
:BE
```

Übung 4.10. Gefahrenmelder

Funktionstabelle:

Oktal-Nr.	S3	S2	S1	A
00	0	0	0	0
01	0	0	1	0
02	0	1	0	0
03	0	1	1	1
04	1	0	0	0
05	1	0	1	1
06	1	1	0	1
07	1	1	1	1

Disjunktive Normalform:

A = $\overline{S3}$&S2&S1 v S3&$\overline{S2}$&S1 v

S3&S2&$\overline{S1}$ v S3&S2&S1

KVS-Diagramm:

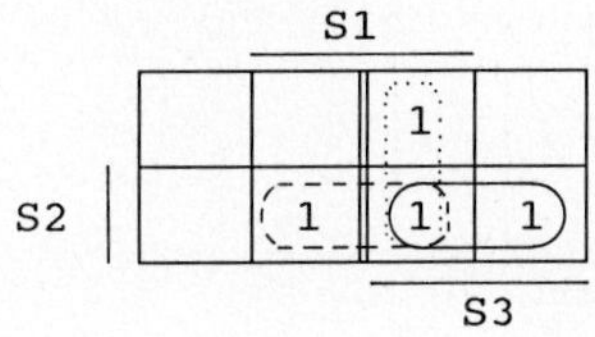

Vereinfachte Schaltfunktion:

A= S2&S1 v S3&S1 v S3S2

Funktionsplan:

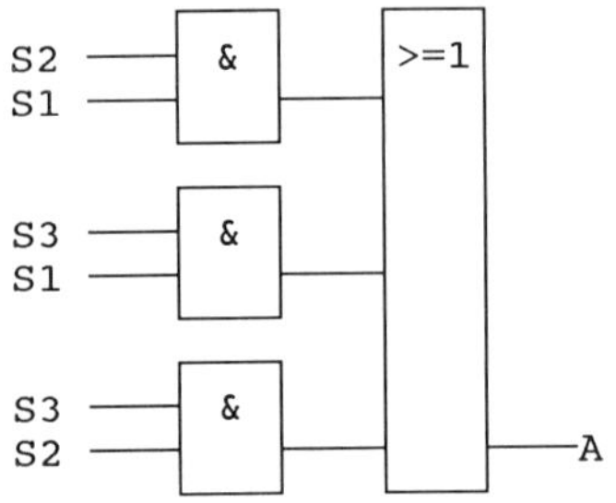

Realisierung mit einer SPS:

Zuordnung: S1 = E 0.1
S2 = E 0.2
S3 = E 0.3
A = A 0.1

Anweisungsliste:

```
:U   E   0.2
:U   E   0.1
:O
:U   E   0.3
:U   E   0.1
:O
:U   E   0.3
:U   E   0.2
:=   A   0.1
:BE
```

Übung 4.11. Tunnelbelüftung

Funktionstabelle:

Oktal-Nr.	S3	S2	S1	K1	K2	K3
00	0	0	0	1	1	1
01	0	0	1	0	1	1
02	0	1	0	0	1	1
03	0	1	1	1	0	0
04	1	0	0	0	1	1
05	1	0	1	1	0	0
06	1	1	0	1	0	0
07	1	1	1	0	0	0

Disjunktive Normalformen:

$K1 = \overline{S3}\&\overline{S2}\&\overline{S1} \ v \ \overline{S3}\&S2\&S1 \ v \ S3\&\overline{S2}\&S1 \ v \ S3\&S2\&\overline{S1}$

$K2 = K3 = \overline{S3}\&\overline{S2}\&\overline{S1} \ v \ \overline{S3}\&\overline{S2}\&S1 \ v \ \overline{S3}\&S2\&\overline{S1} \ v \ S3\&\overline{S2}\&\overline{S1}$

KVS-Diagramme:

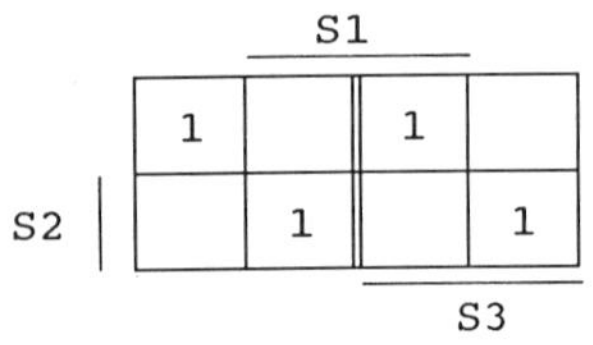

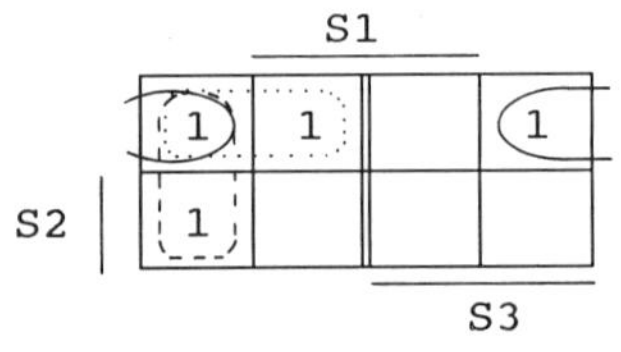

keine Zusammenfassung für K1 möglich

$K2 = K3 = \overline{S2}\&\overline{S1} \ v \ \overline{S3}\&\overline{S1} \ v \ \overline{S3}\&\overline{S2}$

Funktionsplan:

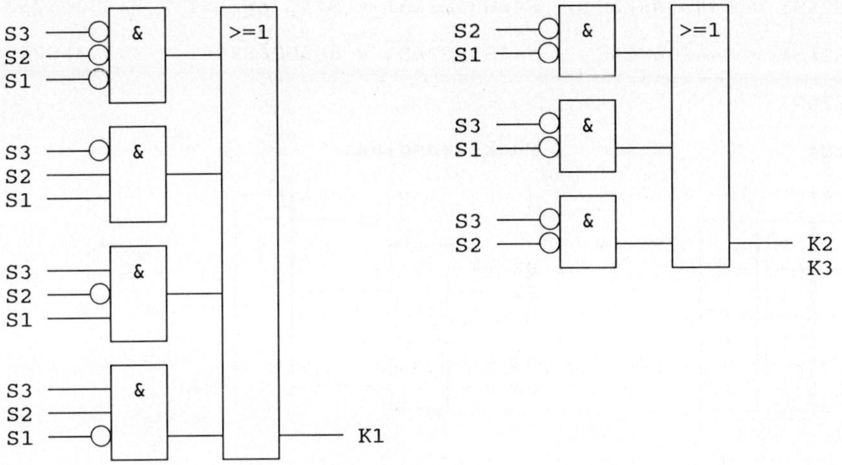

Realisierung mit einer SPS:

Zuordnung: S1 = E 0.1 K1 = A 0.1
S2 = E 0.2 K2 = A 0.2
S3 = E 0.3 K3 = A 0.3

Anweisungsliste:

```
:UN  E    0.3    :U   E    0.3    :UN  E    0.3
:UN  E    0.2    :UN  E    0.2    :UN  E    0.1
:UN  E    0.1    :U   E    0.1    :O
:O               :O               :UN  E    0.3
:UN  E    0.3    :U   E    0.3    :UN  E    0.2
:U   E    0.2    :U   E    0.2    :=   A    0.2
:U   E    0.1    :UN  E    0.1    :=   A    0.3
:O               :=   A    0.1    :BE
                 :UN  E    0.2
                 :UN  E    0.1
                 :O
```

Übung 4.12. Generator

Funktionstabelle:

Oktal-Nr.	S4	S3	S2	S1	A
00	0	0	0	0	0
01	0	0	0	1	0
02	0	0	1	0	0
03	0	0	1	1	0
04	0	1	0	0	0
05	0	1	0	1	1
06	0	1	1	0	1
07	0	1	1	1	1
10	1	0	0	0	1
11	1	0	0	1	1
12	1	0	1	0	1
13	1	0	1	1	1
14	1	1	0	0	1
15	1	1	0	1	1
16	1	1	1	0	1
17	1	1	1	1	1

Disjunktive Normalform:

$A = \overline{S4}\&S3\&\overline{S2}\&S1 \vee \overline{S4}\&S3\&S2\&\overline{S1} \vee \overline{S4}\&S3\&S2\&S1 \vee S4\&\overline{S3}\&\overline{S2}\&\overline{S1} \vee S4\&\overline{S3}\&\overline{S2}\&S1$

$S4\&\overline{S3}\&S2\&\overline{S1} \vee S4\&\overline{S3}\&S2\&S1 \vee S4\&S3\&\overline{S2}\&\overline{S1} \vee S4\&S3\&\overline{S2}\&S1 \vee S4\&S3\&S2\&\overline{S1}$

$S4\&S3\&S2\&S1$

KVS-Diagramm:

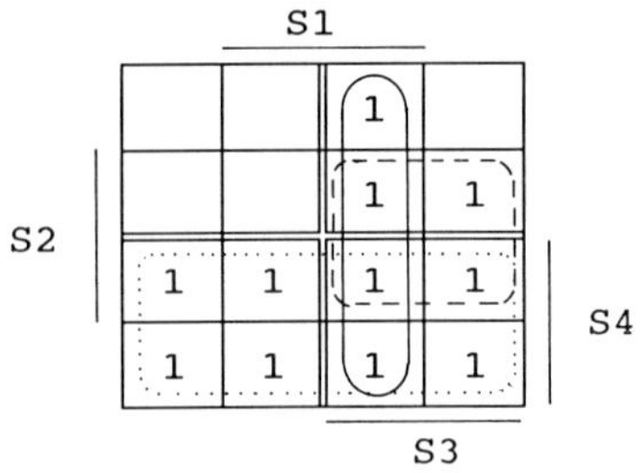

Funktionsplan:

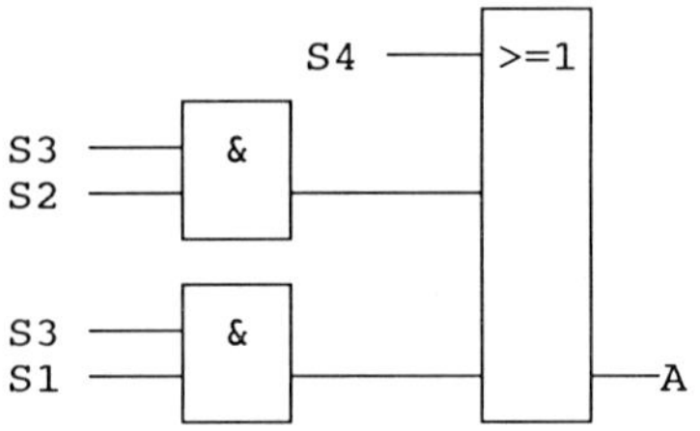

Vereinfachte Schaltfunktion:
A = S4 v S3&S2 v S3&S1

Realisierung mit einer SPS:
Zuordnung: S1 = E 0.1 A = A 0.1
S2 = E 0.2
S3 = E 0.3
S4 = E 0.4

Anweisungsliste:

```
:O   E   0.4     :O
:O               :U   E   0.3
:U   E   0.3     :U   E   0.1
:U   E   0.2     :=   A   0.1
                 :BE
```

Übung 4.13: Durchlauferhitzer II

Funktionstabelle:

Oktal-Nr.	S5	S4	S3	S2	S1	K1	K2	K3	K4	K5
07	0	0	1	1	1	0	0	0	1	1
13	0	1	0	1	1	0	0	1	0	1
15	0	1	1	0	1	0	1	0	0	1
16	0	1	1	1	0	1	0	0	0	1
17	0	1	1	1	1	1	1	1	1	1
23	1	0	0	1	1	0	0	1	1	0
25	1	0	1	0	1	0	1	0	1	0
26	1	0	1	1	0	1	0	0	1	0
27	1	0	1	1	1	1	1	1	1	1
31	1	1	0	0	1	0	1	1	0	0
32	1	1	0	1	0	1	0	1	0	0
33	1	1	0	1	1	1	1	1	1	1
34	1	1	1	0	0	1	1	0	0	0
35	1	1	1	0	1	1	1	1	1	1
36	1	1	1	1	0	1	1	1	1	1
37	1	1	1	1	1	1	1	1	1	1

Auch bei der Minimierung mit einem KVS-Diagramm ist es möglich, von der verkürzten Funktionstabelle auszugehen. Die nicht aufgeführten Felder werden mit "0" belegt.

KVS-Diagramme:
Ausgangsvariable K1:

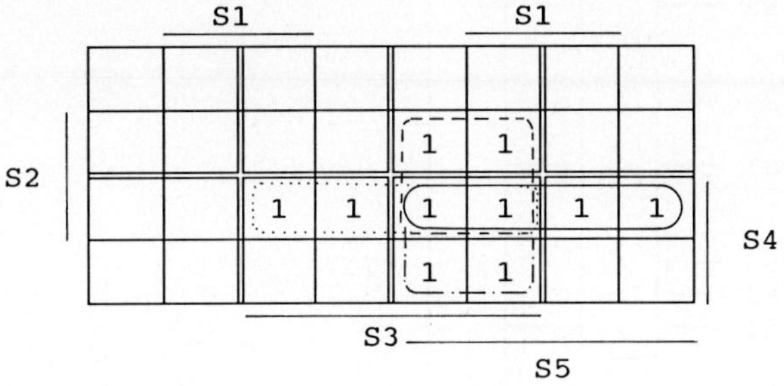

K1 = S5&S4&S3 v S5&S4&S2 v S5&S3&S2 v S4&S3&S2

Ausgangsvariable K2:

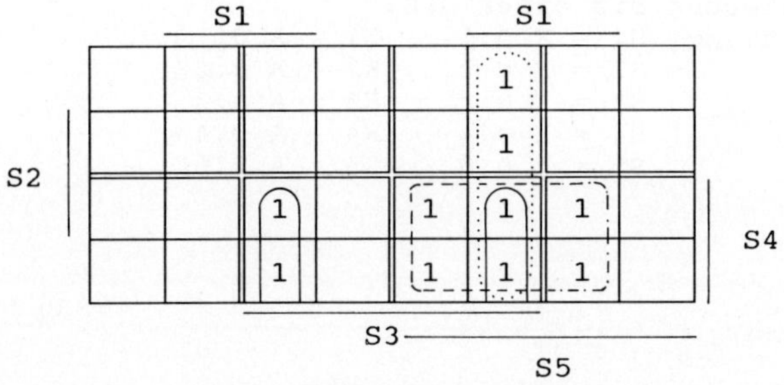

K2 = S5&S4&S3 v S5&S4&S1 v S5&S3&S1 v S4&S3&S1

Die verkürzten Schaltfunktionen für die weiteren Ausgangsvariablen ergeben sich aus der Systematik der bereits gefundenen Zuordnungen.

K3 = S5&S4&S2 v S5&S4&S1 v S5&S2&S1 v S4&S2&S1
K4 = S5&S3&S2 v S5&S2&S1 v S5&S3&S1 v S3&S2&S1
K5 = S4&S3&S2 v S4&S3&S1 v S4&S2&S1 v S3&S2&S1

Funktionsplan:

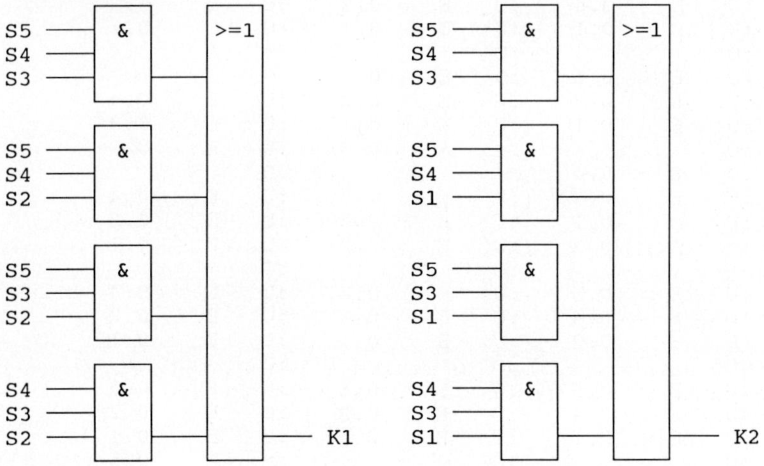

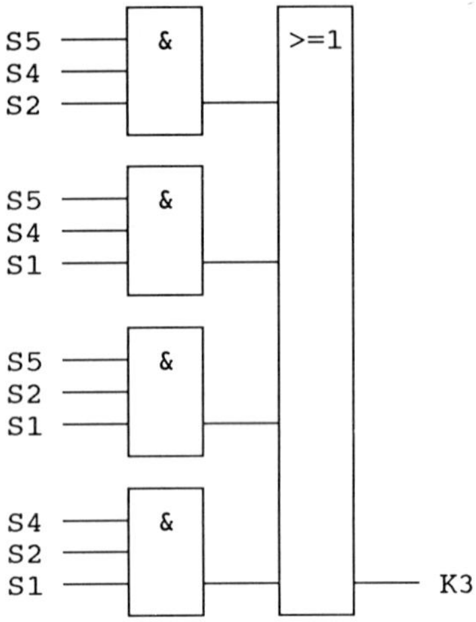

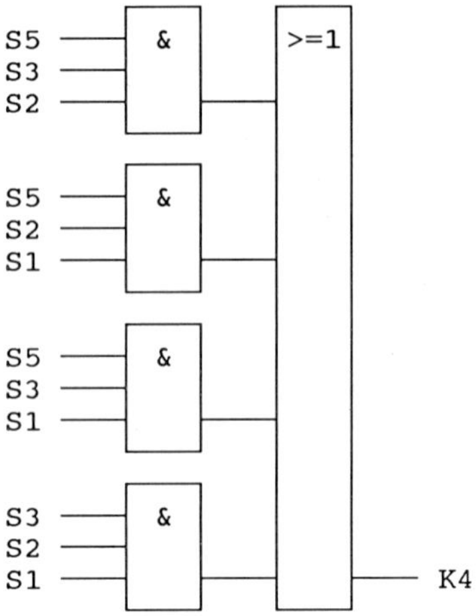

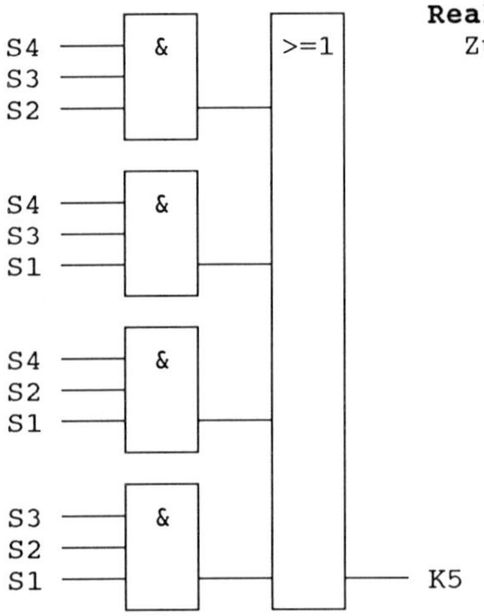

Realisierung mit einer SPS:

Zuordnung:		
	S1 = E 0.1	K1 = A 0.1
	S2 = E 0.2	K2 = A 0.2
	S3 = E 0.3	K3 = A 0.3
	S4 = E 0.4	K4 = A 0.4
	S5 = E 0.5	K5 = A 0.5

Anweisungsliste:

```
:U   E   0.5
:U   E   0.4
:U   E   0.3
:O
:U   E   0.5
:U   E   0.4
:U   E   0.2
:O
:U   E   0.5
:U   E   0.3
:U   E   0.2
:O
:U   E   0.4
:U   E   0.3
:U   E   0.2
:=   A   0.1

:U   E   0.5
:U   E   0.4
:U   E   0.3
:O
:U   E   0.5
:U   E   0.4
:U   E   0.1
:O
:U   E   0.5
:U   E   0.3
:U   E   0.1
:O
:U   E   0.4
:U   E   0.3
:U   E   0.1
:=   A   0.2

:U   E   0.5
:U   E   0.4
:U   E   0.2
:O
:U   E   0.5
:U   E   0.4
:U   E   0.1
:O
:U   E   0.5
:U   E   0.2
:U   E   0.1
:O
:U   E   0.4
:U   E   0.2
:U   E   0.1
:=   A   0.3

:U   E   0.5
:U   E   0.3
:U   E   0.2
:O
:U   E   0.5
:U   E   0.2
:U   E   0.1
:O
:U   E   0.5
:U   E   0.3
:U   E   0.1
:O
:U   E   0.3
:U   E   0.2
:U   E   0.1
:=   A   0.4

:U   E   0.4
:U   E   0.3
:U   E   0.2
:O
:U   E   0.4
:U   E   0.3
:U   E   0.1
:O
:U   E   0.4
:U   E   0.2
:U   E   0.1
:O
:U   E   0.3
:U   E   0.2
:U   E   0.1
:=   A   0.5
:BE
```

Übung 4.14: Behälterfüllanlage II

Disjunktive Normalformen:

P1 = 0 v 1 v 2 v 5 v 12
P2 = 0 v 1 v 2 v 3 v 7 v 13
P3 = 0 v 1 v 2 v 3 v 5 v 12
H1 = 4 v 6 v 10 v 11 v 14 v 15 v 16

KVS-Diagramme:

Pumpe P1:

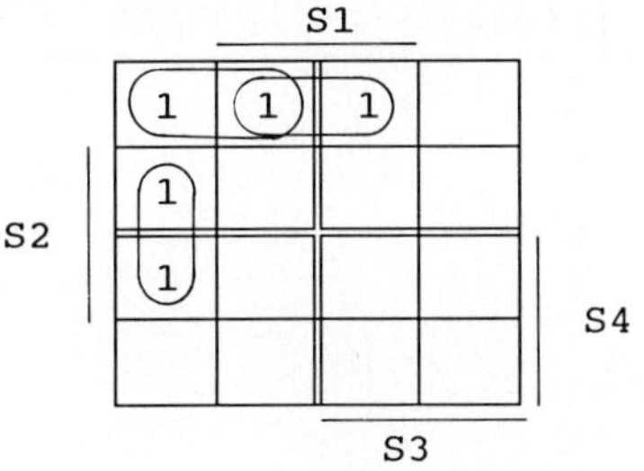

$P1 = S1\&\overline{S2}\&\overline{S4} \text{ v } \overline{S2}\&\overline{S3}\&\overline{S4} \text{ v } \overline{S1}\&S2\&\overline{S3}$

Pumpe P2:

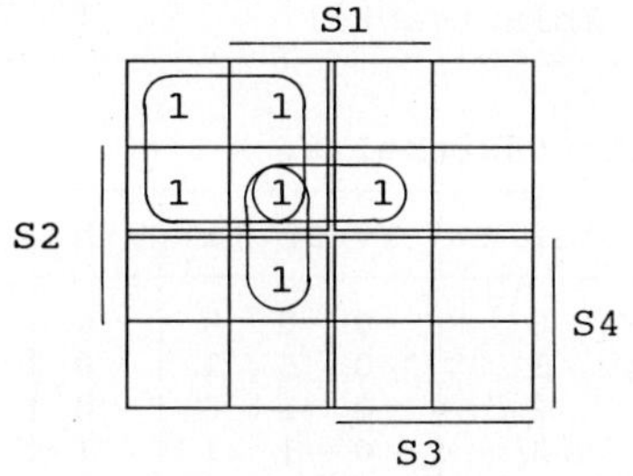

$P2 = \overline{S3}\&\overline{S4} \text{ v } S1\&S2\&\overline{S4} \text{ v } S1\&S2\&\overline{S3}$

Pumpe P3:

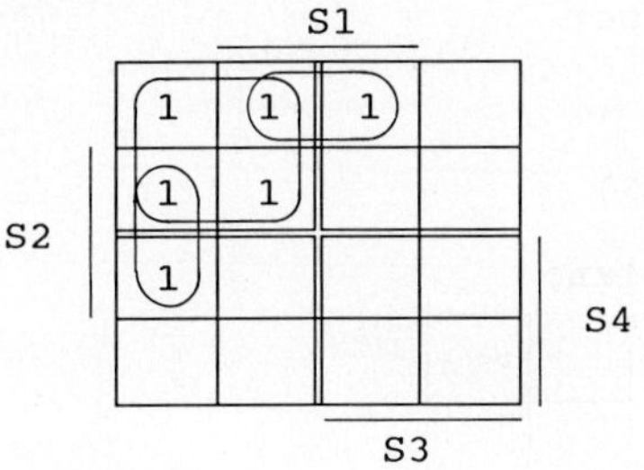

$P3 = \overline{S3}\&\overline{S4} \text{ v } S1\&\overline{S2}\&\overline{S4} \text{ v } \overline{S1}\&S2\&\overline{S3}$

Meldeleuchte H1:

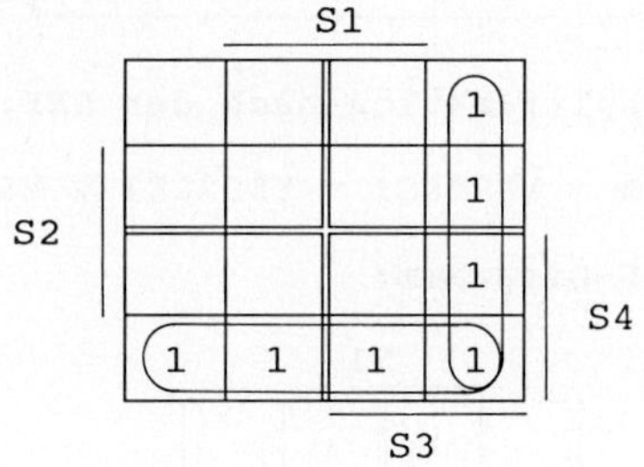

$H1 = \overline{S1}\&S3 \text{ v } \overline{S2}\&S4$

Realisierung mit einer SPS:

Zuordnung:

S1 = E 0.1	P1 = A 0.1
S2 = E 0.2	P2 = A 0.2
S3 = E 0.3	P3 = A 0.3
S4 = E 0.4	H1 = A 0.4

Anweisungsliste:

```
:U   E   0.1
:UN  E   0.2
:UN  E   0.4
:O
:UN  E   0.2
:UN  E   0.3
:UN  E   0.4
:O
:UN  E   0.1
:U   E   0.2
:UN  E   0.3
:=   A   0.1

:UN  E   0.3
:UN  E   0.4
:O
:U   E   0.1
:U   E   0.2
:UN  E   0.4
:O
:U   E   0.1
:U   E   0.2
:UN  E   0.3
:=   A   0.2

:UN  E   0.3
:UN  E   0.4
:O
:U   E   0.1
:UN  E   0.2
:UN  E   0.4
:O
:UN  E   0.1
:U   E   0.2
:UN  E   0.3
:=   A   0.3
:UN  E   0.1
:U   E   0.3
:O
:UN  E   0.2
:U   E   0.4
:=   A   0.4
:BE
```

Übung 5.1: Sammelbecken

Zuordnungstabelle:

Eingangsvariable	Betriebsmittel-kennzeichen	Logische Zuordnung
Unterer Signalgeber Oberer Signalgeber	S1 S2	Behälter entleert S1 = 0 Behälter gefüllt S2 = 1
Ausgangsvariable		
Ablaufventil	Y	Ablaufventil offen Y = 1

Funktionstabelle:

Zeile	Yv	S2	S1	Yn
0	0	0	0	0
1	0	0	1	0
2	0	1	0	0
3	0	1	1	1
4	1	0	0	0
5	1	0	1	1
6	1	1	0	1
7	1	1	1	1

Index
v = vorher
n = nachher

Schaltfunktion nach der DNF:

$A = \overline{Y}\&S2\&S1 \vee Y\&\overline{S2}\&S1 \vee Y\&S2\&\overline{S1} \vee Y\&S2\&S1$

KVS-Diagramm:

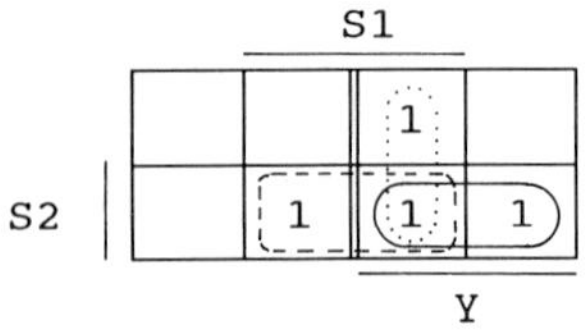

Funktionsplan:

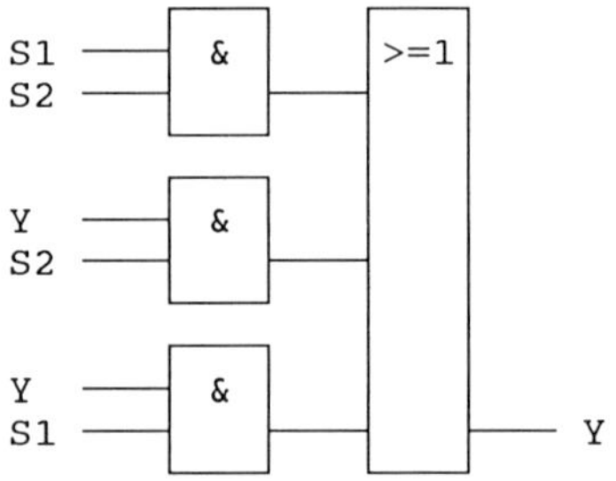

Vereinfachte Schaltfunktion:
Y = S2&S1 v Y&S2 v Y&S1

Realisierung mit einer SPS:

Zuordnung: S1 = E 0.1
S2 = E 0.2
Y = A 0.0

Anweisungsliste:

```
:U   E   0.1   :O
:U   E   0.2   :U   A   0.0
:O             :U   E   0.1
:U   A   0.0   :=   A   0.0
:U   E   0.2   :BE
```

Übung 5.2: Überwachungseinrichtung

Setzen des Meldesignals: $A_S = \overline{S1} \& \overline{S2} \& \overline{S3}$
Rücksetzen des Meldesignals: $A_R = S4 \& (S1 \lor S2 \lor S3)$

Funktionsplan:

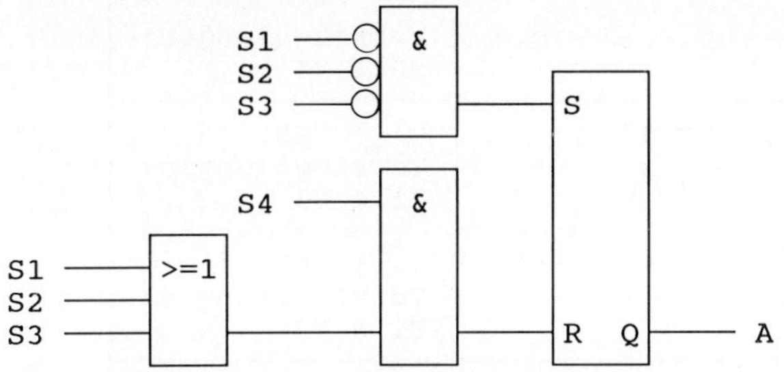

Realisierung mit einer SPS:

Zuordnung: S1 = E 0.1 A = A 0.0
S2 = E 0.2
S3 = E 0.3
S4 = E 0.4

Anweisungsliste:

```
:UN  E   0.1
:UN  E   0.2
:UN  E   0.3
:S   A   0.0
:U   E   0.4
:U(
:O   E   0.1
:O   E   0.2
:O   E   0.3
:)
:R   A   0.0
:BE
```

Übung 5.3: Selektive Bandweiche

Setzen des Ausgangssignals: $Y_S = S3 \& S2 \& S1$

Rücksetzen des Ausgangssignals: $Y_R = \overline{S3} \& S2 \& \overline{S1}$

Funktionsplan:

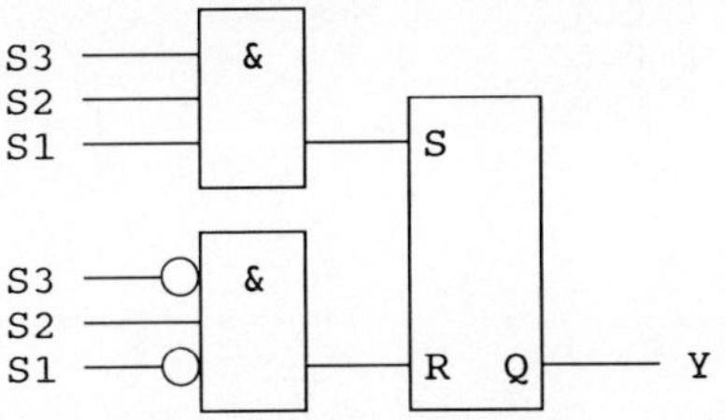

Realisierung mit einer SPS:

Zuordnung: S1 = E 0.1 Y = A 0.0
S2 = E 0.2
S3 = E 0.3

Anweisungsliste:

```
:U   E   0.3
:U   E   0.2
:U   E   0.1
:S   A   0.0
:UN  E   0.3
:U   E   0.2
:UN  E   0.1
:R   A   0.0
:BE
```

Übung 5.4: Behälter-Füllanlage I

Lösungshilfe:

Zu betätigende Ausgänge oder Merker	Variablen für "Setzen"	Variablen für "Rücksetzen"
Ventil Behälter 1 Y1	S2	S1 Verriegelungen: Y2 & Y3
Ventil Behälter 2 Y2	S4	S3 Verriegelungen: Y1 & Y3
Ventil Behälter 3 Y3	S6	S5 Verriegelungen: Y1 & Y2

Funktionsplan:

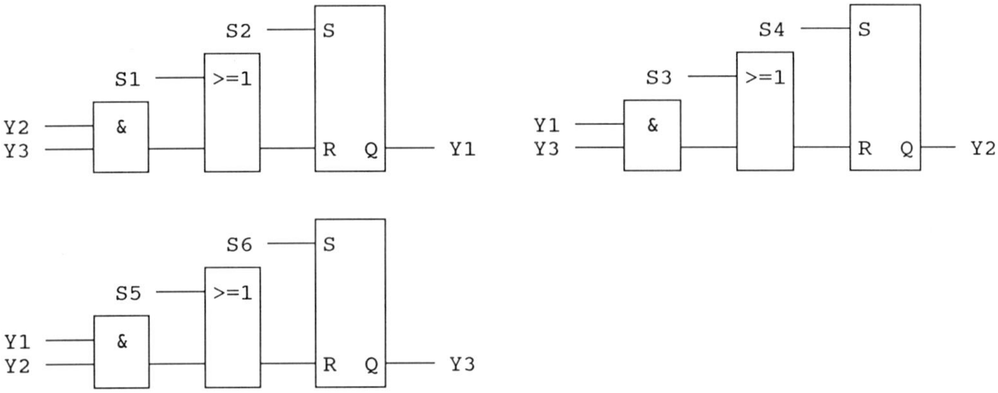

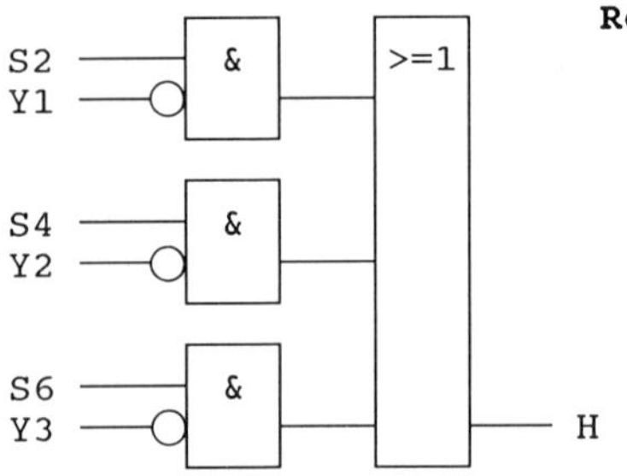

Realisierung mit einer SPS:

Zuordnung:

S1 = E 0.1	Y1 = A 0.1
S2 = E 0.2	Y2 = A 0.2
S3 = E 0.3	Y3 = A 0.3
S4 = E 0.4	H = A 0.4
S5 = E 0.5	
S6 = E 0.6	

Anweisungsliste:

```
:U  E  0.2    :U  E  0.4    :U  E  0.6    :U  E  0.2
:S  A  0.1    :S  A  0.2    :S  A  0.3    :UN A  0.1
:O  E  0.1    :O  E  0.3    :O  E  0.5    :O
:O            :O            :O            :U  E  0.4
:U  A  0.2    :U  A  0.1    :U  A  0.1    :UN A  0.2
:U  A  0.3    :U  A  0.3    :U  A  0.2    :O
:R  A  0.1    :R  A  0.2    :R  A  0.3    :U  E  0.6
                                          :UN A  0.3
                                          :=  A  0.4
                                          :BE
```

Übung 5.5: Behälter-Füllanlage II

Lösungshilfe:

Zu betätigende Ausgänge oder Merker	Variablen für "Setzen"	Variablen für "Rücksetzen"
Merker M1 Speicherung der Leermeldung Behälter 1	S2	Y1 Verriegelungen: M2, M3
Merker M2 Speicherung der Leermeldung Behälter 2	S4	Y2 Verriegelungen: M1, M3
Merker M3 Speicherung des Leermeldung Behälter 3	S6	S5 Verriegelungen: M1, M2
Ventil Behälter 1 Y1	S2	S1 Verriegelungen: Y2, Y3
Ventil Behälter 2 Y2	S4	S3 Verriegelungen: Y1, Y3
Ventil Behälter 3 Y3	S6	S5 Verriegelungen: Y1, Y2

Funktionsplan:

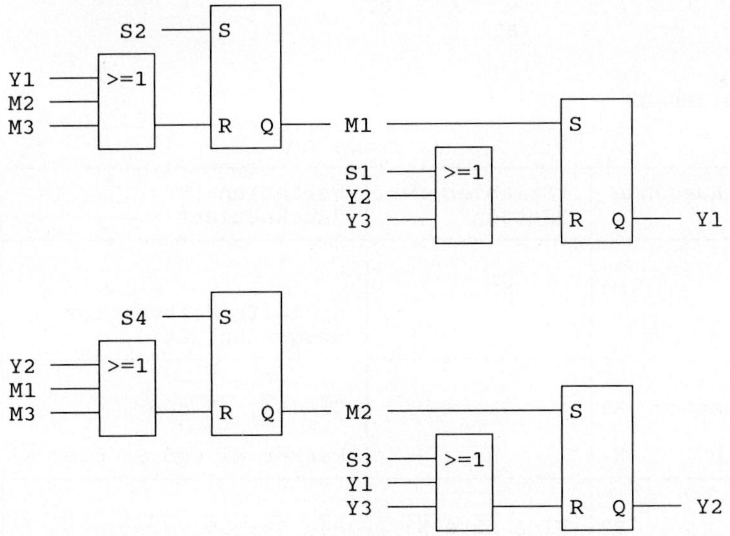

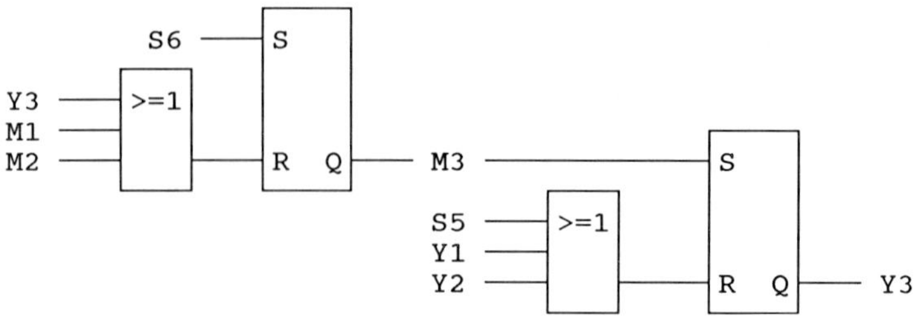

Realisierung mit einer SPS:

Zuordnung:

S1 = E 0.1	Y1 = A 0.1	M1 = M 0.1
S2 = E 0.2	Y2 = A 0.2	M2 = M 0.2
S3 = E 0.3	Y3 = A 0.3	M3 = M 0.3
S4 = E 0.4		
S5 = E 0.5		
S6 = E 0.6		

Anweisungsliste:

```
:U   E   0.2    :U   E   0.4    :U   E   0.6
:S   M   0.1    :S   M   0.2    :S   M   0.3
:O   A   0.1    :O   A   0.2    :O   A   0.3
:O   M   0.2    :O   M   0.1    :O   M   0.1
:O   M   0.3    :O   M   0.3    :O   M   0.2
:R   M   0.1    :R   M   0.2    :R   M   0.3

:U   M   0.1    :U   M   0.2    :U   M   0.3
:S   A   0.1    :S   A   0.2    :S   A   0.3
:O   E   0.1    :O   E   0.3    :O   E   0.5
:O   A   0.2    :O   A   0.1    :O   A   0.1
:O   A   0.3    :O   A   0.3    :O   A   0.2
:R   A   0.1    :R   A   0.2    :R   A   0.3
                                :BE
```

Übung 5.6: Schleifmaschine

Lösungshilfe:

Zu betätigende Ausgänge oder Merker	Variablen für "Setzen"	Variablen für "Rücksetzen"
Merker M1 Speicherung des AUS-Tasters	$\overline{S0}$	$\overline{K1}$ Schleifscheibenmotor ausgeschaltet
Schleifscheibenmotor K1 und Anzeige "Betrieb" H	S1	$\overline{S3}$, $\overline{S4}$, $\overline{S5}$ oder Merker M1 und $\overline{S6}$ oder $\overline{S7}$
Motorschütz M2 K2 Rechtslauf	K1 & $\overline{K2}$ & $\overline{K3}$ oder K1 & $\overline{S6}$ & S7	$\overline{S3}$, $\overline{S4}$, $\overline{S5}$, $\overline{S7}$ Verriegelungen: $\overline{K1}$, K3
Motorschütz M2 K3 Linkslauf	K1 & $\overline{S7}$ & S6	$\overline{S3}$, $\overline{S4}$, $\overline{S5}$, $\overline{S6}$ Verriegelungen: $\overline{K1}$, K2

Funktionsplan:

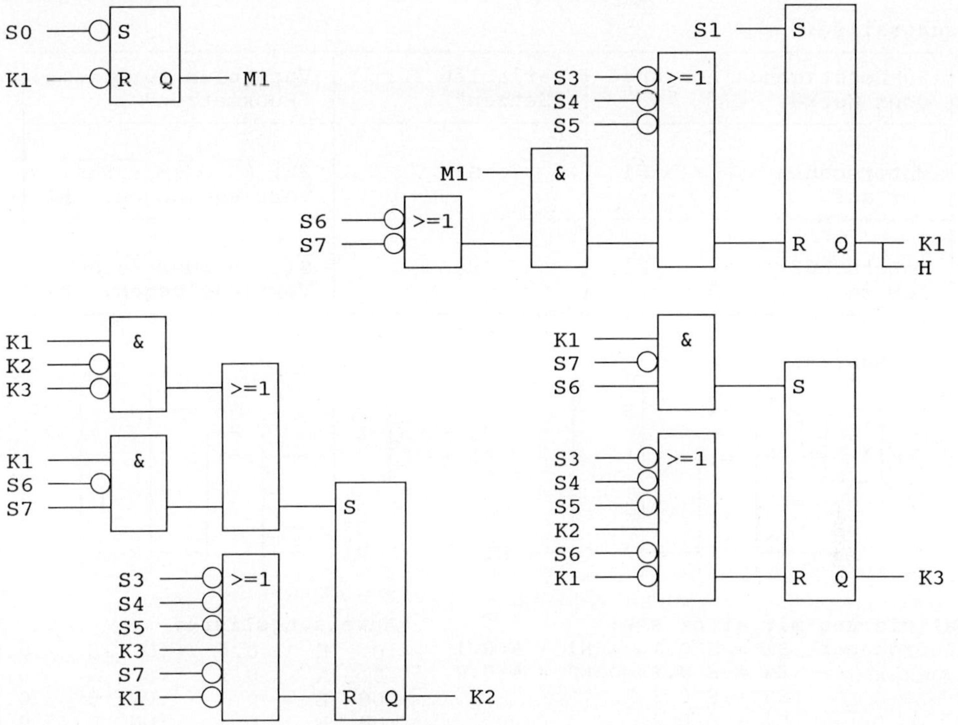

Realisierung mit einer SPS:

Zuordnung:

S0 = E 0.0	K1 = A 0.1	M1 = M 0.1
S1 = E 0.1	K2 = A 0.2	
S3 = E 0.3	K3 = A 0.3	
S4 = E 0.4	H = A 0.4	
S5 = E 0.5		
S6 = E 0.6		
S7 = E 0.7		

Anweisungsliste:

```
:UN  E   0.0
:S   M   0.1
:UN  A   0.1
:R   M   0.1

:U   E   0.1
:S   A   0.1
:ON  E   0.3
:ON  E   0.4
:ON  E   0.5
:O
:U   M   0.1
:U(
:ON  E   0.6
:ON  E   0.7
:)
:R   A   0.1
:U   A   0.1
:=   A   0.4

:U   A   0.1
:UN  A   0.2
:UN  A   0.3
:O
:U   A   0.1
:UN  E   0.6
:U   E   0.7
:S   A   0.2
:ON  E   0.3
:ON  E   0.4
:ON  E   0.5
:O   A   0.3
:ON  E   0.7
:ON  A   0.1
:R   A   0.2

:U   A   0.1
:UN  E   0.7
:U   E   0.6
:S   A   0.3
:ON  E   0.3
:ON  E   0.4
:ON  E   0.5
:O   A   0.2
:ON  E   0.6
:ON  A   0.1
:R   A   0.3
:BE
```

Übung 5.7: Torsteuerung

Lösungshilfe:

Zu betätigende Ausgänge oder Merker	Variablen für "Setzen"	Variablen für "Rücksetzen"
Motorschütz K1 Tor auf	S4	$\overline{S2}$, $\overline{S5}$ oder $\overline{S3}$&$\overline{S4}$ Verriegelungen: K2
Motorschütz K2 Tor zu	S6	$\overline{S1}$, $\overline{S5}$ oder $\overline{S3}$&$\overline{S6}$ Verriegelungen: K1

Funktionsplan:

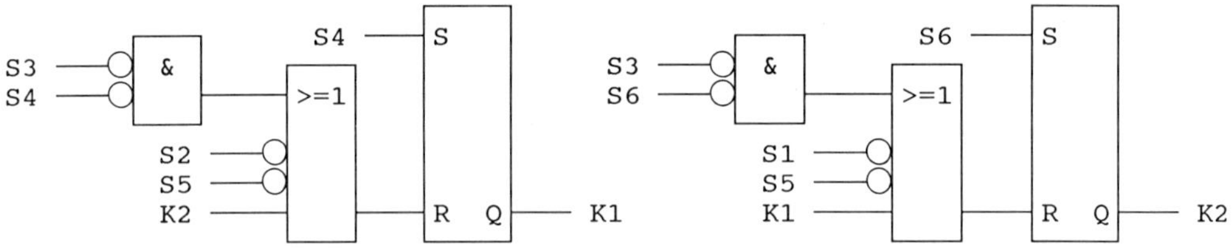

Realisierung mit einer SPS:

Zuordnung:

S1 = E 0.1	K1 = A 0.1	
S2 = E 0.2	K2 = A 0.2	
S3 = E 0.3		
S4 = E 0.4		
S5 = E 0.5		
S6 = E 0.6		

Anweisungsliste:

```
:U   E  0.4    :U   E  0.6
:S   A  0.1    :S   A  0.2
:UN  E  0.3    :UN  E  0.3
:UN  E  0.4    :UN  E  0.6
:ON  E  0.2    :ON  E  0.1
:ON  E  0.5    :ON  E  0.5
:O   A  0.2    :O   A  0.1
:R   A  0.1    :R   A  0.2
               :BE
```

Übung 5.8: Pumpensteuerung

Zuordnungstabelle

Eingangsvariable	Betriebsmittelkennzeichen	Logische Zuordnung
Wahlschalter Automatik	S1	Automatikbetrieb S1 = 0
EIN-Taster Pumpe 1	S2	betätigt S2 = 1
EIN-Taster Pumpe 2	S3	betätigt S3 = 1
AUS-Taster Pumpe 1	S4	betätigt S4 = 1
AUS-Taster Pumpe 2	S5	betätigt S5 = 1
Grenzwertschalter oben	S6	betätigt S6 = 1
Grenzwertschalter Mitte	S7	betätigt S7 = 1
Grenzwertschalter unten	S8	betätigt S8 = 1
Ausgangsvariable		
Pumpe 1	P1	Pumpe P1 an P1 = 1
Pumpe 2	P2	Pumpe P2 an P2 = 1

Lösungshilfe:

Zu betätigende Ausgänge oder Merker	Variablen für "Setzen"	Variablen für "Rücksetzen"
Pumpe P1	S1&S2 v $\overline{S1}$&S7	S1&S4 oder $\overline{S8}$
Pumpe P2	S1&S3 v $\overline{S1}$&S6	S1&S5 oder $\overline{S8}$

Funktionsplan:

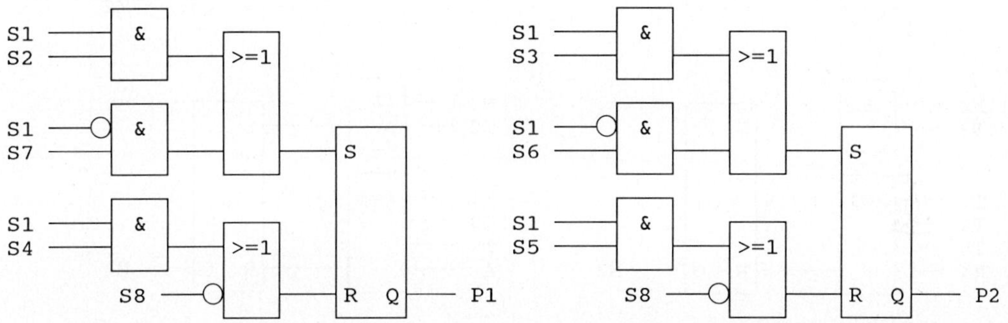

Realisierung mit einer SPS:

Zuordnung:

	S1 = E 0.1	P1 = A 0.1
	S2 = E 0.2	P2 = A 0.2
	S3 = E 0.3	
	S4 = E 0.4	
	S5 = E 0.5	
	S6 = E 0.6	
	S7 = E 0.7	
	S8 = E 1.0	

Anweisungsliste:

```
:U   E   0.1    :U   E   0.1
:U   E   0.2    :U   E   0.3
:O              :O
:UN  E   0.1    :UN  E   0.1
:U   E   0.7    :U   E   0.6
:S   A   0.1    :S   A   0.2
:U   E   0.1    :U   E   0.1
:U   E   0.4    :U   E   0.5
:ON  E   1.0    :ON  E   1.0
:R   A   0.1    :R   A   0.2
                :BE
```

Übung 5.9: Schloßschaltung

Zuordnungstabelle:

Eingangsvariable	Betriebsmittel-kennzeichen	Logische Zuordnung
Taster T1 Taster T2 Taster T3 Taster T4 Taster T5	T1 T2 T3 T4 T5	betätigt T1=1 betätigt T2=1 betätigt T3=1 betätigt T4=1 betätigt T5=1
Ausgangsvariable		
Türöffner(Elektromagnet)	A	Elektromagnet angezogen A=1

Zur Realisierung der Steuerung werden fünf Speicherglieder verwendet, die nur in der durch die Tastenfolge vorgegebenen Reihenfolge gesetzt werden können. Wird eine falsche Taste in der Reihenfolge betätigt, werden alle Speicherglieder wieder zurückgesetzt - nicht jedoch bei wiederholter Betätigung der zuvor betätigten Taste.

Funktionsplan:

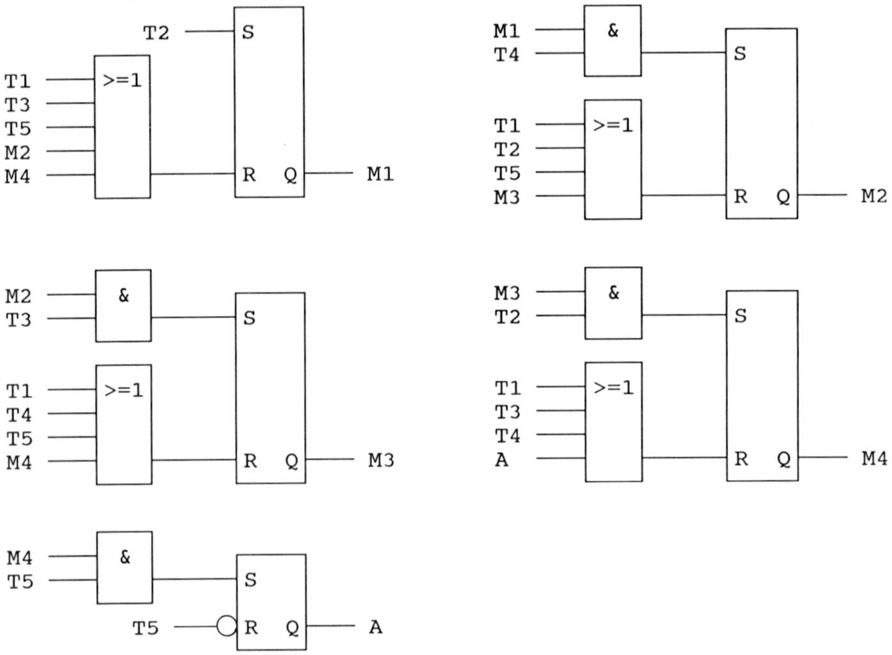

Realisierung mit einer SPS:

Zuordnung:

T1 = E 0.1	A = A 0.1	M1 = M 0.1
T2 = E 0.2		M2 = M 0.2
T3 = E 0.3		M3 = M 0.3
T4 = E 0.4		M4 = M 0.4
T5 = E 0.5		

Anweisungsliste:

:U	E	0.2	:U	M	0.2	:U	M	0.4
:S	M	0.1	:U	E	0.3	:U	E	0.5
:O	E	0.1	:S	M	0.3	:S	A	0.1
:O	E	0.3	:O	E	0.1	:UN	E	0.5
:O	E	0.5	:O	E	0.4	:R	A	0.1
:O	M	0.2	:O	E	0.5	:BE		
:O	M	0.4	:O	M	0.4			
:R	M	0.1	:R	M	0.3			

:U	M	0.1	:U	M	0.3
:U	E	0.4	:U	E	0.2
:S	M	0.2	:S	M	0.4
:O	E	0.1	:O	E	0.1
:O	E	0.2	:O	E	0.3
:O	E	0.5	:O	E	0.4
:O	M	0.3	:O	A	0.1
:R	M	0.2	:R	M	0.4

Übung 5.10: Impulsschalter für zwei Meldeleuchten

Zuordnungstabelle:

Eingangsvariable	Betriebsmittel-kennzeichen	Logische Zuordnung
Taster	S1 = E	Taster gedrückt E = 1
Ausgangsvariable		
Meldeleuchte 1 Meldeleuchte 2	H1 = A1 H2 = A2	Meldeleuchte an A1 = 1 Meldeleuchte an A2 = 1

Funktionsdiagramm der Steuerungsaufgabe:

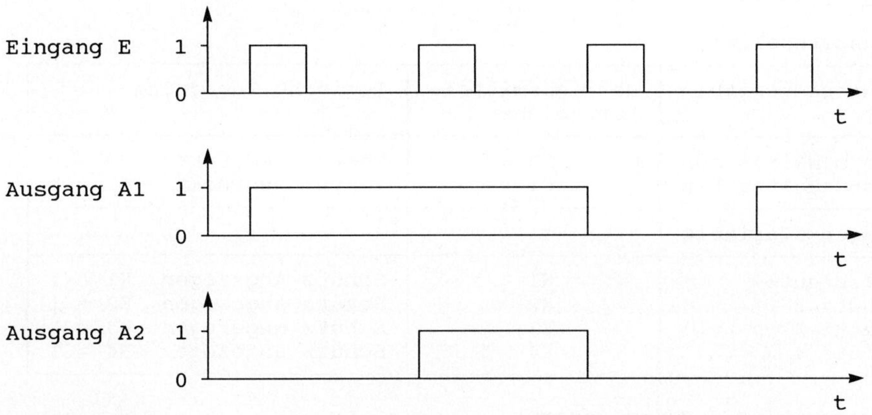

Funktionsplan:

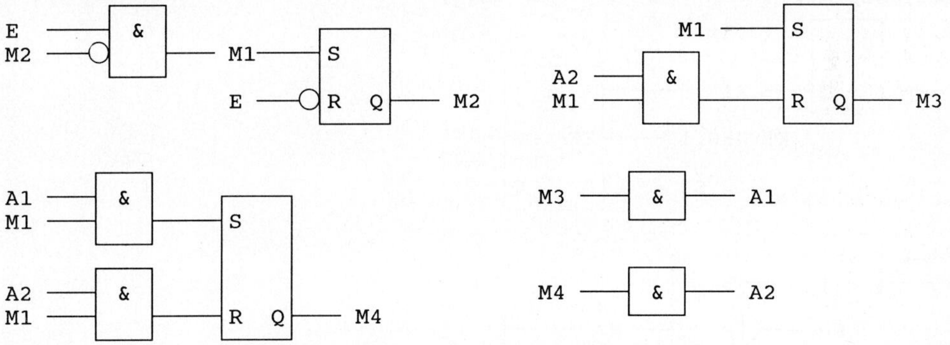

Realisierung mit einer SPS:

Zuordnung: E = E 0.1   A1 = A 0.1   M1 = M 0.1
A2 = A 0.2   M2 = M 0.2
M3 = M 1.1
M4 = M 1.2

Anweisungsliste:

```
:U   E   0.1    :U   M   0.1    :U   A   0.1    :U   M   1.1
:UN  M   0.2    :S   M   1.1    :U   M   0.1    :=   A   0.1
:=   M   0.1    :U   A   0.2    :S   M   1.2    :U   M   1.2
:S   M   0.2    :U   M   0.1    :U   A   0.2    :=   A   0.2
:UN  E   0.1    :R   M   1.1    :U   M   0.1    :BE
:R   M   0.2                    :R   M   1.2
```

Übung 5.11: Analyse einer AWL

Funktionsdiagramm:

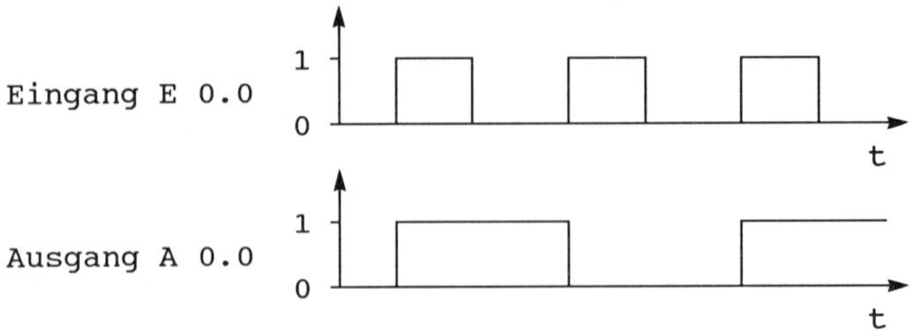

Übung 6.1: Anlassersteuerung

Zuordnungstabelle:

Eingangsvariable	Betriebsmittel-kennzeichen	Logische Zuordnung
Tastschalter Aus Tastschalter Ein	S0 S1	Taster gedrückt S0 = 0 Taster gedrückt S1 = 1
Ausgangsvariable		
Netzschütz Schütz 2 Schütz 3 Schütz 4	K1 K2 K3 K4	Schütz angezogen K1 = 1 Schütz angezogen K2 = 1 Schütz angezogen K3 = 1 Schütz angezogen K4 = 1

1. Lösung mit drei Zeitgliedern:
Funktionsplan:

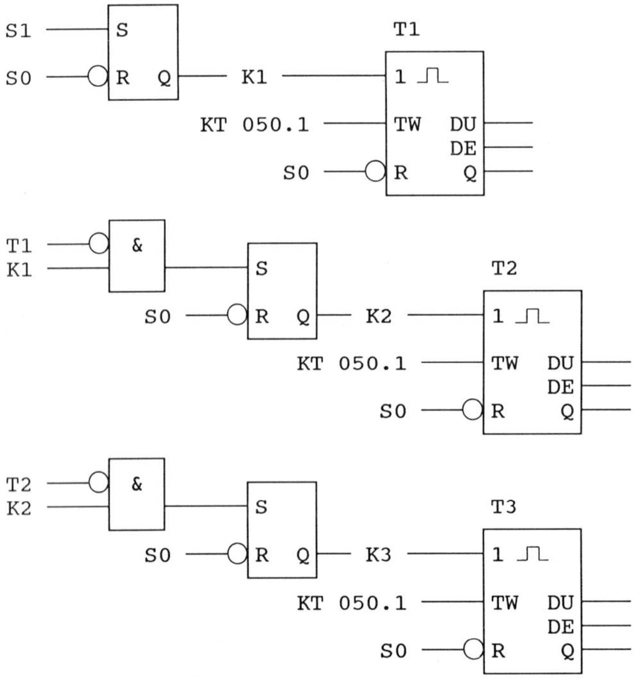

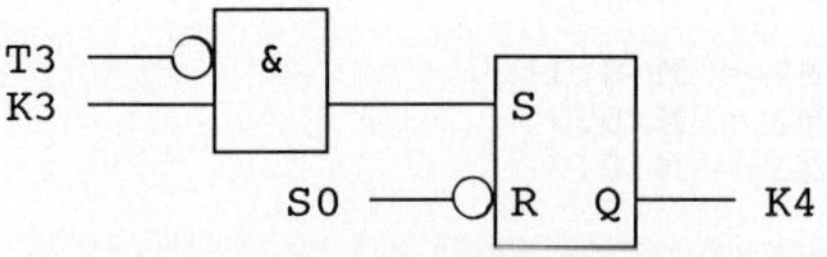

Realisierung mit einer SPS:

Zuordnung: S0 = E 0.0 K1 = A 0.1
S1 = E 0.1 K2 = A 0.2
K3 = A 0.3
K4 = A 0.4

Anweisungsliste:

```
:U   E    0.1    :UN  T    1      :UN  T    2      :UN  T    3
:S   A    0.1    :U   A    0.1    :U   A    0.2    :U   A    0.3
:UN  E    0.0    :S   A    0.2    :S   A    0.3    :S   A    0.4
:R   A    0.1    :UN  E    0.0    :UN  E    0.0    :UN  E    0.0
:U   A    0.1    :R   A    0.2    :R   A    0.3    :R   A    0.4
:L   KT 050.1    :U   A    0.2    :U   A    0.3    :BE
:SI  T    1      :L   KT 050.1    :L   KT 050.1
:UN  E    0.0    :SI  T    2      :SI  T    3
:R   T    1      :UN  E    0.0    :UN  E    0.0
                 :R   T    2      :R   T    3
```

2. Lösung mit einem Zeitglied:
Der sich bei dieser Lösung ergebende Funktionsplan beinhaltet mehrere "Tricks", die auf der sequentiellen Abarbeitung einer SPS beruhen. Mit digitalen Schaltkreisen oder gar Schützen kann deshalb dieser Funktionsplan nicht realisiert werden.

Funktionsplan:

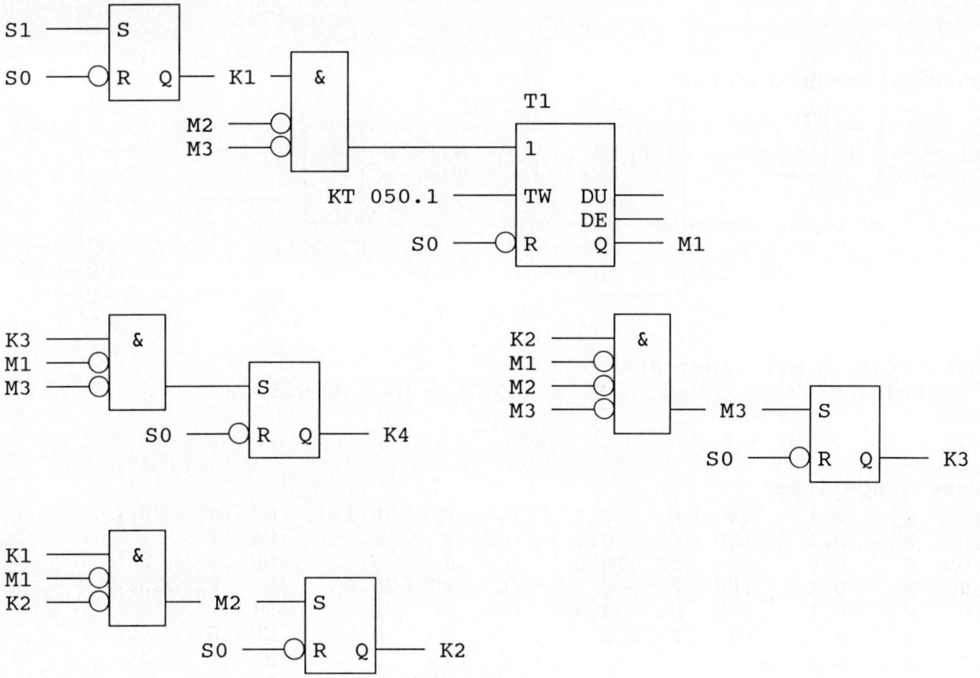

Realisierung mit einer SPS:

```
  Zuordnung: S0 = E 0.0     K1 = A 0.1     M1 = M 0.1
             S1 = E 0.1     K2 = A 0.2     M2 = M 0.2
                            K3 = A 0.3     M3 = M 0.3
                            K4 = A 0.4
```

Anweisungsliste:

```
:U   E    0.1
:S   A    0.1
:UN  E    0.0
:R   A    0.1
:U   A    0.1
:UN  M    0.2
:UN  M    0.3
:L   KT 050.1
:SI  T    1
:UN  E    0.0
:R   T    1
:U   T    1
:=   M    0.1
:U   A    0.3
:UN  M    0.1
:UN  M    0.3
:S   A    0.4
:UN  E    0.0
:R   A    0.4
:U   A    0.2
:UN  M    0.1
:UN  M    0.2
:UN  A    0.3
:=   M    0.3
:U   M    0.3
:S   A    0.3
:UN  E    0.0
:R   A    0.3
:U   A    0.1
:UN  M    0.1
:UN  A    0.2
:=   M    0.2
:U   M    0.2
:S   A    0.2
:UN  E    0.0
:R   A    0.2
:BE
```

Übung 6.2: Förderbandkontrolle

Funktionsplan:

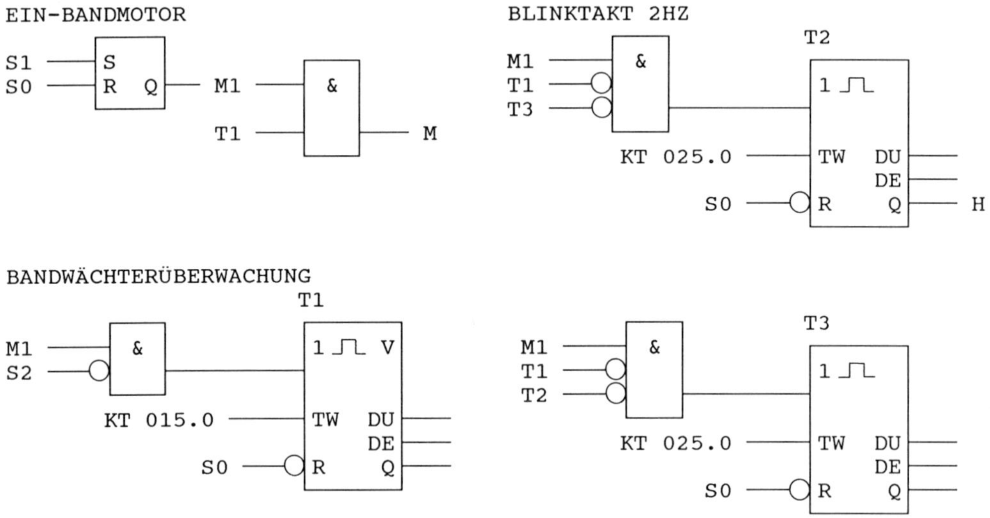

Realisierung mit einer SPS:

```
  Zuordnung: S0 = E 0.0     M  = A 0.1     M1 = M 0.1
             S1 = E 0.1     H  = A 0.2
             S2 = E 0.2
```

Anweisungsliste:

```
:U   E    0.1
:S   M    0.1
:UN  E    0.0
:R   M    0.1
:U   M    0.1
:U   T    1
:=   A    0.1
:U   M    0.1
:UN  E    0.2
:L   KT 015.0
:SV  T    1
:UN  E    0.0
:R   T    1
:U   M    0.1
:UN  T    1
:UN  T    3
:L   KT 025.0
:SI  T    2
:UN  E    0.0
:R   T    2
:U   T    2
:=   A    0.2
:U   M    0.1
:UN  T    1
:UN  T    2
:L   KT 025.0
:SI  T    3
:UN  E    0.0
:R   T    3
:BE
```

Übung 6.3: Analyse einer AWL:

Funktionsplan:

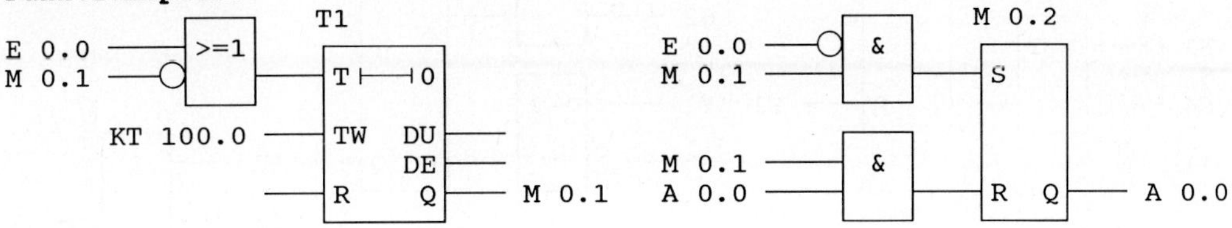

Funktionsweise:

Zyklus:	1 . . . n n+1 n+2. . . k k+1 k+2 .
	Signalzustände der Variablen
O E 0.0	0 ---> 1s 0 0 0 ---> 1s 0 0 0
ON M 0.1	0 0 1 0 0 1 0
L KT 100.0	
SE T 1	Start t=1s Start t=1s Start t=1s
U T 1	0 1 0 0 1 0 0
= M 0.1	0 1 0 0 1 0 0
UN E 0.0	0 0 0 0 0 0 0
U M 0.1	0 1 0 0 1 0 0
S M 0.2	0 1 1 1 1 0 0
U M 0.1	0 1 0 0 1 0 0
U A 0.0	0 0 1 1 1 0 0
R M 0.2	0 1 1 1 0 0 0
U M 0.2	0 1 1 1 0 0 0
= A 0.0	0 1 1 1 0 0 0

Aus der Tabelle ist zu ersehen, daß der Ausgang A 0.0 mit einer Frequenz von 0.5Hz blinkt, wenn E 0.0 = 0 ist.

Übung 6.4: Überwachung der Türöffnung

Erweiterte Zuordnungstabelle:

Eingangsvariable	Betriebsmittel-kennzeichen	Logische Zuordnung	
Taster "Öffnen"	S1	gedrückt	S1 = 1
Taster "Schließen"	S2	gedrückt	S2 = 1
Taster "Stillstand"	S3	gedrückt	S3 = 0
Endschalter "Tür auf"	S4	gedrückt	S4 = 0
Endschalter "Tür zu"	S5	gedrückt	S5 = 0
Lichtschranke	LI	frei	LI = 1
Taster "Löschen"	S6	gedrückt	S6 = 1
Ausgangsvariable			
Zylinder "Tür auf"	Y1	Zyl. fährt ein	Y1 = 1
Zylinder "Tür zu"	Y2	Zyl. fährt aus	Y2 = 1
Störmeldung	Y3	Störmeldung an	Y3 = 1

Funktionsplan:

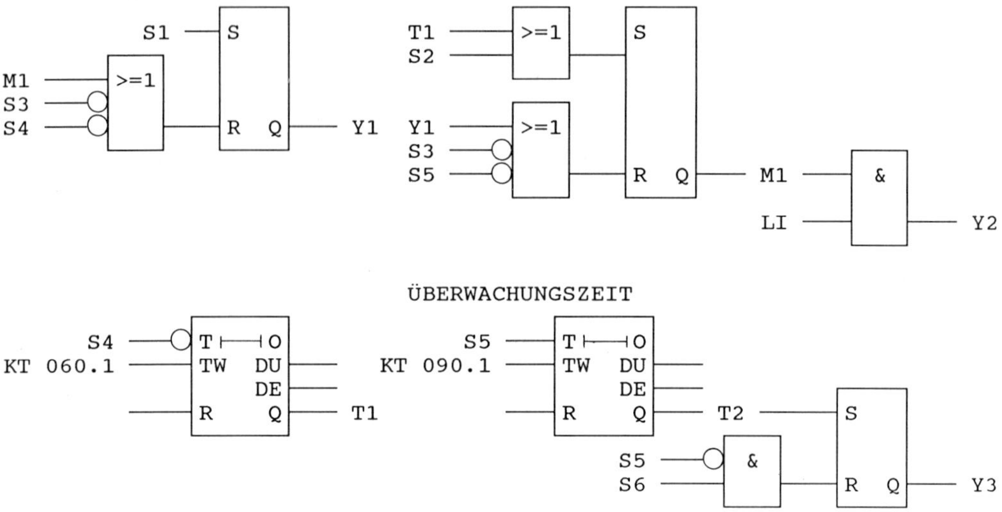

Realisierung mit einer SPS:

Zuordnung:

S1 = E 0.1	Y1 = A 0.1	M1 = M 0.1
S2 = E 0.2	Y2 = A 0.2	M2 = M 0.2
S3 = E 0.3	Y3 = A 0.3	
S4 = E 0.4		
S5 = E 0.5		
S6 = E 0.6		
LI = E 0.7		

Anweisungsliste:

```
:U   E   0.1     :O   T   1       :U   E    0.5
:S   A   0.1     :O   E   0.2     :L   KT 090.1
:O   M   0.1     :S   M   0.1     :SE  T    2
:ON  E   0.3     :O   A   0.1     :U   T    2
:ON  E   0.4     :ON  E   0.3     :S   A    0.3
:R   A   0.1     :ON  E   0.5     :UN  E    0.5
                 :R   M   0.1     :U   E    0.6
:UN  E   0.4     :U   M   0.1     :R   A    0.3
:L   KT 060.1    :U   E   0.7     :BE
:SE  T   1       :=   A   0.2
```

Übung 6.5: Füllmengenkontrolle

Bei der Umsetzung der Steuerungsaufgabe in einen Funktionsplan muß darauf geachtet werden, daß auch mehrere Dosen unmittelbar hintereinander die geforderte Füllmenge unterschreiten könnten. Aus dem Technologieschema geht hervor, daß sich maximal vier Dosen zwischen der Erfassung und dem Auswerfer befinden können.
Um eine richtige Simulation zu ermöglichen, sollte der Zeittakt verlängert werden (z.B. statt 2s mindestens 6s).

Funktionsplan:

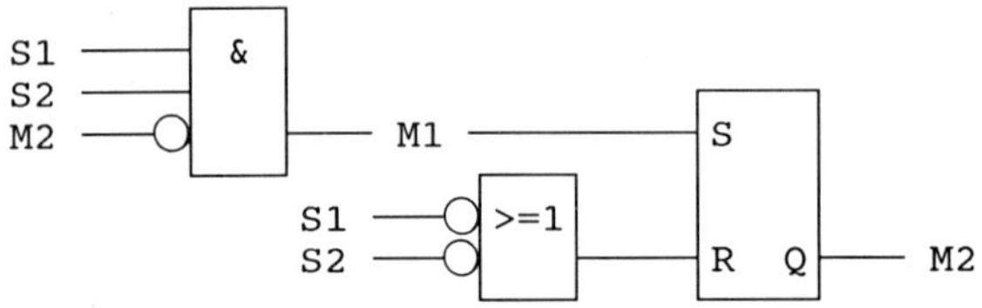

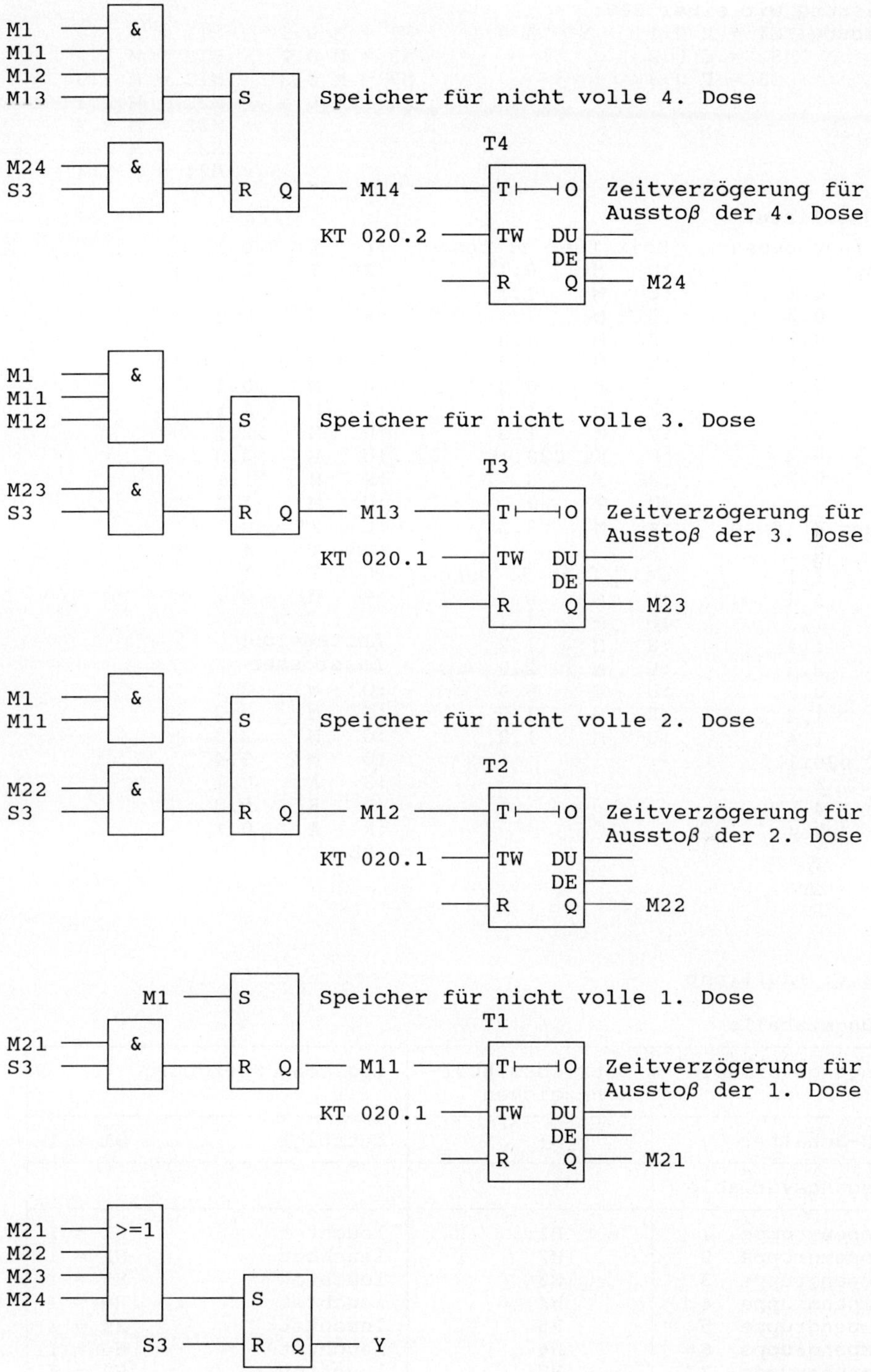
M1
M11
M12
M13
&
S
Speicher für nicht volle 4. Dose
M24
S3
&
R Q
M14
T4
T
O
Zeitverzögerung für Ausstoß der 4. Dose
KT 020.2
TW DU
DE
R Q
M24
M1
M11
M12
&
S
Speicher für nicht volle 3. Dose
M23
S3
&
R Q
M13
T3
T
O
Zeitverzögerung für Ausstoß der 3. Dose
KT 020.1
TW DU
DE
R Q
M23
M1
M11
&
S
Speicher für nicht volle 2. Dose
M22
S3
&
R Q
M12
T2
T
O
Zeitverzögerung für Ausstoß der 2. Dose
KT 020.1
TW DU
DE
R Q
M22
M1
S
Speicher für nicht volle 1. Dose
M21
S3
&
R Q
M11
T1
T
O
Zeitverzögerung für Ausstoß der 1. Dose
KT 020.1
TW DU
DE
R Q
M21
M21
M22
M23
M24
>=1
S
S3
R Q
Y

Realisierung mit einer SPS:

```
Zuordnung: S1 = E 0.1    Y = A 0.1    M1 = M 0.1    M11 = M 1.1
           S2 = E 0.2                 M2 = M 0.2    M12 = M 1.2
           S3 = E 0.3                 M3 = M 0.3    M13 = M 1.3
                                      M4 = M 0.4    M21 = M 2.1
                                                    M22 = M 2.2
                                                    M23 = M 2.3
                                                    M24 = M 2.4
```

Anweisungsliste:

```
Impuls fuer ungen.
Fuellung
:U   E    0.1
:U   E    0.2
:UN  M    0.2
:=   M    0.1
:U   M    0.1
:S   M    0.2
:ON  E    0.1
:ON  E    0.2
:R   M    0.2

Zeit fuer 4. Dose
:U   M    0.1
:U   M    1.1
:U   M    1.2
:U   M    1.3
:S   M    1.4
:U   M    2.4
:U   E    0.3
:R   M    1.4
:U   M    1.4
:L   KT 020.1
:SE  T    4
:U   T    4
:=   M    2.4

Zeit fuer 3. Dose
:U   M    0.1
:U   M    1.1
:U   M    1.2
:S   M    1.3
:U   M    2.3
:U   E    0.3
:R   M    1.3
:U   M    1.3
:L   KT 020.1
:SE  T    3
:U   T    3
:=   M    2.3

Zeit fuer 3. Dose
:U   M    0.1
:U   M    1.1
:S   M    1.2
:U   M    2.2
:U   E    0.3
:R   M    1.2
:U   M    1.2
:L   KT 020.1
:SE  T    2
:U   T    2
:=   M    2.2

Zeit fuer 1. Dose
:U   M    0.1
:S   M    1.1
:U   M    2.1
:U   E    0.3
:R   M    1.1
:U   M    1.1
:L   KT 020.1
:SE  T    1
:U   T    1
:=   M    2.1

Ansteuerung
Ausstosser
:O   M    2.1
:O   M    2.2
:O   M    2.3
:O   M    2.4
:S   A    0.1
:U   E    0.3
:R   A    0.1
:BE
```

Übung 6.6: Lauflicht

Zuordnungstabelle

Eingangsvariable	Betriebsmittel-kennzeichen	Logische Zuordnung	
EIN-Schalter	S1	betätigt	S1 = 1
Ausgangsvariable			
Lampengruppe 1	H1	leuchtet	H1 = 1
Lampengruppe 2	H2	leuchtet	H2 = 1
Lampengruppe 3	H3	leuchtet	H3 = 1
Lampengruppe 4	H4	leuchtet	H4 = 1
Lampengruppe 5	H5	leuchtet	H5 = 1
Lampengruppe 6	H6	leuchtet	H6 = 1
Lampengruppe 7	H7	leuchtet	H7 = 1

Funktionsplan:

Taktgenerator

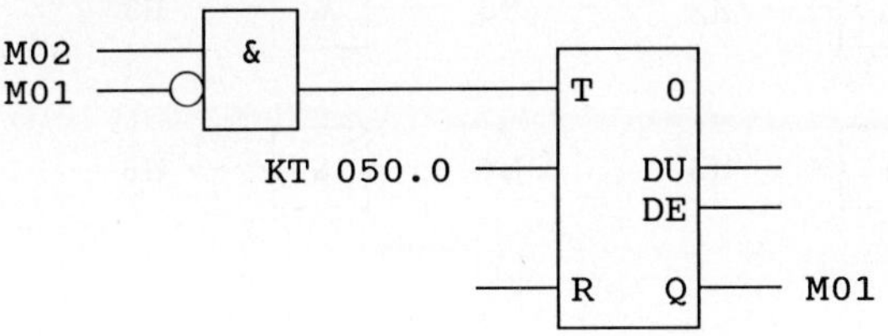

Einschaltflanke M03 und Merker M02 für Lauflicht beenden

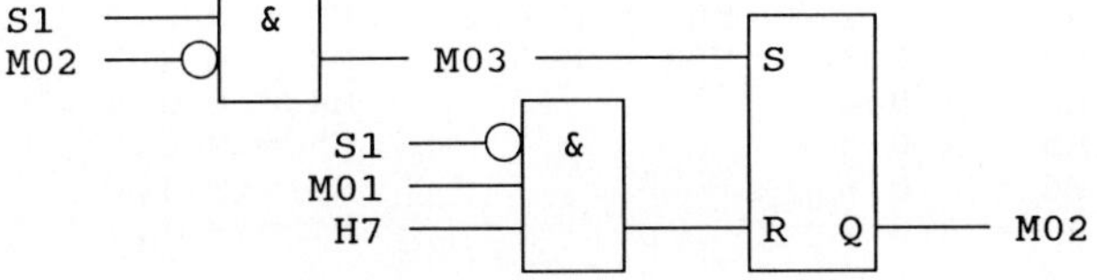

Merker M1 ... M7 für die Lampengrupppen

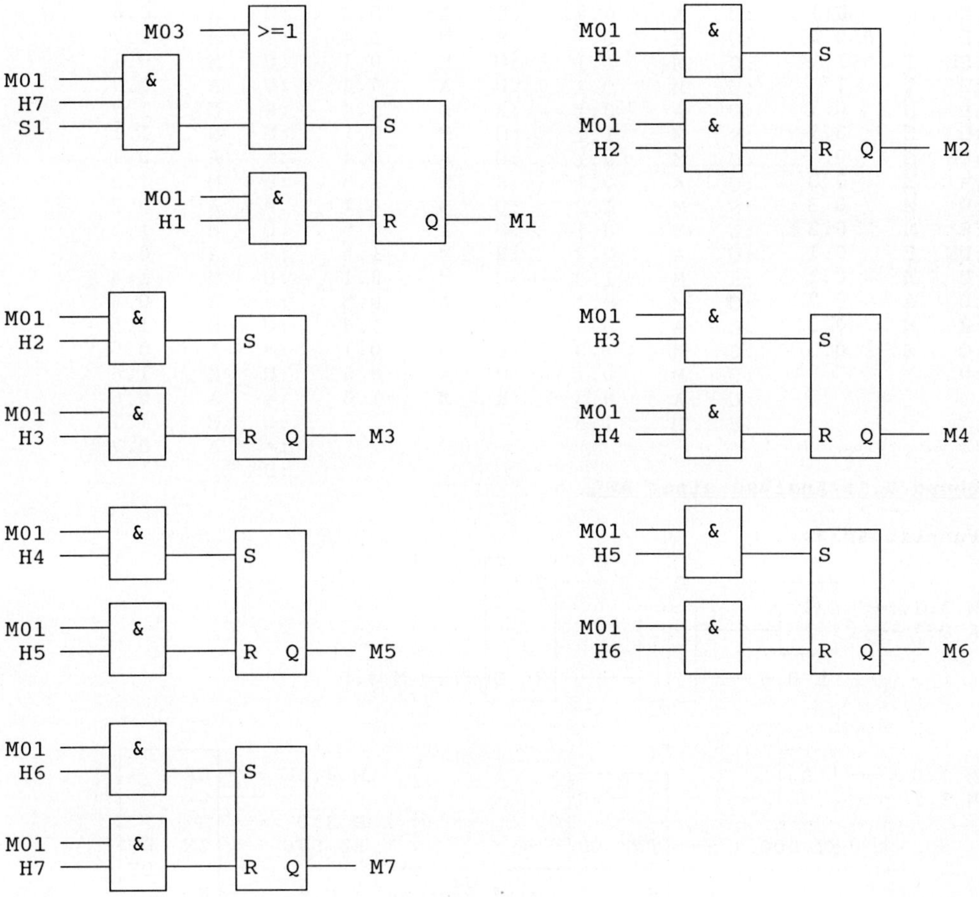

Ausgangszuweisungen

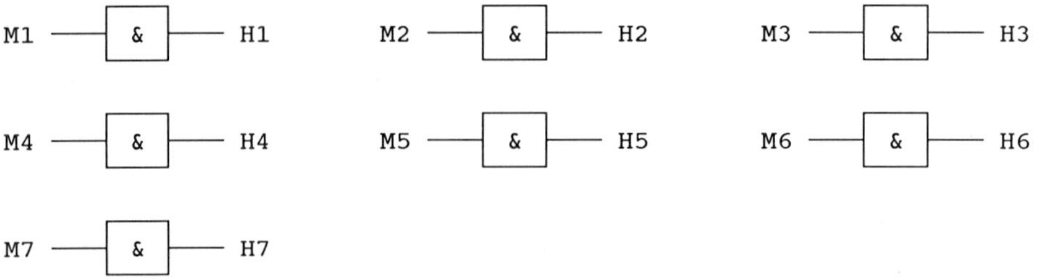

Realisierung mit einer SPS:

Zuordnung: S1 = E 0.1	H1 = A 0.1	M01 = M 0.1	M1 = M 1.1
	H2 = A 0.2	M02 = M 0.2	M2 = M 1.2
	H3 = A 0.3	M03 = M 0.3	M3 = M 1.3
	H4 = A 0.4		M4 = M 1.4
	H5 = A 0.5		M5 = M 1.5
	H6 = A 0.6		M6 = M 1.6
	H7 = A 0.7		M7 = M 1.7

Anweisungsliste:

```
:U   M   0.2
:UN  M   0.1
:L   KT 050.0
:SE  T   1
:U   T   1
:=   M   0.1
:U   E   0.1
:UN  M   0.2
:=   M   0.3
:U   M   0.3
:S   M   0.2
:UN  E   0.1
:U   M   0.1
:U   A   0.7
:R   M   0.2
:O   M   0.3
:O
:U   M   0.1
:U   A   0.7
:U   E   0.1
:S   M   1.1
:U   M   0.1
:U   A   0.1
:R   M   1.1
:U   M   0.1
:U   A   0.1
:S   M   1.2
:U   M   0.1
:U   A   0.2
:R   M   1.2
:U   M   0.1
:U   A   0.2
:S   M   1.3
:U   M   0.1
:U   A   0.3
:R   M   1.3
:U   M   0.1
:U   A   0.3
:S   M   1.4
:U   M   0.1
:U   A   0.4
:R   M   1.4
:U   M   0.1
:U   A   0.4
:S   M   1.5
:U   M   0.1
:U   A   0.5
:R   M   1.5
:U   M   0.1
:U   A   0.5
:S   M   1.6
:U   M   0.1
:U   A   0.6
:R   M   1.6
:U   M   0.1
:U   A   0.6
:S   M   1.7
:U   M   0.1
:U   A   0.7
:R   M   1.7
:U   M   1.1
:=   A   0.1
:U   M   1.2
:=   A   0.2
:U   M   1.3
:=   A   0.3
:U   M   1.4
:=   A   0.4
:U   M   1.5
:=   A   0.5
:U   M   1.6
:=   A   0.6
:U   M   1.7
:=   A   0.7
:BE
```

Übung 7.1: Analyse einer AWL

Funktionsplan:

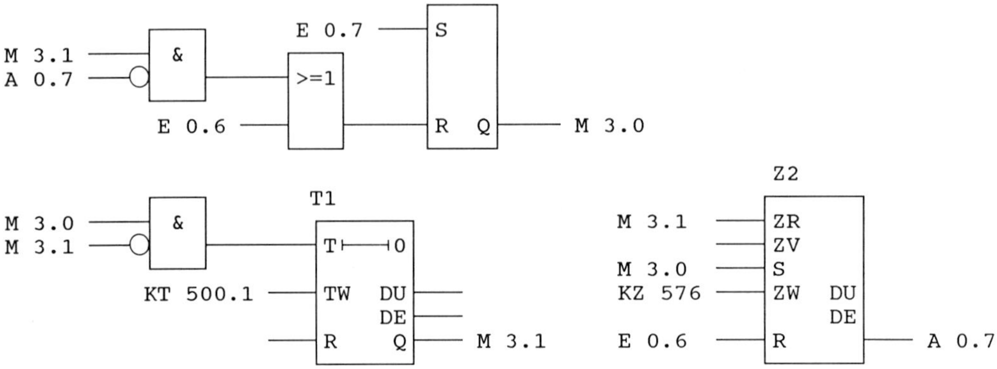

Funktionsweise des Steuerungsprogramms:

Wird an den Eingang E 0.7 kurzzeitig ein "1"-Signal gelegt, so hat der Ausgang A 0.7 für 8h ein "1"-Signal. Dieser Ablauf kann vorzeitig durch ein "1"-Signal am Eingang E 0.6 beendet werden.

Realisierung dieses Ablaufs:

Mit Eingang E 0.7 wird Merker M 3.0 gesetzt. Merker M 3.0 startet den Taktgenerator und setzt den Zähler auf den Wert 576. Der Ausgang A 0.7 hat dann "1"-Signal.
Der Taktgenerator wird gebildet aus dem Zeitglied T1 und dem Taktimpulsmerker M 3.1. Dieser hat alle 50s für einen Zyklus ein "1"-Signal, welches den Zähler Z1 rückwärts zählt. Nach 576 x 50s = 28.800s = 8h ist der Zähler zurückgezählt und Ausgang A 0.7 hat wieder "0"-Signal. Dieses "0"-Signal setzt zusammen mit dem Taktimpulsmerker M 3.1 den Merker M 3.0 zurück und stoppt somit auch den Taktgenerator.
Mit dem Eingang E 0.6 werden Merker M 3.0 und Zähler Z1 zurückgesetzt.

Übung 7.2: Transportband

Zuordnungstabelle:

Eingangsvariable	Betriebsmittel-kennzeichen	Logische Zuordnung
Lichschranke	LI	Lichtschranke frei LI = 0
Ausgangsvariable		
Ventil	Y	Zylinder aus Y = 1

Funktionsplan:

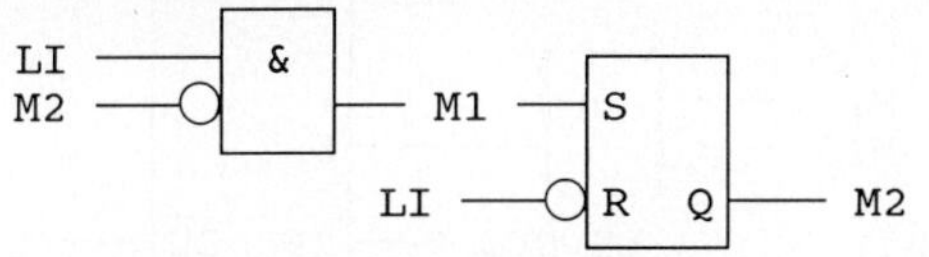

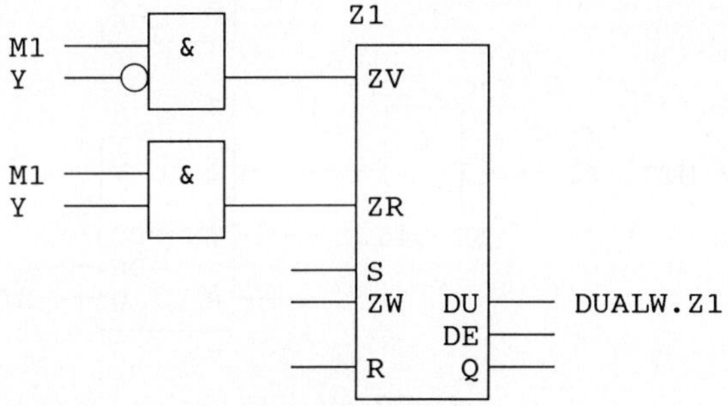

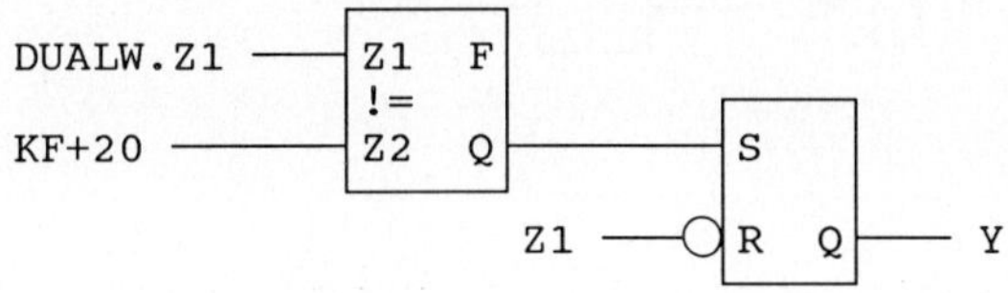

Realisierung mit einer SPS:

Zuordnung: LI = E 0.1 Y = A 0.1 M1 = M 0.1
M2 = M 0.2
DUALW.Z1 = MB 10

Anweisungsliste:

```
:U   E    0.1     :U   M    0.1     :L   MB  10
:UN  M    0.2     :UN  A    0.1     :L   KF  +20
:=   M    0.1     :ZV  Z    1       :!=F
:U   M    0.1     :U   M    0.1     :S   A    0.1
:S   M    0.2     :U   A    0.1     :UN  Z    1
:UN  E    0.1     :ZR  Z    1       :R   A    0.1
:R   M    0.2     :L   Z    1       :BE
                  :T   MB  10
```

Übung 7.3: Alarmsignal

Zuordnungstabelle:

Eingangsvariable	Betriebsmittel-kennzeichen	Logische Zuordnung
Schalter	S	Schalter geschl. S = 1
Ausgangsvariable		
Alarmsignal	A	Alarmsignal an A = 1

Funktionsplan:

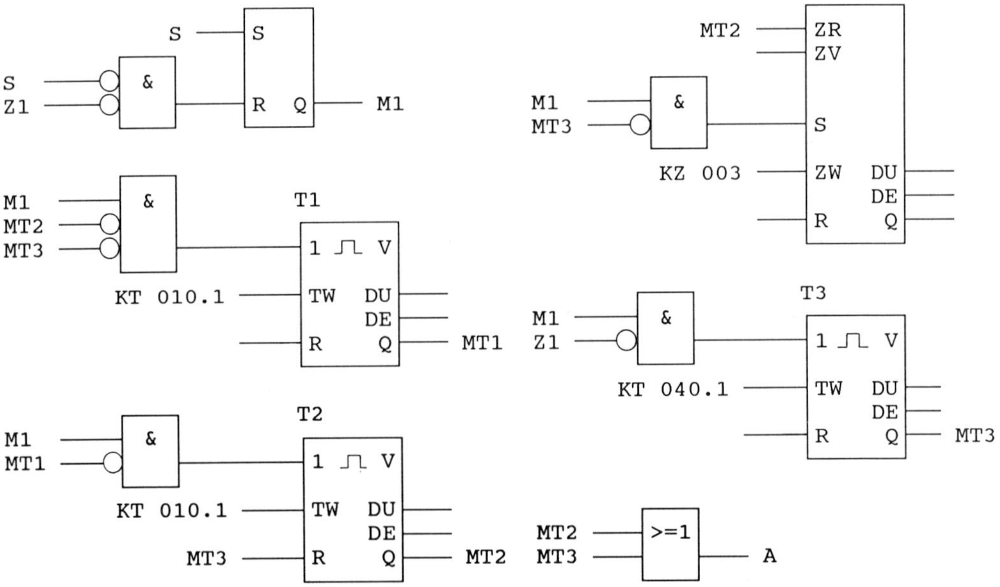

Realisierung mit einer SPS:

Zuordnung: S = E 0.0   A = A 0.0   M1 = M 1.0
MT1 = M 1.1
MT2 = M 1.2
MT3 = M 1.3

Anweisungsliste:

```
:U  E   0.0    :U  M   1.0    :U  M   1.2    :U  M   1.0
:S  M   1.0    :UN M   1.1    :ZR Z   1      :UN Z   1
:UN E   0.0    :L  KT 010.1   :U  M   1.0    :L  KT 040.1
:UN Z   1      :SV T   2      :UN M   1.3    :SV T   3
:R  M   1.0    :U  M   1.3    :L  KZ 003     :U  T   3
               :R  T   2      :S  Z   1      :=  M   1.3
:U  M   1.0    :U  T   2
:UN M   1.2    :=  M   1.2                   :O  M   1.2
:UN M   1.3                                  :O  M   1.3
:L  KT 010.1                                 :=  A   0.0
:SV T   1                                    :BE
:U  T   1
:=  M   1.1
```

Übung 7.4: Rüttelsieb

Zuordnungstabelle

Eingangsvariable	Betriebsmittel-kennzeichen	Logische Zuordnung	
EIN-Schalter	S1	betätigt	S1 = 1
Ausgangsvariable			
Rüttelsieb	A1	Rüttler an	A1 = 1

Funktionsplan:

Taktgenerator
(Alle 100s hat M1 für
1 Zyklus "1"-Signal)

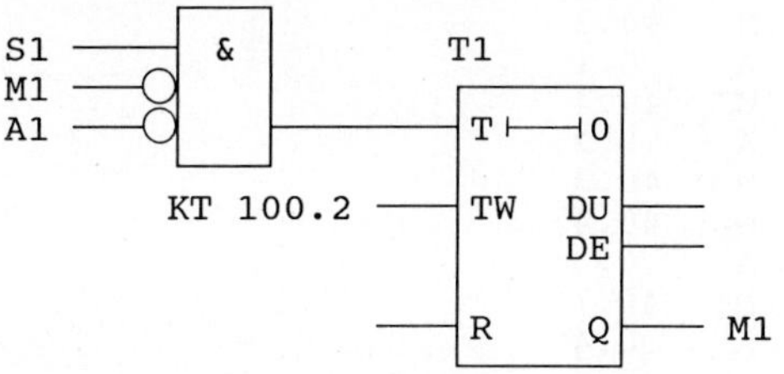

Rückwärtszähler Z1
(864 x 100s = 24h)

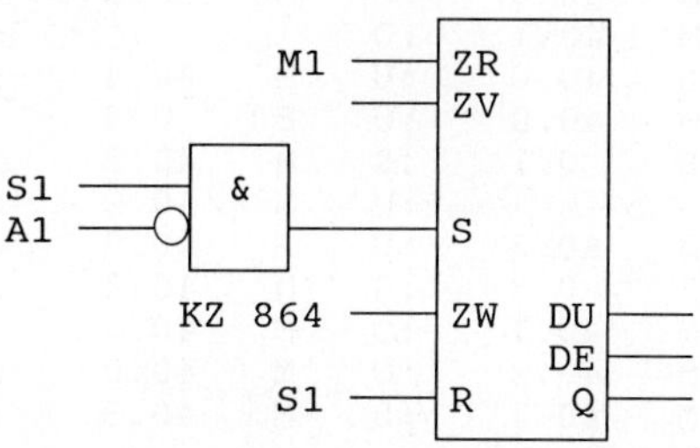

Ansteuerung des Rüttelsiebes mit Zeitglied T2 (SV)

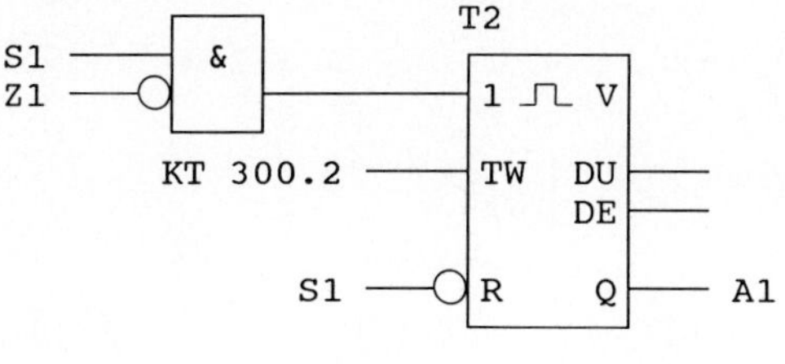

Realisierung mit einer SPS:
Zuordnung: S1 = E 0.1 A1 = A 0.1 M1 = M 0.1

Anweisungsliste:

```
:U   E   0.1     :U   M   0.1     :U   E   0.1
:UN  M   0.1     :ZR  Z   1       :UN  Z   1
:UN  A   0.1     :U   E   0.1     :L   KT 300.2
:L   KT 100.2    :UN  A   0.1     :SV  T   2
:SE  T   1       :L   KZ 864      :U   T   2
:U   T   1       :S   Z   1       :=   A   0.1
:=   M   0.1     :UN  E   0.1     :UN  E   0.1
                 :R   Z   1       :R   T   2
                                  :BE
```

Übung 8.1: Umsetzung eines Zustandsgraphen in ein Steuerungsprogramm

Bei der Umsetzung des Zustandsgraphen in ein Steuerungsprogramm ist zu beachten:

- Verriegelung der Zustände 0, 3 und 4 bei der Verzweigung nach Zustand 2.
- Es besteht eine Schleife zwischen Zustand 2 - 4 - 2.

Realisierung mit einer SPS:
Zuordnung:

```
S1 = E 0.1    H1 = A 0.1    M0 = M 40.0   Richtimpuls: M 60.1
S2 = E 0.2    H2 = A 0.2    M1 = M 40.1   Hilfsmerker: M 60.0
S3 = E 0.3    Y  = A 0.3    M2 = M 40.2
S4 = E 0.4    M  = A 0.4    M3 = M 40.3
                            M4 = M 40.4
```

Anweisungsliste:

```
:UN  M   60.0    :U   M   40.1    :U   M   40.2
:=   M   60.1    :U   E    0.2    :U   E    0.4
:S   M   60.0    :O               :S   M   40.4
:O   M   60.1    :U   M   40.4    :U   M   40.2
:O               :UN  E    0.4    :UN  E    0.4
:U   M   40.2    :S   M   40.2    :O   M   40.0
:UN  E    0.1    :O   M   40.0    :O   M   40.3
:S   M   40.0    :O   M   40.3    :R   M   40.4
:U   M   40.1    :O               :U   M   40.3
:R   M   40.0    :U   M   40.4    :=   A    0.1
:U   M   40.0    :U   E    0.4    :U   M   40.4
:U   E    0.1    :R   M   40.2    :=   A    0.2
:O               :U   M   40.2    :O   M   40.3
:U   M   40.3    :U   E    0.3    :O   M   40.4
:UN  E    0.3    :S   M   40.3    :=   A    0.3
:S   M   40.1    :O   M   40.1    :U   M   40.1
:U   M   40.2    :O   M   40.0    :=   A    0.4
:R   M   40.1    :R   M   40.3    :BE
```

Übung 8.2: Analyse einer Anweisungsliste

Zustandsgraph aus der Anweisungsliste entwickelt:

M60.0 und M60.1 für Richtimpulserzeugung
M40.0 bis M40.6 für Zustände 0 bis 6

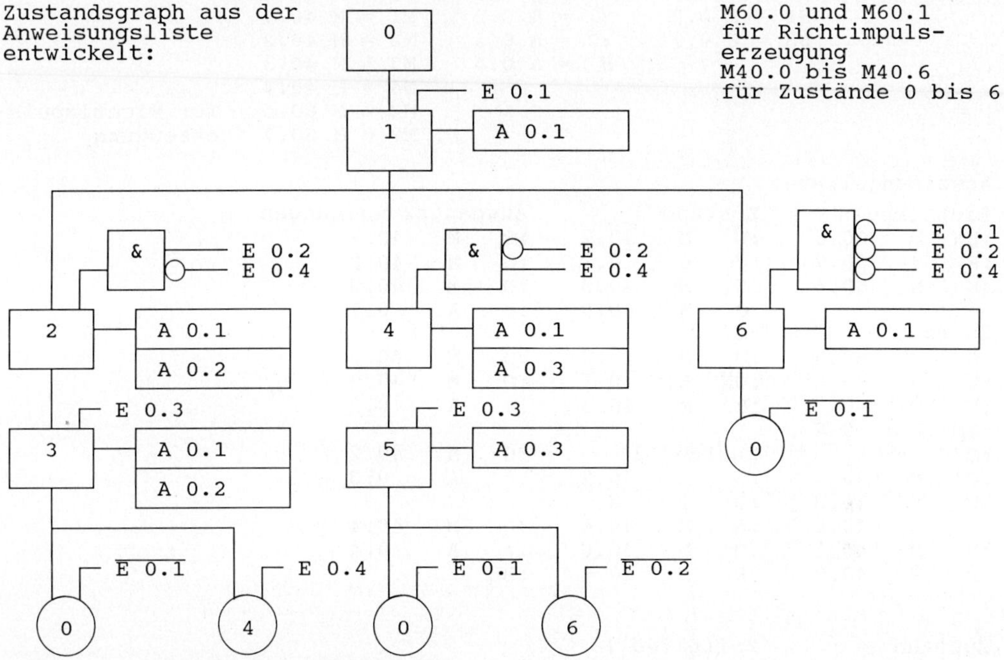

Übung 8.3: Ölbrennersteuerung

Zustandsgraph:

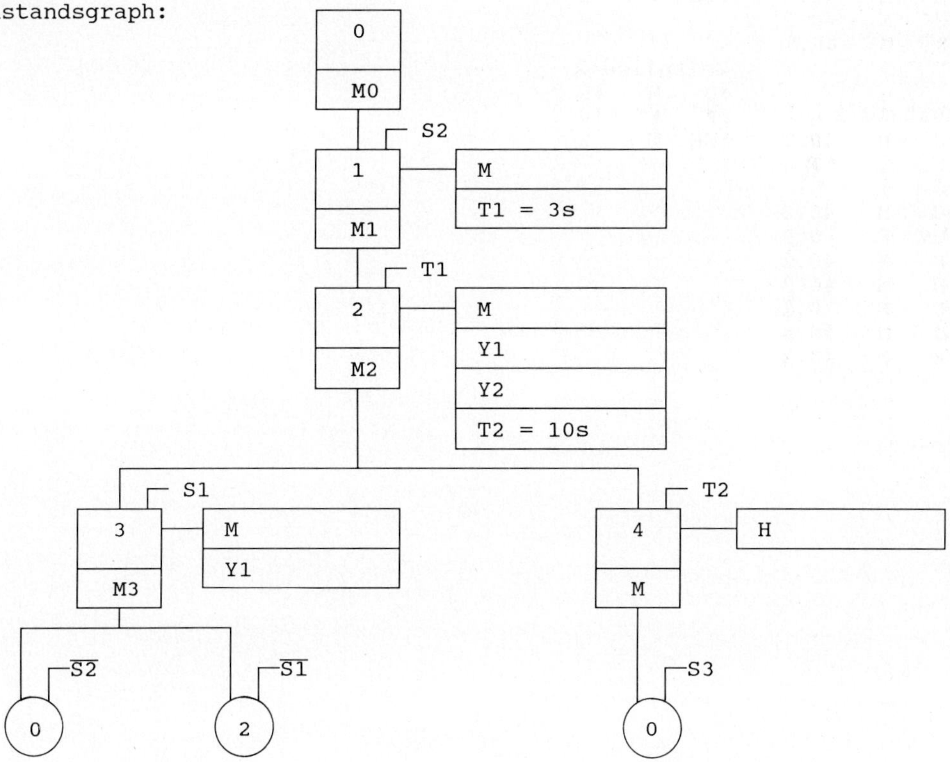

Realisierung mit einer SPS:

Zuordnung:

S1 = E 0.1	M = A 0.1	M0 = M 40.0
S2 = E 0.2	Y1 = A 0.2	M1 = M 40.1
S3 = E 0.3	Y2 = A 0.3	M2 = M 40.2
	H = A 0.4	M3 = M 40.3
		M4 = M 40.4
		MX = M 60.6 } für Richtimpuls-
		MY = M 60.7 } erzeugung

Anweisungsliste:

```
Richtimpuls
:UN  M   60.6
:=   M   60.7
:S   M   60.6

Zustand 0
:O   M   60.7
:O
:U   M   40.3
:UN  E    0.2
:O
:U   M   40.4
:U   E    0.3
:S   M   40.0
:U   M   40.1
:R   M   40.0

Zustand 3
:U   M   40.2
:U   E    0.1
:S   M   40.3
:O   M   40.0
:O
:U   M   40.2
:UN  E    0.1
:R   M   40.3

Zustand 4
:U   M   40.2
:U   T    2
:S   M   40.4
:U   M   40.0
:R   M   40.4

Ausgangszuweisungen
:O   M   40.1
:O   M   40.2
:O   M   40.3
:=   A    0.1

:O   M   40.2
:O   M   40.3
:=   A    0.2

:U   M   40.2
:=   A    0.3

:U   M   40.4
:=   A    0.4
:BE

Zustand 1
:U   M   40.0
:U   E    0.2
:S   M   40.1
:U   M   40.2
:R   M   40.1

Zustand 2
:U   M   40.1
:U   T    1
:O
:U   M   40.3
:UN  E    0.1
:S   M   40.2
:U   M   40.3
:U   E    0.1
:O   M   40.4
:R   M   40.2

Zeitglied 1
:U   M   40.1
:L   KT 030.1
:SE  T    1

Zeitglied 2
:U   M   40.2
:L   KT 010.2
:SE  T    2
```

Übung 8.4: Automatisches Rollentor

Zustandsgraph:

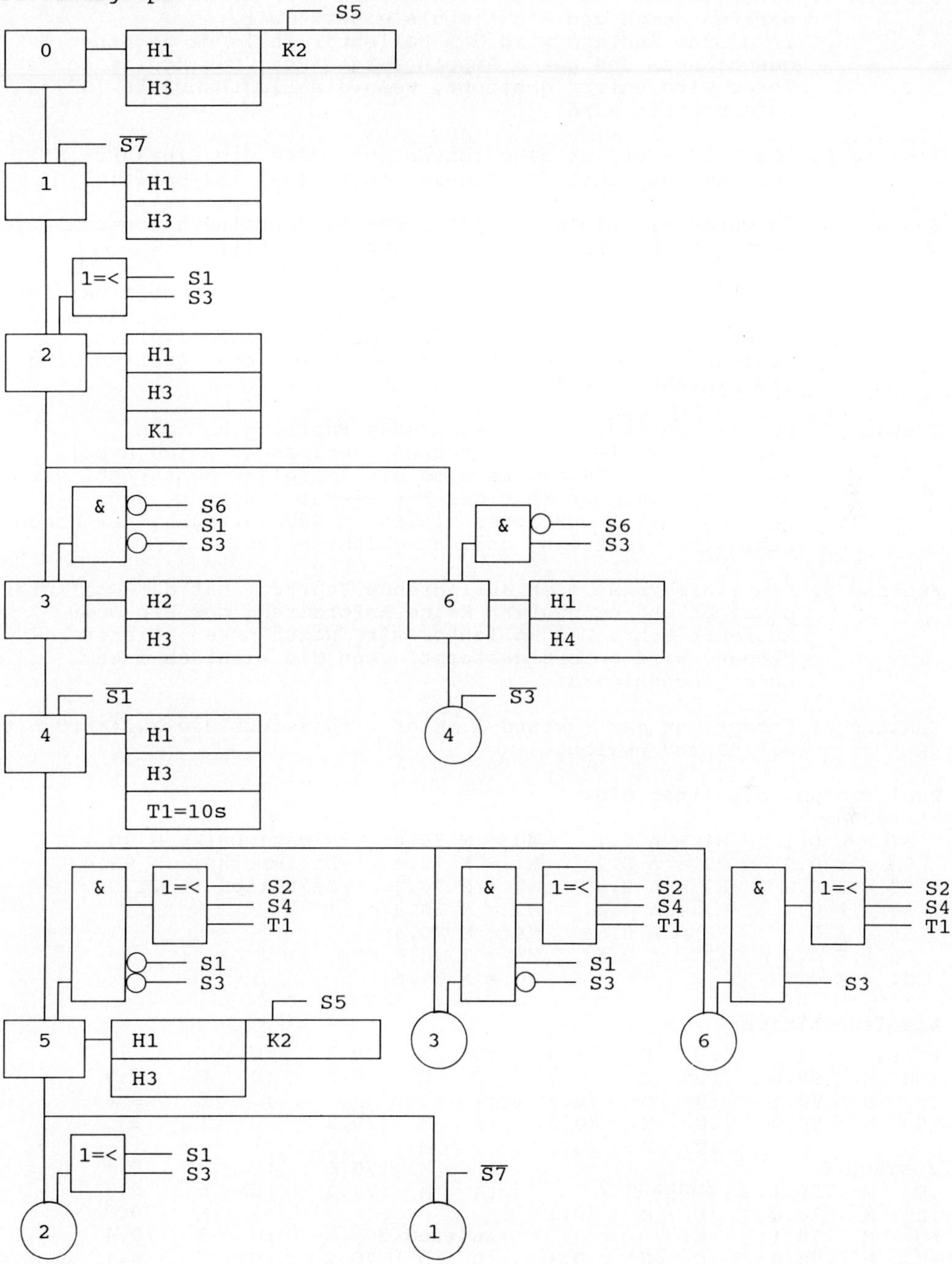

Beschreibung der Zustände:

Zustand 0: Grundzustand, der beim Einschalten des Automatisierungsgerätes durch den Richtimpuls gesetzt wird.
In diesem Zustand wird das Rollentor falls es geöffnet ist geschlossen und beide Ampeln zeigen Rot. Das Schließen des Tores wird sofort gestoppt, wenn die Lichtschranke (S5) unterbrochen wird.

Zustand 1: Das Rollentor ist geschlossen und weder die Einfahrt-(S1), noch die Ausfahrtinduktionsschleife (S3) ist betätigt.

Zustand 2: Es wurde die Einfahrt- (S1) oder Ausfahrtinduktionsschleife betätigt. das Rollentor wird geöffnet (K1).

Zustand 3: Der Zustand wird erreicht, wenn das Rollentor geöffnet ist und der induktive Geber der Einfahrt (S1) "1"-Signal meldet, jedoch der Geber der Ausfahrt (S3) "0"-Signal meldet, da Ausfahrt vor Einfahrt gelten soll. In diesem Zustand wird die Einfahrt mit "Grün" bedient.

Zustand 4: Das einfahrende oder ausfahrende Fahrzeug hat die Induktionsschleife (S1 oder S3) verlassen. Beide Ampeln zeigen wieder "Rot". Es wird ein Zeitglied gestartet, das nach abgelaufener Zeit das Tor wieder schließt, wenn ein Fahrzeug die Induktionsschleife im Rückwärtsgang verlassen hat, also nicht ein- oder ausgefahren ist.

Zustand 5: Das einfahrende oder ausfahrende Fahrzeug hat das Rollentor passiert und es besteht keine Anforderung der Ein-oder Ausfahrt mehr. Das Rollentor wird geschlossen. Dieser Vorgang wird sofort gestoppt, wenn die Lichtschranke unterbrochen wird.

Zustand 6: Entspricht dem Zustand 3. Hier wird jedoch die Ausfahrtseite mit "Grün" bedient.

Realisierung mit einer SPS:
Zuordnung:

S1 = E 0.1	H1 = A 0.1	M0 = M 70.0	Richtimpuls: M 90.1
S2 = E 0.2	H2 = A 0.2	M1 = M 70.1	Hilfsmerker: M 90.0
S3 = E 0.3	H3 = A 0.3	M2 = M 70.2	Zeitglied : T1
S4 = E 0.4	H4 = A 0.4	M3 = M 70.3	
S5 = E 0.5	K1 = A 0.5	M4 = M 70.4	
S6 = E 0.6	K2 = A 0.6	M5 = M 70.5	
S7 = E 0.7		M6 = M 70.6	

Anweisungsliste:

```
Richtimpuls
:UN  M   90.0
:=   M   90.1
:S   M   90.0

Zustand 0
:U   M   90.1
:S   M   70.0
:U   M   70.1
:R   M   70.0

Zustand 1
:U   M   70.0
:UN  E    0.7
:O
:U   M   70.5
:UN  E    0.7
:S   M   70.1
:U   M   70.2
:R   M   70.1

Zustand 2
:U   M   70.1
:U(
:O   E    0.1
:O   E    0.3
:)
:O
:U   M   70.5
:U(
:O   E    0.1
:O   E    0.3
:)
:S   M   70.2
:O   M   70.3
:O   M   70.6
:R   M   70.2

Zustand 3
:U   M   70.2
:UN  E    0.6
:U   E    0.1
:UN  E    0.3
:O
:U   M   70.4
:U(
:O   E    0.2
:O   E    0.4
:O   T    1
:)
:U   E    0.1
:UN  E    0.3
:S   M   70.3
:U   M   70.4
:UN  E    0.1
:R   M   70.3

Zustand 4
:U   M   70.3
:UN  E    0.1
```

Anweisungsliste (Fortsetzung):

```
:O
:U   M   70.6
:UN  E    0.3
:S   M   70.4
:O   M   70.5
:O
:U   M   70.3
:U   E    0.1
:O
:U   M   70.6
:U   E    0.3
:R   M   70.4

Zustand 5
:U   M   70.4
:U(
:O   E    0.2
:O   E    0.4
:O   T    1
:)
:UN  E    0.1
:UN  E    0.3
:S   M   70.5
:O   M   70.2
:O   M   70.1
:R   M   70.5

Zustand 6
:U   M   70.2
:UN  E    0.6
:U   E    0.3
:O
:U   M   70.4
:U(
:O   E    0.2
:O   E    0.4
:O   T    1
:)
:U   E    0.3
:S   M   70.6
:U   M   70.4
:UN  E    0.3
:O   M   70.3
:R   M   70.6

Zeitglied
:U   M   70.4
:L   KT 100.1
:SE  T    1

Ausgangszuweisungen
:O   M   70.0
:O   M   70.1
:O   M   70.2
:O   M   70.4
:O   M   70.5
:O   M   70.6
:=   A    0.1
:
:U   M   70.3
:=   A    0.2
:
:O   M   70.0
:O   M   70.1
:O   M   70.2
:O   M   70.3
:O   M   70.4
:O   M   70.5
:=   A    0.3
:
:U   M   70.6
:=   A    0.4
:
:U   M   70.2
:U   E    0.6
:=   A    0.5
:
:U(
:O   M   70.0
:O   M   70.5
:)
:U   E    0.5
:U   E    0.7
:=   A    0.6
:BE
```

Übung 8.5: Parkhaus

Signalvorverarbeitung:

Zähler Z1

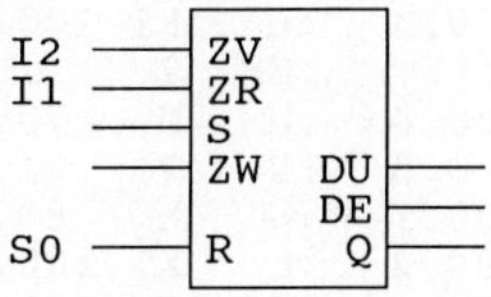

Vergleicher

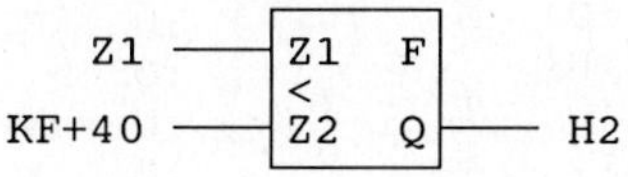

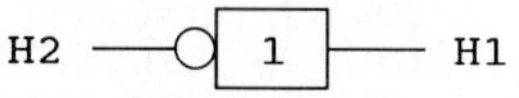

Zustandsgraph:

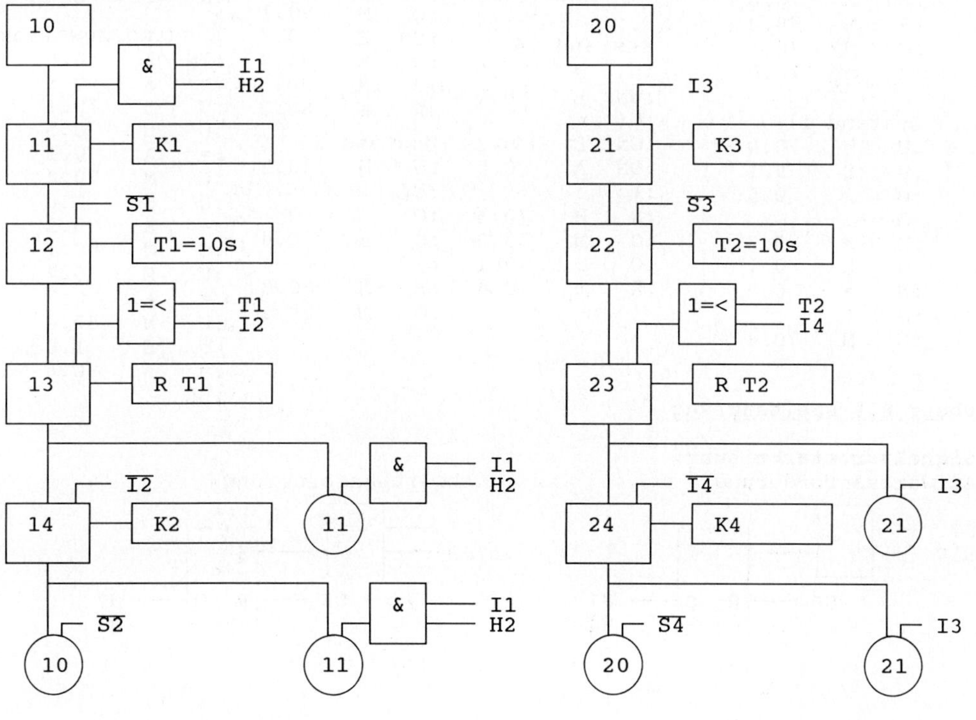

Realisierung mit einer SPS:

Zuordnung:

```
S0 = E 0.0     K1 = A 0.1     M10 = M 70.0     Richtimpuls: M 90.1
I1 = E 0.1     K2 = A 0.2     M11 = M 70.1     Hilfsmerker: M 90.0
I2 = E 0.2     K3 = A 0.3     M12 = M 70.2     Zeitglieder: T1, T2
I3 = E 0.3     K4 = A 0.4     M13 = M 70.3
I4 = E 0.4     H1 = A 0.5     M20 = M 80.0
S1 = E 0.5     H2 = A 0.6     M21 = M 80.1
S2 = E 0.6                    M22 = M 80.2
S3 = E 0.7                    M23 = M 80.3
S4 = E 1.0
```

Anweisungsliste:

```
Signalvorverarbeitung
    :U   E    0.2
    :ZV  Z    1
    :U   E    0.4
    :ZR  Z    1
    :U   E    0.0
    :R   Z    1
    :
    :L   Z    1
    :L   KF +40
    :<=F
    :=   A    0.6

    Richtimpuls
    :UN  M    90.0
    :=   M    90.1
    :S   M    90.0

    Zustand 10
    :O   M    90.1
    :O
    :U   M    70.4
    :UN  E    0.6
    :S   M    70.0
    :U   M    70.1
    :R   M    70.0

    Zustand 11
    :U   M    70.0
    :U   E    0.1
    :U   A    0.6
    :O
    :U   M    70.3
    :U   E    0.1
    :U   A    0.6
    :O
    :U   M    70.4
    :U   E    0.1
    :U   A    0.6
    :S   M    70.1
    :U   M    70.2
    :R   M    70.1

    Zustand 12
    :U   M    70.1
    :UN  E    0.5
    :S   M    70.2
    :U   M    70.3
    :R   M    70.2

    Zustand 13
    :U   M    70.2
    :U(
    :O   T    1
    :O   E    0.2
    :)
    :S   M    70.3
    :O   M    70.4
    :O   M    70.1
    :R   M    70.3

    Zustand 14
    :U   M    70.3
    :UN  E    0.2
    :U(
    :ON  E    0.1
    :ON  A    0.6
    :)
    :S   M    70.4
    :O   M    70.0
    :O   M    70.1
    :R   M    70.4

    Zustand 20
    :O   M    90.1
    :O
    :U   M    80.4
    :UN  E    1.0
    :S   M    80.0
    :U   M    80.1
    :R   M    80.0

    Zustand 21
    :U   M    80.0
    :U   E    0.3
    :O
    :U   M    80.3
    :U   E    0.3
    :O
    :U   M    80.4
    :U   E    0.3
    :S   M    80.1
    :U   M    80.2
    :R   M    80.1

    Zustand 22
    :U   M    80.1
    :UN  E    0.7
    :S   M    80.2
    :U   M    80.3
    :R   M    80.2

    Zustand 23
    :U   M    80.2
    :U(
    :O   T    2
    :O   E    0.4
    :)
    :S   M    80.3
    :O   M    80.4
    :O   M    80.1
    :R   M    80.3

    Zustand 24
    :U   M    80.3
    :UN  E    0.4
    :UN  E    0.3
    :S   M    80.4
    :O   M    80.0
    :O   M    80.1
    :R   M    80.4

    Zeitglieder
    :U   M    70.2
    :L   KT 100.1
    :SE  T    1
    :U   M    70.3
    :R   T    1
    :U   M    80.2
    :L   KT 100.1
    :SE  T    2
    :U   M    80.3
    :R   T    2

    Ausgangszuweisungen
    :UN  A    0.6
    :=   A    0.5
    :U   M    70.1
    :U   E    0.5
    :=   A    0.1
    :U   M    70.4
    :U   E    0.6
    :=   A    0.2
    :U   M    80.1
    :U   E    0.7
    :=   A    0.3
    :U   M    80.4
    :U   E    1.0
    :=   A    0.4
    :BE
```

Übung 8.6 Speiseaufzug

Signalvorverarbeitung:

Aufwärtsanforderung

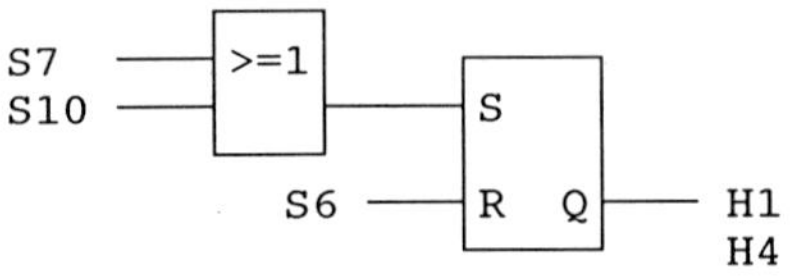

Abwärtsanforderung

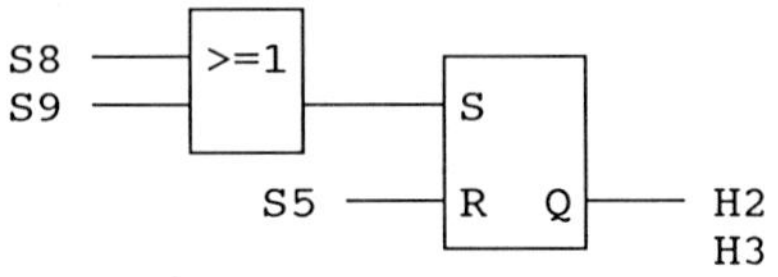

Zustandsgraph:

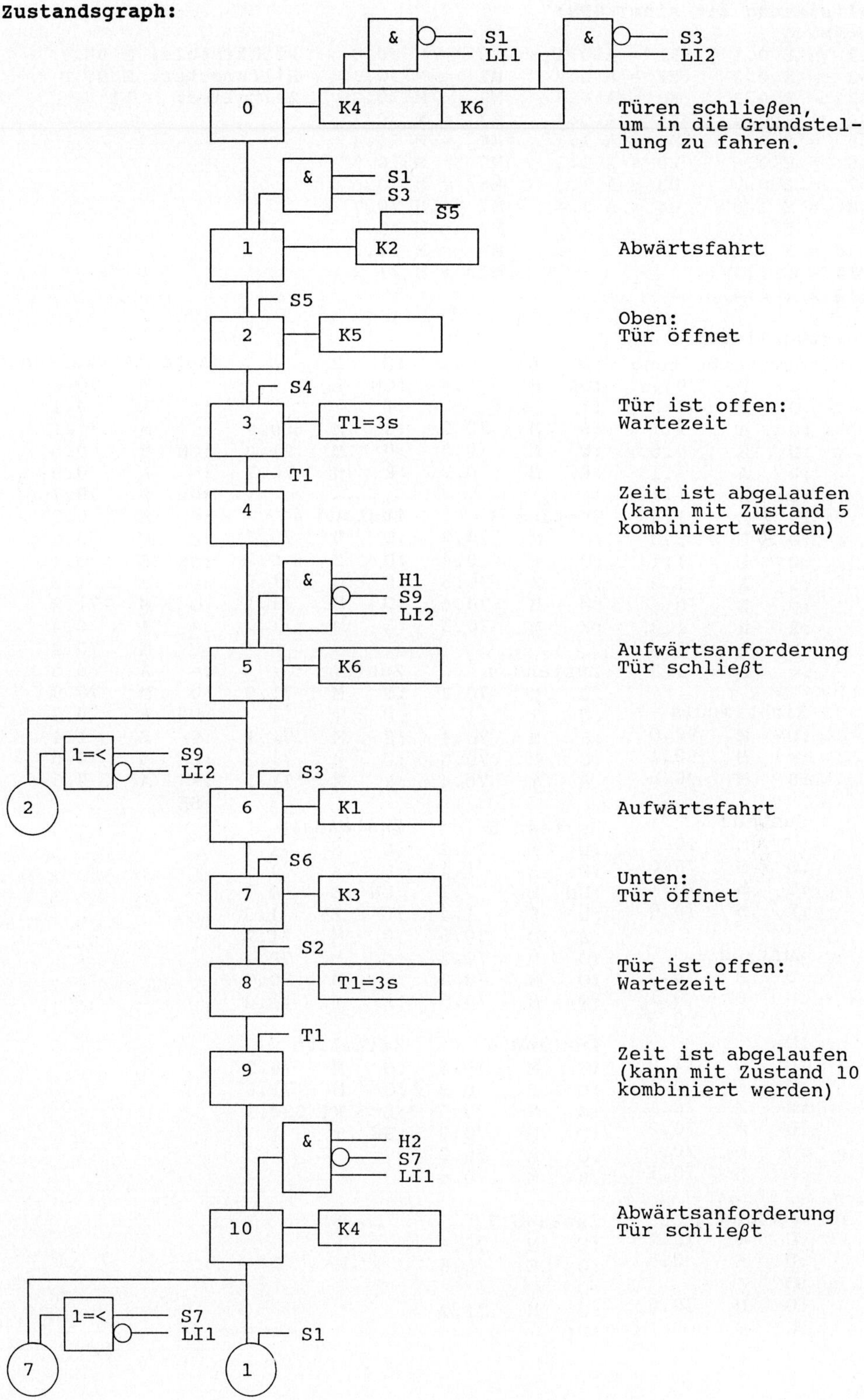

Realisierung mit einer SPS:

Zuordnung:

```
S1  = E 0.1    K1 = A 0.1    M0  = M 70.0    Richtimpuls: M 90.1
S2  = E 0.2    K2 = A 0.2    M1  = M 70.1    Hilfsmerker: M 90.0
S3  = E 0.3    K3 = A 0.3    M2  = M 70.2    Zeitglied:   T1
S4  = E 0.4    K4 = A 0.4    M3  = M 70.3
S5  = E 0.5    H1 = A 1.1    M4  = M 70.4
S6  = E 0.6    H2 = A 1.2    M5  = M 70.5
S7  = E 0.7    H3 = A 1.3    M6  = M 70.6
S8  = E 1.0    H4 = A 1.4    M7  = M 70.7
S9  = E 1.1                  M8  = M 71.0
S10 = E 1.2                  M9  = M 71.1
LI1 = E 1.3                  M10 = M 71.2
LI2 = E 1.4
```

Anweisungsliste:

```
Signalvorverarbeitung
    :O    E   0.7
    :O    E   1.2
    :S    A   1.1
    :U    E   0.6
    :R    A   1.1
    :U    A   1.1
    :=    A   1.4
    :O    E   1.0
    :O    E   1.1
    :S    A   1.2
    :U    E   0.5
    :R    A   1.2
    :U    A   1.2
    :=    A   1.3

    Richtimpuls
    :UN   M   90.0
    :=    M   90.1
    :S    M   90.0

    Zustand 0
    :U    M   90.1
    :S    M   70.0
    :U    M   70.1
    :R    M   70.0

    Zustand 1
    :U    M   70.0
    :U    E    0.1
    :U    E    0.3
    :O
    :U    M   71.2
    :U    E    0.1
    :S    M   70.1
    :O    M   70.2
    :O    M   70.7
    :R    M   70.1

    Zustand 2
    :U    M   70.1
    :U    E    0.5
    :O
    :U    M   70.5
    :U(
    :O    E    1.1
    :ON   E    1.4
    :)
    :S    M   70.2
    :U    M   70.3
    :R    M   70.2

    Zustand 3
    :U    M   70.2
    :U    E    0.4
    :S    M   70.3
    :U    M   70.4
    :R    M   70.3

    Zustand 4
    :U    M   70.3
    :U    T    1
    :S    M   70.4
    :U    M   70.5
    :R    M   70.4

    Zustand 5
    :U    M   70.4
    :U    A    1.1
    :UN   E    1.1
    :U    E    1.4
    :S    M   70.5
    :O    M   70.2
    :O    M   70.6
    :R    M   70.5

    Zustand 6
    :U    M   70.5
    :U    E    0.3
    :S    M   70.6
    :O    M   70.7
    :O    M   70.2
    :R    M   70.6

    Zustand 7
    :U    M   70.6
    :U    E    0.6
    :O
    :U    M   71.2
    :U(
    :O    E    0.7
    :ON   E    1.3
    :)
    :S    M   70.7
    :U    M   71.0
    :R    M   70.7

    Zustand 8
    :U    M   70.7
    :U    E    0.2
    :S    M   71.0
    :U    M   71.1
    :R    M   71.0

    Zustand 9
    :U    M   71.0
    :U    T    1
    :S    M   71.1
    :U    M   71.2
    :R    M   71.1

    Zustand 10
    :U    M   71.1
    :U    A    1.2
    :UN   E    0.7
    :U    E    1.3
    :S    M   71.2
    :O    M   70.1
    :O    M   70.7
    :R    M   71.2

    Zeitglied
    :O    M   70.3
    :O    M   71.0
    :L    KT  030.1
    :SE   T    1

Ausgabezuweisungen
    :U    M   70.6
    :=    A    0.1
    :U    M   70.1
    :UN   E    0.5
    :=    A    0.2
    :U    M   70.7
    :=    A    0.3
    :U    M   70.0
    :UN   E    0.1
    :U    E    1.3
    :O    M   71.2
    :=    A    0.4
    :U    M   70.2
    :=    A    0.5
    :U    M   70.0
    :UN   E    0.3
    :U    E    1.4
    :O    M   70.5
    :=    A    0.6
    :BE
```

Übung 9.1: Biegewerkzeug

Ablaufkette:

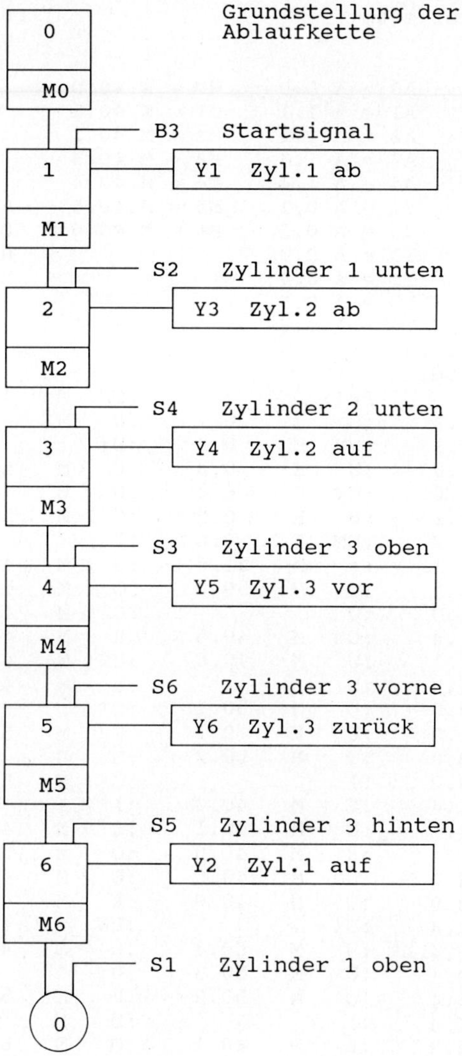

Grundstellung der Anlage:

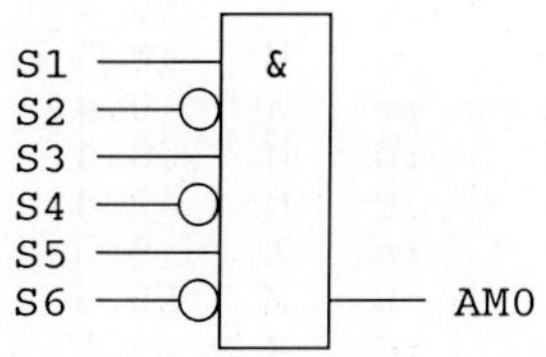

Realisierung mit einer SPS:

PB 10: Betriebsartenteil mit Meldungen
PB 11: Ablaufkette
PB 12: Schrittanzeige
PB 13: Befehlsausgabe

Zuordnung:

E1 = E 1.1	A0 = A 1.0	M0 = M 40.0	B0 = M 50.0
E2 = E 1.2	A1 = A 1.1	M1 = M 40.1	B1 = M 50.1
E3 = E 1.3	A2 = A 1.2	M2 = M 40.2	B2 = M 50.2
E4 = E 1.4	A3 = A 1.3	M3 = M 40.3	B3 = M 50.3
S0 = E 0.0	A4 = A 1.4	M4 = M 40.4	B4 = M 50.4
S1 = E 0.1	Y1 = A 0.1	M5 = M 40.5	AM0 = M 51.0
S2 = E 0.2	Y2 = A 0.2	M6 = M 40.6	B10 = M 52.0
S3 = E 0.3	Y3 = A 0.3		B11 = M 52.1
S4 = E 0.4	Y4 = A 0.4		B12 = M 52.2
S5 = E 0.5	Y5 = A 0.5		
S6 = E 0.6	Y6 = A 0.6		

Anweisungsliste:

```
PB10
:U   E   1.2
:UN  M  52.1
:=   M  52.0
:U   M  52.0
:S   M  52.1
:UN  E   1.2
:R   M  52.1
:U   M  52.0
:U   M  51.0
:UN  A   1.4
:U   E   1.1
:UN  M  40.0
:=   M  50.0
:U   M  51.0
:U   M  52.0
:U   M  40.0
:S   A   1.4
:ON  E   1.1
:O
:U   M  52.2
:U   M  40.0
:R   A   1.4
:U   A   1.4
:=   M  50.1
:U   A   1.4
:U   E   1.4
:S   M  52.2
:UN  A   1.4
:R   M  52.2
:U   M  52.0
:UN  E   1.1
:=   M  50.2
:U   E   0.0
:U   M  51.0
:=   M  50.3
:O   A   1.4
:O
:UN  E   1.1
:U   E   1.3
:=   M  50.4
:BE
```

```
PB11
:U   E   0.1
:UN  E   0.2
:U   E   0.3
:UN  E   0.4
:U   E   0.5
:UN  E   0.6
:=   M  51.0
:O   M  50.0
:O
:UN  M  40.5
:U   M  40.6
:U(
:U   M  50.1
:U   E   0.1
:O   M  50.2
:)
:S   M  40.0
:U   M  40.1
:R   M  40.0
:UN  M  40.6
:U   M  40.0
:U(
:U   M  50.1
:U   M  50.3
:O   M  50.2
:)
:S   M  40.1
:O   M  50.0
:O   M  40.2
:R   M  40.1
:UN  M  40.0
:U   M  40.1
:U(
:U   M  50.1
:U   E   0.2
:O   M  50.2
:)
:S   M  40.2
:O   M  50.0
:O   M  40.3
:R   M  40.2
:UN  M  40.1
:U   M  40.2
:U(
:U   M  50.1
:U   E   0.4
:O   M  50.2
:)
:S   M  40.3
:O   M  50.0
:O   M  40.4
:R   M  40.3
:UN  M  40.2
:U   M  40.3
:U(
:U   M  50.1
:U   E   0.3
:O   M  50.2
:)
:S   M  40.4
:O   M  50.0
:O   M  40.5
:R   M  40.4
:UN  M  40.3
:U   M  40.4
:U(
:U   M  50.1
:U   E   0.6
:O   M  50.2
:)
:S   M  40.5
:O   M  50.0
:O   M  40.6
:R   M  40.5
:UN  M  40.4
:U   M  40.5
:U(
:U   M  50.1
:U   E   0.5
:O   M  50.2
:)
:S   M  40.6
:O   M  50.0
:O   M  40.0
:R   M  40.6
:BE
```

```
PB12
:O   M  40.0
:O   M  40.1
:O   M  40.3
:O   M  40.5
:=   A   1.0
:O   M  40.0
:O   M  40.2
:O   M  40.3
:O   M  40.6
:=   A   1.1
:O   M  40.0
:O   M  40.4
:O   M  40.5
:O   M  40.6
:=   A   1.2
:BE
```

```
PB 13
:U   M  50.4
:U   M  40.1
:=   A   0.1
:U   M  50.4
:U   M  40.6
:=   A   0.2
:U   M  50.4
:U   M  40.2
:=   A   0.3
:U   M  50.4
:U   M  40.3
:=   A   0.4
:U   M  50.4
:U   M  40.4
:=   A   0.5
:U   M  50.4
:U   M  40.5
:=   A   0.6
:BE
```

Übung 9.2: Rohrbiegeanlage

Ablaufkette:

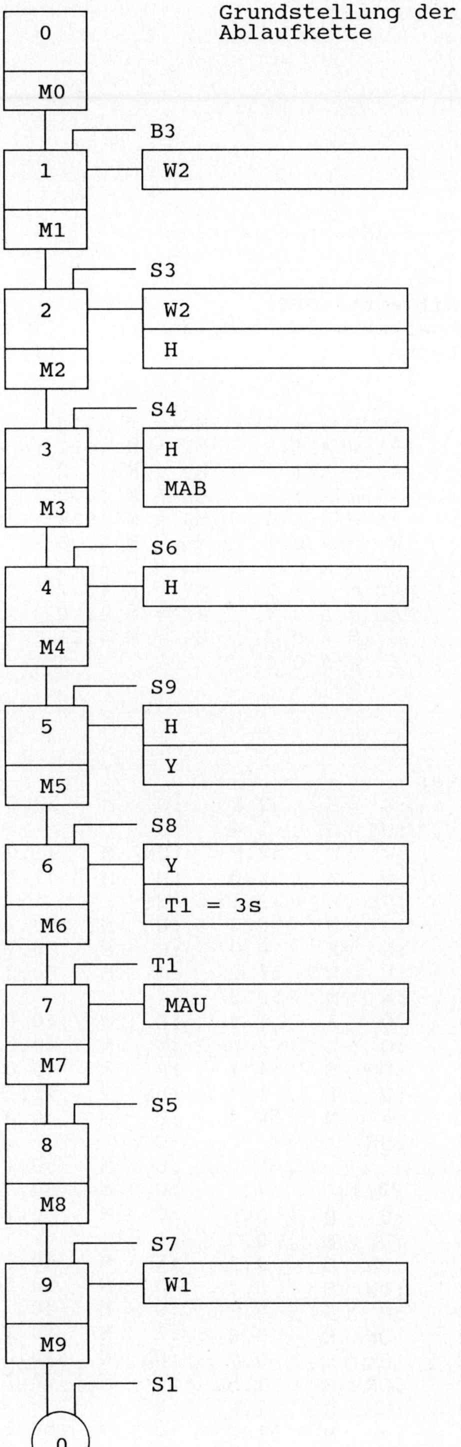

Grundstellung der Anlage:

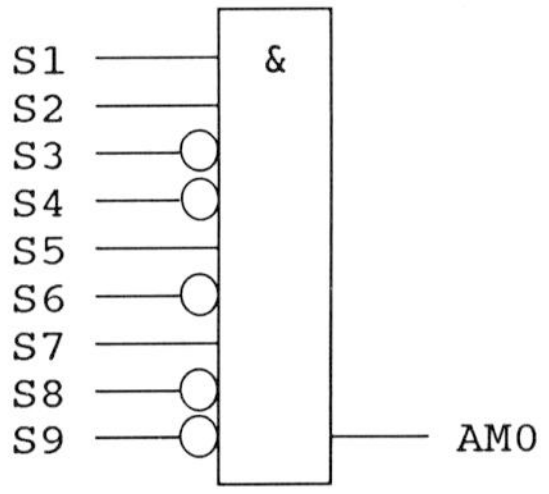

Realisierung mit einer SPS:
PB 10: Betriebsartenteil mit Meldungen
PB 11: Ablaufkette
PB 12: Schrittanzeige
PB 13: Befehlsausgabe

Zuordnung:

E1 = E 1.1	A0 = A 1.0	M0 = M 40.0	B0 = M 50.0
E2 = E 1.2	A1 = A 1.1	M1 = M 40.1	B1 = M 50.1
E3 = E 1.3	A2 = A 1.2	M2 = M 40.2	B2 = M 50.2
E4 = E 1.4	A3 = A 1.3	M3 = M 40.3	B3 = M 50.3
S0 = E 0.0	A4 = A 1.4	M4 = M 40.4	B4 = M 50.4
S1 = E 0.1	W1 = A 0.1	M5 = M 40.5	AM0 = M 51.0
S2 = E 0.2	W2 = A 0.2	M6 = M 40.6	B10 = M 52.0
S3 = E 0.3	MAB = A 0.3	M7 = M 40.7	B11 = M 52.1
S4 = E 0.4	MAU = A 0.4	M8 = M 41.0	B12 = M 52.2
S5 = E 0.5	H = A 0.5	M9 = M 41.1	
S6 = E 0.6	Y = A 0.6		
S7 = E 0.7			
S8 = E 1.5			
S9 = E 1.6			

Anweisungsliste:

```
PB 10
:U   E    1.2
:UN  M   52.1
:=   M   52.0
:U   M   52.0
:S   M   52.1
:UN  E    1.2
:R   M   52.1
:U   M   52.0
:U   M   51.0
:UN  A    1.4
:U   E    1.1
:UN  M   40.0
:=   M   50.0
:U   M   51.0
:U   M   52.0
:U   M   40.0
:S   A    1.4
:ON  E    1.1
:O
:U   M   52.2
:U   M   40.0
:R   A    1.4
:U   A    1.4
:=   M   50.1
:U   A    1.4
:U   E    1.4
:S   M   52.2
:UN  A    1.4
:R   M   52.2
:U   M   52.0
:UN  E    1.1
:=   M   50.2
:U   E    0.0
:U   M   51.0
:=   M   50.3
:O   A    1.4
:O
:UN  E    1.1
:U   E    1.3
:=   M   50.4
:BE

PB 11
:U   E    0.1
:U   E    0.2
:UN  E    0.3
:UN  E    0.4
:U   E    0.5
:UN  E    0.6
:U   E    0.7
:UN  E    1.5
:UN  E    1.6
:=   M   51.0
:O   M   50.0
:O
:UN  M   41.0
:U   M   41.1
:U(
:U   M   50.1
:U   E    0.1
:O   M   50.2
:)
:S   M   40.0
:U   M   40.1
:R   M   40.0
:UN  M   41.1
:U   M   40.0
:U(
:U   M   50.1
:U   M   50.3
:O   M   50.2
:)
:S   M   40.1
:O   M   50.0
:O   M   40.2
:R   M   40.1
:UN  M   40.0
:U   M   40.1
:U(
:U   M   50.1
:U   E    0.3
:O   M   50.2
:)
:S   M   40.2
:O   M   50.0
:O   M   40.3
:R   M   40.2
:UN  M   40.1
:U   M   40.2
:U(
:U   M   50.1
:U   E    0.4
:O   M   50.2
:)
:S   M   40.3
:O   M   50.0
:O   M   40.4
:R   M   40.3
:UN  M   40.2
:U   M   40.3
:U(
:U   M   50.1
:U   E    0.6
:O   M   50.2
:)
:S   M   40.4
:O   M   50.0
```

```
:O   M   40.5
:R   M   40.4
:UN  M   40.3
:U   M   40.4
:U(
:U   M   50.1
:U   E    1.6
:O   M   50.2
:)
:S   M   40.5
:O   M   50.0
:O   M   40.6
:R   M   40.5
:UN  M   40.4
:U   M   40.5
:U(
:U   M   50.1
:U   E    1.5
:O   M   50.2
:)
:S   M   40.6
:O   M   50.0
:O   M   40.7
:R   M   40.6
:UN  M   40.5
:U   M   40.6
:U(
:U   M   50.1
:U   T    1
:O   M   50.2
:)
:S   M   40.7
:O   M   50.0
:O   M   41.0
:R   M   40.7
:UN  M   40.6
:U   M   40.7
:U(
:U   M   50.1
:U   E    0.5
:O   M   50.2
:)
:S   M   41.0
:O   M   50.0
:O   M   41.1
:R   M   41.0
:UN  M   40.7
:U   M   41.0
:U(
:U   M   50.1
:U   E    0.7
:O   M   50.2
:)
:S   M   41.1
:O   M   50.0
:O   M   40.0
:R   M   41.1
:U   M   40.6
:L   KT 030.1
:SE  T    1
:BE

PB 12
:O   M   40.0
:O   M   40.1
:O   M   40.3
:O   M   40.5
:O   M   40.7
:O   M   41.1
:=   A    1.0
:O   M   40.0
:O   M   40.2
:O   M   40.3
:O   M   40.6
:O   M   40.7
:=   A    1.1
:O   M   40.0
:O   M   40.4
:O   M   40.5
:O   M   40.6
:O   M   40.7
:=   A    1.2
:O   M   40.0
:O   M   41.0
:O   M   41.1
:=   A    1.3
:BE

PB 13
:U   M   50.4
:U   M   41.1
:=   A    0.1
:U   M   50.4
:U(
:O   M   40.1
:O   M   40.2
:)
:=   A    0.2
:U   M   50.4
:U   M   40.3
:=   A    0.3
:U   M   50.4
:U   M   40.7
:=   A    0.4
:U   M   50.4
:U(
:O   M   40.2
:O   M   40.3
:O   M   40.4
:O   M   40.5
:)
:=   A    0.5
:U   M   50.4
:U(
:O   M   40.5
:O   M   40.6
:)
:=   A    0.6
:BE
```

Übung 9.3: Farbspritzmaschine

Ablaufkette:

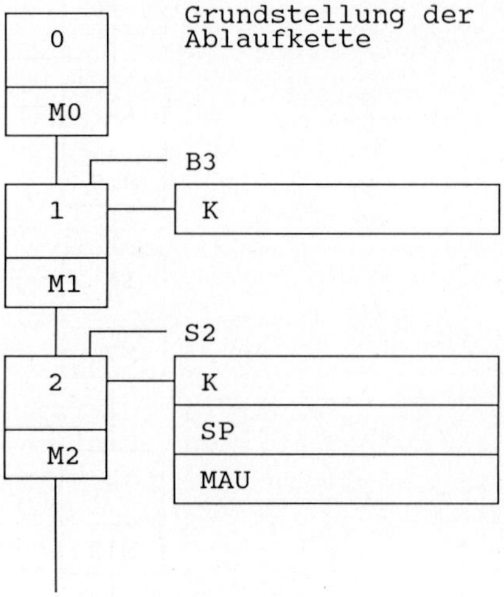

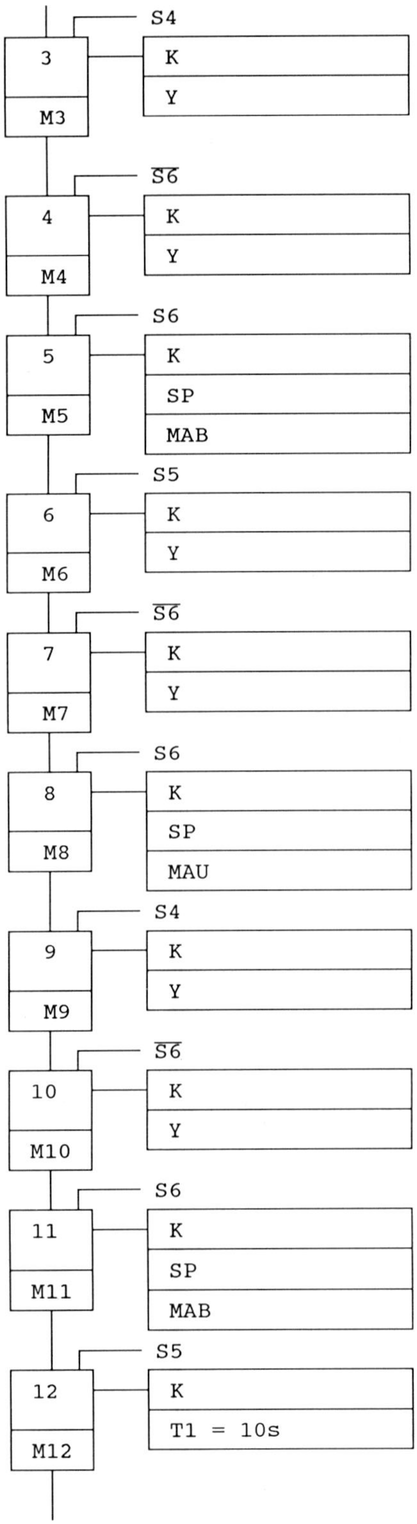
S4
3
M3
K
Y
$\overline{S6}$
4
M4
K
Y
S6
5
M5
K
SP
MAB
S5
6
M6
K
Y
$\overline{S6}$
7
M7
K
Y
S6
8
M8
K
SP
MAU
S4
9
M9
K
Y
$\overline{S6}$
10
M10
K
Y
S6
11
M11
K
SP
MAB
S5
12
M12
K
T1 = 10s

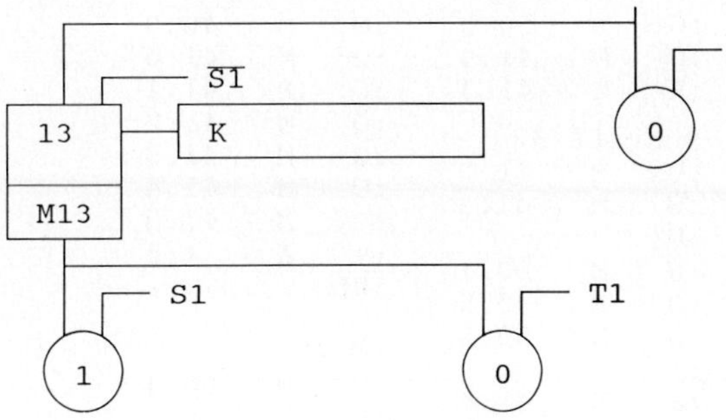

Grundstellung der Anlage:

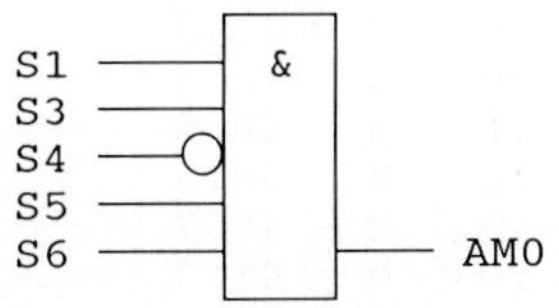

Realisierung mit einer SPS:

PB 10: Betriebsartenteil mit Meldungen
PB 11: Ablaufkette
PB 12: Schrittanzeige
PB 13: Befehlsausgabe

Zuordnung:

```
E1 = E 1.1     A0 = A 1.0     M0  = M 40.0     B0  = M 50.0
E2 = E 1.2     A1 = A 1.1     M1  = M 40.1     B1  = M 50.1
E3 = E 1.3     A2 = A 1.2     M2  = M 40.2     B2  = M 50.2
E4 = E 1.4     A3 = A 1.3     M3  = M 40.3     B3  = M 50.3
S0 = E 0.0     A4 = A 1.4     M4  = M 40.4     B4  = M 50.4
S1 = E 0.1      K = A 0.1     M5  = M 40.5     AM0 = M 51.0
S2 = E 0.2     SP = A 0.2     M6  = M 40.6     B10 = M 52.0
S3 = E 0.3    MAU = A 0.3     M7  = M 40.7     B11 = M 52.1
S4 = E 0.4    MAB = A 0.4     M8  = M 41.0     B12 = M 52.2
S5 = E 0.5      Y = A 0.5     M9  = M 41.1
S6 = E 0.6                    M10 = M 41.2
                              M11 = M 41.3
                              M12 = M 41.4
                              M13 = M 41.5
```

Anweisungsliste:

```
PB 10
:U   E    1.2
:UN  M   52.1
:=   M   52.0
:U   M   52.0
:S   M   52.1
:UN  E    1.2
:R   M   52.1
:U   M   52.0
:U   M   51.0
:UN  A    1.4
:U   E    1.1
:UN  M   40.0
:=   M   50.0
:U   M   51.0
:U   M   52.0
:U   M   40.0
:S   A    1.4
:ON  E    1.1
:O
:U   M   52.2
:U   M   40.0
:R   A    1.4
:U   A    1.4
:=   M   50.1
:U   A    1.4
:U   E    1.4
:S   M   52.2
:UN  A    1.4
:R   M   52.2
:U   M   52.0
:UN  E    1.1
:=   M   50.2
:U   E    0.0
:U   M   51.0
:=   M   50.3
:O   A    1.4
:O
:UN  E    1.1
:U   E    1.3
:=   M   50.4
:BE
```

```
PB 11
Grundstellung
:U   E    0.1
:U   E    0.3
:UN  E    0.4
:U   E    0.5
:U   E    0.6
:=   M   51.0

Schritt 0
:O   M   50.0
:O
:UN  M   41.4
:U   M   41.5
:U(
:U   M   50.1
:U   T    1
:O   M   50.2
:)
:O
:UN  M   41.3
:U   M   41.4
:U   M   50.1
:U   T    1
:S   M   40.0
:U   M   40.1
:R   M   40.0

Schritt 1
:UN  M   41.5
:U   M   40.0
:U(
:U   M   50.1
:U   M   50.3
:O   M   50.2
:)
:O
:UN  M   41.4
:U   M   41.5
:U   M   50.1
:U   E    0.1
:S   M   40.1
```

```
:O   M   50.0
:O   M   40.2
:R   M   40.1

Schritt 2
:UN  M   40.0
:U   M   40.1
:U(
:U   M   50.1
:U   E    0.2
:O   M   50.2
:)
:S   M   40.2
:O   M   50.0
:O   M   40.3
:R   M   40.2

Schritt 3
:UN  M   40.1
:U   M   40.2
:U(
:U   M   50.1
:U   E    0.4
:O   M   50.2
:)
:S   M   40.3
:O   M   50.0
:O   M   40.4
:R   M   40.3

Schritt 4
:UN  M   40.2
:U   M   40.3
:U(
:U   M   50.1
:UN  E    0.6
:O   M   50.2
:)
:S   M   40.4
:O   M   50.0
:O   M   40.5
:R   M   40.4

Schritt 5
:UN  M   40.3
:U   M   40.4
:U(
:U   M   50.1
:U   E    0.6
:O   M   50.2
:)
:S   M   40.5
:O   M   50.0
:O   M   40.6
:R   M   40.5

Schritt 6
:UN  M   40.4
:U   M   40.5
:U(
:U   M   50.1
:U   E    0.5
:O   M   50.2
:)
:S   M   40.6
:O   M   50.0
:O   M   40.7
:R   M   40.6

Schritt 7
:UN  M   40.5
:U   M   40.6
:U(
:U   M   50.1
:UN  E    0.6
:O   M   50.2
:)
:S   M   40.7
:O   M   50.0
:O   M   41.0
:R   M   40.7

Schritt 8
:UN  M   40.6
:U   M   40.7
:U(
:U   M   50.1
:U   E    0.6
:O   M   50.2
:)
:S   M   41.0
:O   M   50.0
:O   M   41.1
:R   M   41.0

Schritt 9
:UN  M   40.7
:U   M   41.0
:U(
:U   M   50.1
:U   E    0.4
:O   M   50.2
:)
:S   M   41.1
:O   M   50.0
:O   M   41.2
:R   M   41.1

Schritt 10
:UN  M   41.0
:U   M   41.1
:U(
:U   M   50.1
:UN  E    0.6
:O   M   50.2
:)
:S   M   41.2
:O   M   50.0
:O   M   41.3
:R   M   41.2

Schritt 11
:UN  M   41.1
:U   M   41.2
:U(
:U   M   50.1
:U   E    0.6
:O   M   50.2
:)
:S   M   41.3
:O   M   50.0
:O   M   41.4
:R   M   41.3

Schritt 12
:UN  M   41.2
:U   M   41.3
:U(
:U   M   50.1
:U   E    0.5
:O   M   50.2
:)
:S   M   41.4
:O   M   50.0
:O   M   40.0
:O   M   41.5
:R   M   41.4

Schritt 13
:UN  M   41.3
:U   M   41.4
:U(
:U   M   50.1
:UN  E    0.1
:O   M   50.2
:)
:S   M   41.5
:O   M   50.0
:O   M   40.0
:O   M   40.1
:R   M   41.5

Zeitglied
:O   M   41.4
:O   M   41.5
:L   KT 100.1
:SE  T     1
:BE

PB 12
:O   M   40.0
:O   M   40.1
:O   M   40.3
:O   M   40.5
:O   M   40.7
:O   M   41.1
:O   M   41.3
:O   M   41.5
:=   A    1.0
:O   M   40.0
:O   M   40.2
:O   M   40.3
:O   M   40.6
:O   M   40.7
:O   M   41.2
:O   M   41.3
:=   A    1.1
:O   M   40.0
:O   M   40.4
:O   M   40.5
:O   M   40.6
:O   M   40.7
:O   M   41.4
:O   M   41.5
:=   A    1.2
:O   M   40.0
:O   M   41.0
:O   M   41.1
:O   M   41.2
:O   M   41.3
:O   M   41.4
:O   M   41.5
:=   A    1.3
:BE

PB 13
:U   M   50.4
:U(
:O   M   40.1
:O   M   40.2
:O   M   40.3
:O   M   40.4
:O   M   40.5
:O   M   40.6
:O   M   40.7
:O   M   41.0
:O   M   41.1
:O   M   41.2
:O   M   41.3
:O   M   41.4
:O   M   41.5
:)
:=   A    0.1
:U   M   50.4
:U(
:O   M   40.2
:O   M   40.5
:O   M   41.0
:O   M   41.3
:)
:=   A    0.2
:U   M   50.4
:U(
:O   M   40.2
:O   M   41.0
:)
:=   A    0.3
:U   M   50.4
:U(
:O   M   40.5
:O   M   41.3
:)
:=   A    0.4
:U   M   50.4
:U(
:O   M   40.3
:O   M   40.4
:O   M   40.6
:O   M   40.7
:O   M   41.1
:O   M   41.2
:)
:=   A    0.5
:BE
```

Übung 9.4: Sortieranlage

Ablaufkette:

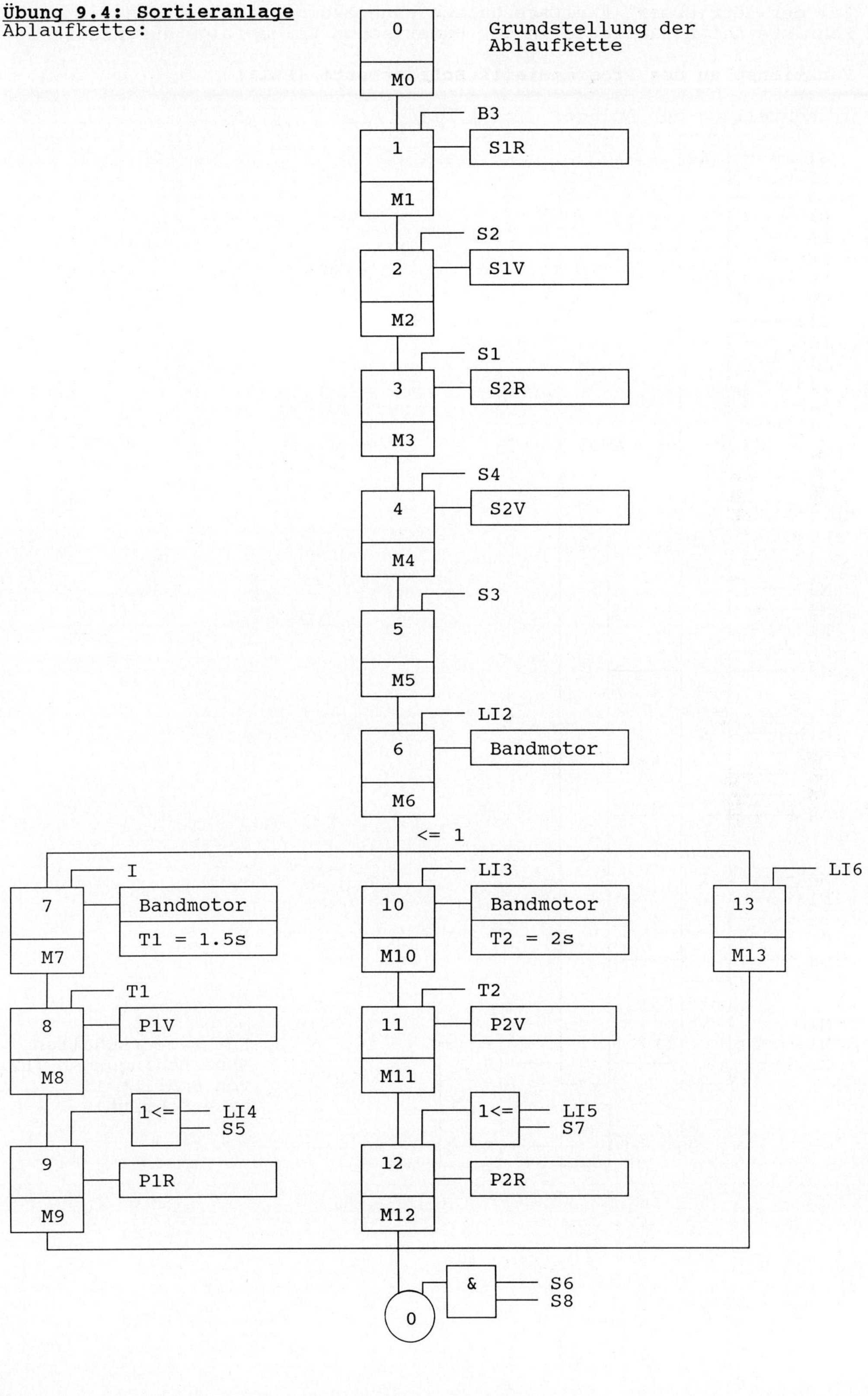

Bei der Betriebsart "Weiterschalten ohne Bedingungen" werden die Schritte der Ablaufkette in der numerischen Reihenfolge durchlaufen.

Funktionsplan des Programmteils Schrittkette (PB11)

Grundstellung der Anlage:

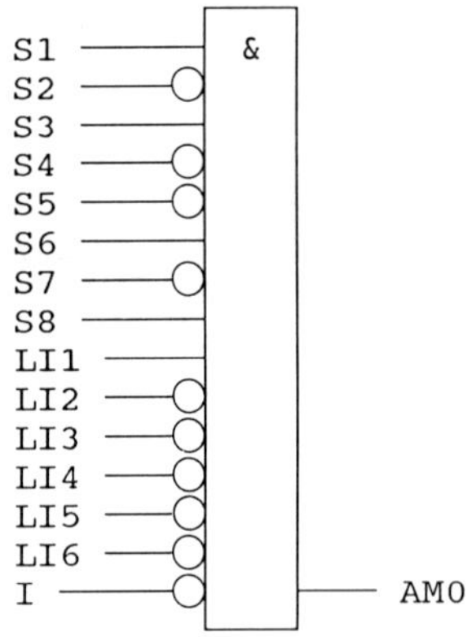

Schritt 0:

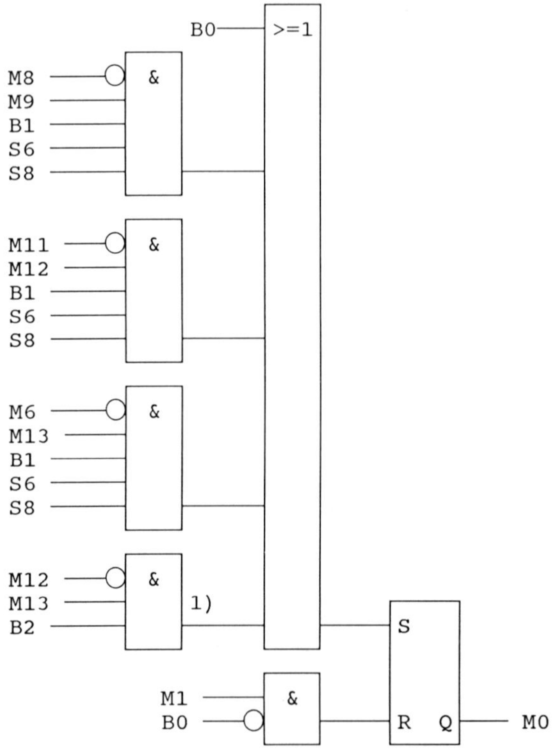

1) Für Weiterschalten ohne Bedingungen (B2) von Schritt 13 nach Schritt 0.

Schritt 1:

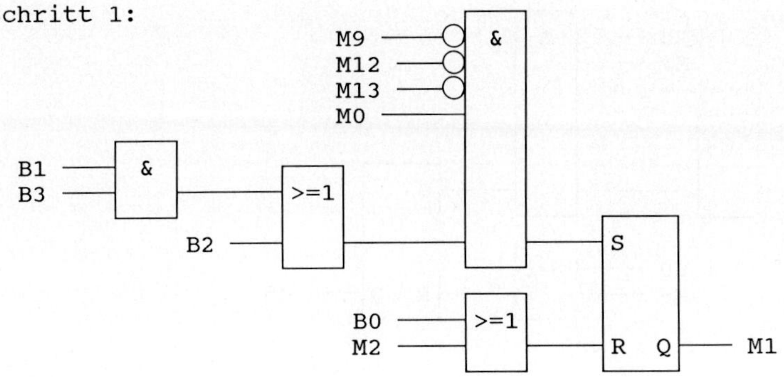

Schritt 2:

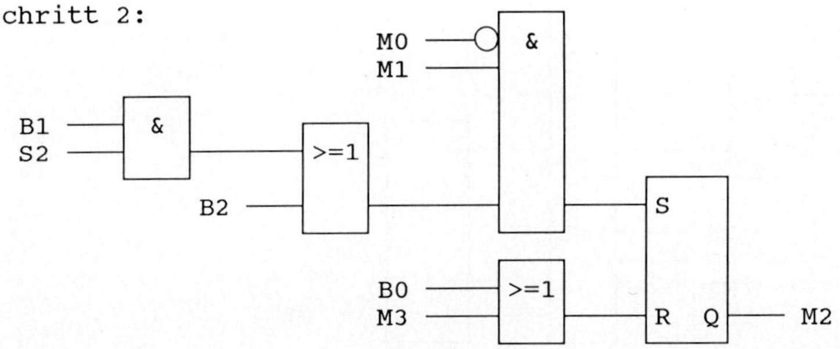

Schritt 3:

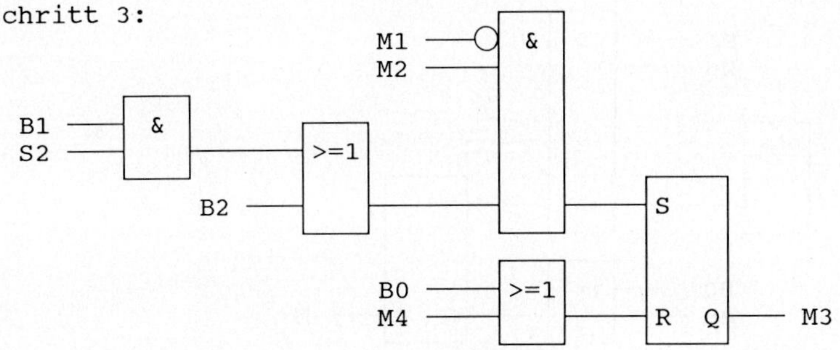

Schritt 4:

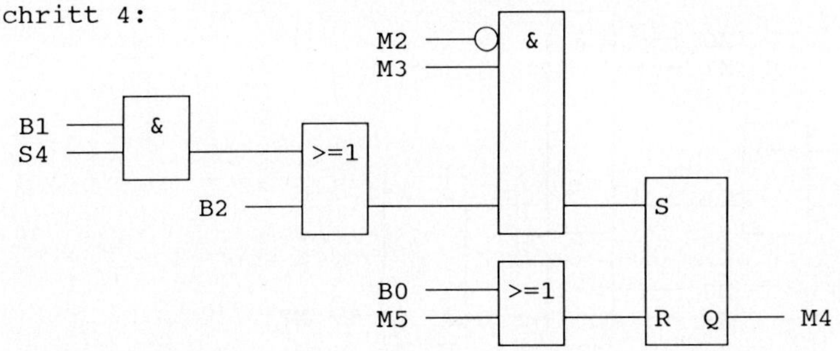

Schritt 5:

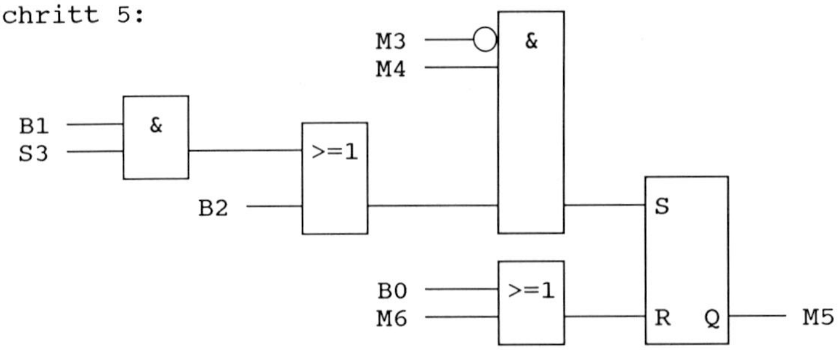

Schritt 6:

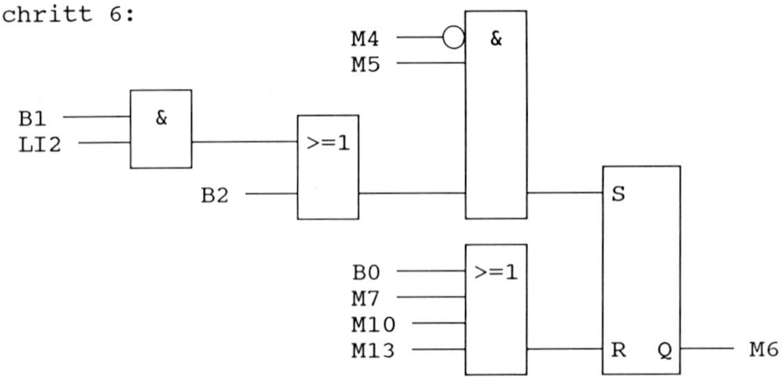

Schritt 7:

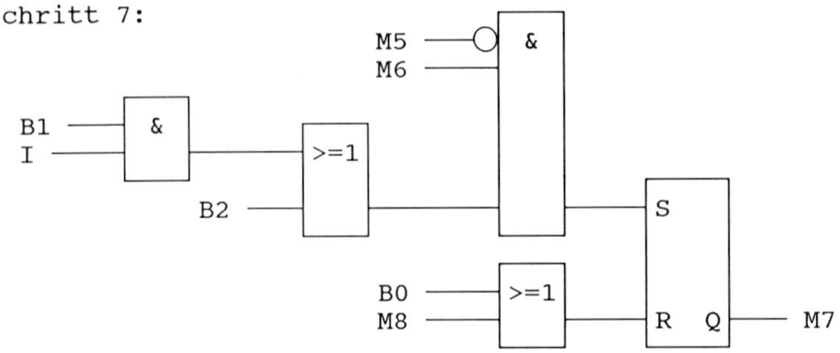

Schritt 8:

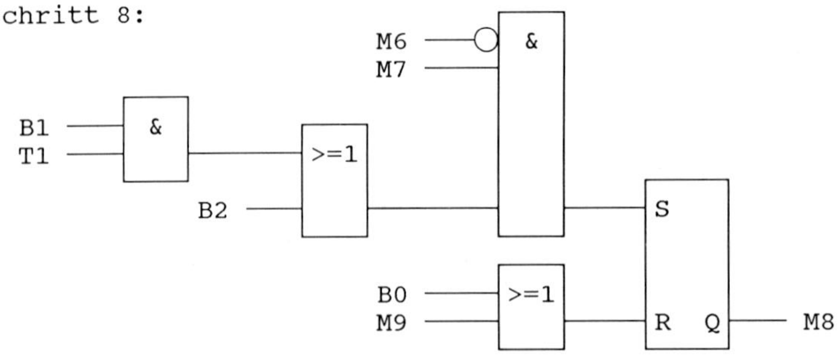

Schritt 9:

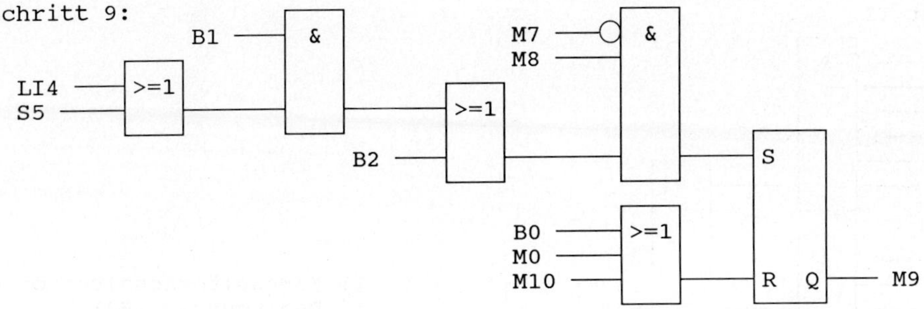

Schritt 10:

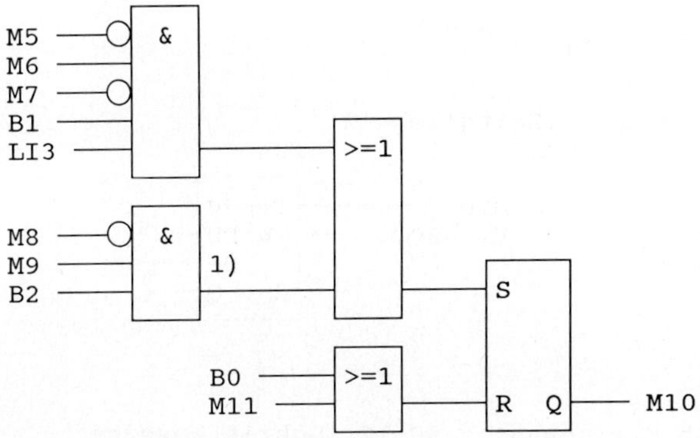

1) Für Weiterschalten ohne Bedingungen (B2) von Schritt 9 nach Schritt 10.

Schritt 11:

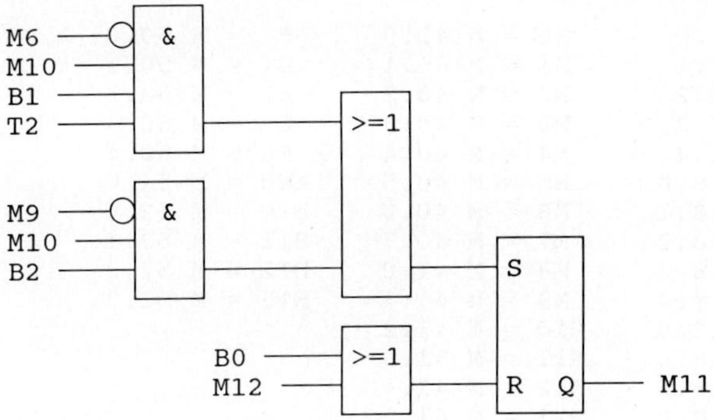

Schritt 12:

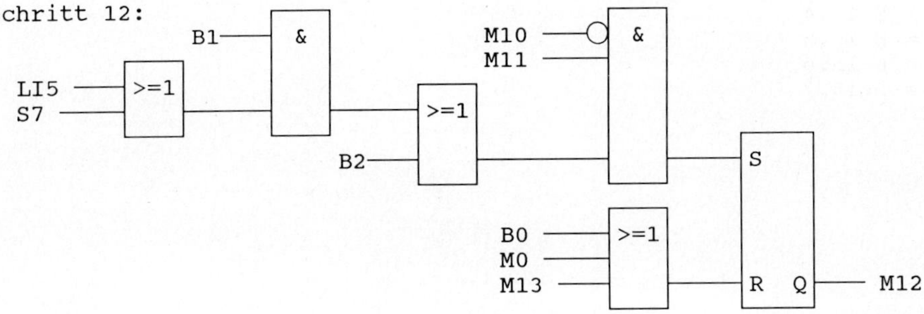

Schritt 13:

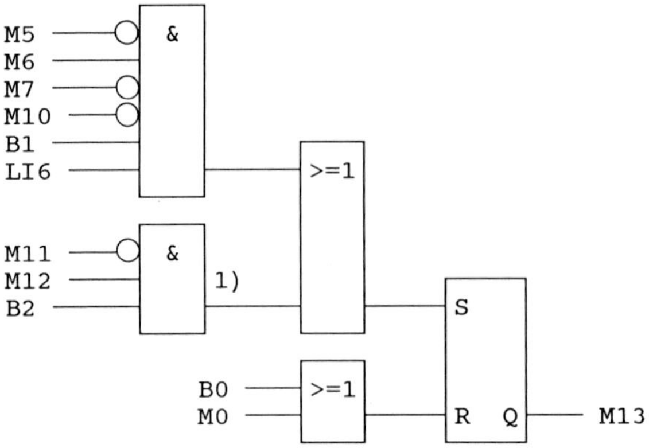

1) Für Weiterschalten ohne Bedingungen (B2) von Schritt 12 nach Schritt 13.

Zeitglied T1:

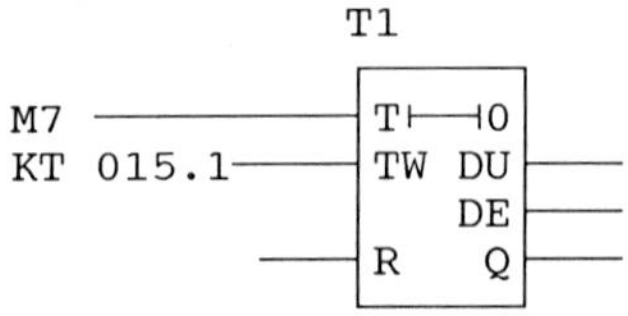

Zeitglied T2:

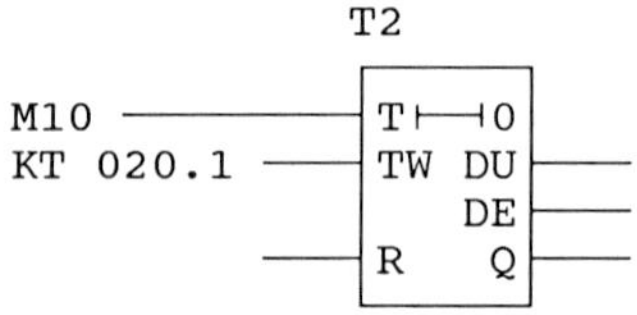

Realisierung mit einer SPS:

PB 10: Betriebsartenteil mit Meldungen
PB 11: Ablaufkette
PB 12: Schrittanzeige
PB 13: Befehlsausgabe

Zuordnung:

E1 = E 1.1	A0 = A 1.0	M0 = M 40.0	B0 = M 50.0
E2 = E 1.2	A1 = A 1.1	M1 = M 40.1	B1 = M 50.1
E3 = E 1.3	A2 = A 1.2	M2 = M 40.2	B2 = M 50.2
E4 = E 1.4	A3 = A 1.3	M3 = M 40.3	B3 = M 50.3
S1 = E 14.1	A4 = A 1.4	M4 = M 40.4	B4 = M 50.4
S2 = E 14.2	S1R = A 18.0	M5 = M 40.5	AM0 = M 51.0
S3 = E 14.3	S1V = A 18.1	M6 = M 40.6	B10 = M 52.0
S4 = E 14.4	S2R = A 18.2	M7 = M 40.7	B11 = M 52.1
S5 = E 14.5	S2V = A 18.3	M8 = M 41.0	B12 = M 52.2
S6 = E 14.6	P1V = A 18.4	M9 = M 41.1	B13 = M 52.3
S7 = E 14.7	P1R = A 18.5	M10 = M 41.2	
S8 = E 15.0	P2V = A 18.6	M11 = M 41.3	
LI1 = E 15.1	P2R = A 18.7	M12 = M 41.4	
LI2 = E 15.2	M = A 19.0	M13 = M 41.5	
LI3 = E 15.3			
LI4 = E 15.4			
LI5 = E 15.5			
LI6 = E 15.6			
I = E 15.7			

Anweisungsliste:

```
PB 10
:U   E   1.2
:UN  M  52.1
:=   M  52.0
:U   M  52.0
:S   M  52.1
:UN  E   1.2
:R   M  52.1
:U   M  52.0
:U   M  51.0
:UN  A   1.4
:U   E   1.1
:UN  M  40.0
:=   M  50.0
:U   M  51.0
:U   M  52.0
:U   M  40.0
:S   A   1.4
:ON  E   1.1
:O
:U   M  52.2
:U   M  40.0
:R   A   1.4
:U   A   1.4
:=   M  50.1
:U   A   1.4
:U   E   1.4
:S   M  52.2
:UN  A   1.4
:R   M  52.2
:U   M  52.0
:UN  E   1.1
:=   M  50.2
:U   E   1.2
:S   M  52.3
:UN  M  50.1
:R   M  52.3
:U   M  52.3
:U   M  51.0
:=   M  50.3
:O   A   1.4
:O
:UN  E   1.1
:U   E   1.3
:=   M  50.4
:BE

PB 11
Grundstellung
:U   E  14.1
:UN  E  14.2
:U   E  14.3
:UN  E  14.4
:UN  E  14.5
:U   E  14.6
:UN  E  14.7
:U   E  15.0
:U   E  15.1
:UN  E  15.2
:UN  E  15.3
:UN  E  15.4
:UN  E  15.5
:UN  E  15.6
:UN  E  15.7
:=   M  51.0

Schritt 0
:O   M  50.0
:O
:UN  M  41.0
:U   M  41.1
:U   M  50.1
:U   E  14.6
:U   E  15.0
:O
:UN  M  41.3
:U   M  41.4
:U   M  50.1
:U   E  14.6
:U   E  15.0
:O
:UN  M  40.6
:U   M  41.5
:U   E  14.6
:U   E  15.0
:O
:UN  M  41.4
:U   M  41.5
:U   M  50.2
:S   M  40.0
:U   M  40.1
:UN  M  50.0
:R   M  40.0

Schritt 1
:UN  M  41.1
:UN  M  41.4
:UN  M  41.5
:U   M  40.0
:U(
:U   M  50.1
:U   M  50.3
:O   M  50.2
:)
:S   M  40.1
:O   M  50.0
:O   M  40.2
:R   M  40.1

Schritt 2
:UN  M  40.0
:U   M  40.1
:U(
:U   M  50.1
:U   E  14.2
:O   M  50.2
:)
:S   M  40.2
:O   M  50.0
:O   M  40.3
:R   M  40.2

Schritt 3
:UN  M  40.1
:U   M  40.2
:U(
:U   M  50.1
:U   E  14.1
:O   M  50.2
:)
:S   M  40.3
:O   M  50.0
:O   M  40.4
:R   M  40.3

Schritt 4
:UN  M  40.2
:U   M  40.3
:U(
:U   M  50.1
:U   E  14.4
:O   M  50.2
:)
:S   M  40.4
:O   M  50.0
:O   M  40.5
:R   M  40.4

Schritt 5
:UN  M  40.3
:U   M  40.4
:U(
:U   M  50.1
:U   E  14.3
:O   M  50.2
:)
:S   M  40.5
:O   M  50.0
:O   M  40.6
:R   M  40.5

Schritt 6
:UN  M  40.4
:U   M  40.5
:U(
:U   M  50.1
:U   E  15.2
:O   M  50.2
:)
:S   M  40.6
:O   M  50.0
:O   M  40.7
:O   M  41.2
:O   M  41.5
:R   M  40.6

Schritt 7
:UN  M  40.5
:U   M  40.6
:U(
:U   M  50.1
:U   E  15.7
:O   M  50.2
:)
:S   M  40.7
:O   M  50.0
:O   M  41.0
:R   M  40.7

Schritt 8
:UN  M  40.6
:U   M  40.7
:U(
:U   M  50.1
:U   T   1
:O   M  50.2
:)
:S   M  41.0
:O   M  50.0
:O   M  41.1
:R   M  41.0

Schritt 9
:UN  M  40.7
:U   M  41.0
:U(
:U   M  50.1
:U(
:O   E  15.4
:O   E  14.5
:)
:O   M  50.2
:)
:S   M  41.1
:O   M  50.0
:O   M  40.0
:O   M  41.2
:R   M  41.1

Schritt 10
:UN  M  40.5
:U   M  40.6
:UN  M  40.7
:U   M  50.1
:U   E  15.3
:O
:UN  M  41.0
:U   M  41.1
:U   M  50.2
:S   M  41.2
:O   M  50.0
:O   M  41.3
:R   M  41.2

Schritt 11
:UN  M  40.6
:U   M  41.2
:U   M  50.1
:U   T   2
:O
:UN  M  41.1
:U   M  41.2
:U   M  50.2
:S   M  41.3
```

```
:O   M   50.0
:O   M   41.4
:R   M   41.3

Schritt 12
:UN  M   41.2
:U   M   41.3
:U(
:U   M   50.1
:U(
:O   E   15.5
:O   E   14.7
:)
:O   M   50.2
:)
:S   M   41.4
:O   M   50.0
:O   M   40.0
:O   M   41.5
:R   M   41.4

Schritt 13
:UN  M   40.5
:U   M   40.6
:UN  M   40.7
:UN  M   41.2
:U   M   50.1
:U   E   15.6
:O
:UN  M   41.3
:U   M   41.4
:U   M   50.2
:S   M   41.5
:O   M   50.0
:O   M   40.0
:R   M   41.5
```

```
Zeitglieder
:U   M   40.7
:L   KT 015.1
:SE  T    1
:U   M   41.2
:L   KT 020.1
:SE  T    2
:BE

PB 12
:O   M   40.0
:O   M   40.1
:O   M   40.3
:O   M   40.5
:O   M   40.7
:O   M   41.1
:O   M   41.3
:O   M   41.5
:=   A    1.0
:O   M   40.0
:O   M   40.2
:O   M   40.3
:O   M   40.6
:O   M   40.7
:O   M   41.2
:O   M   41.3
:=   A    1.1
:O   M   40.0
:O   M   40.4
:O   M   40.5
:O   M   40.6
:O   M   40.7
:O   M   41.4
:O   M   41.5
:=   A    1.2
```

```
:O   M   40.0
:O   M   41.0
:O   M   41.1
:O   M   41.2
:O   M   41.3
:O   M   41.4
:O   M   41.5
:=   A    1.3
:BE

PB 13
:U   M   50.4
:U   M   40.1
:UN  E   14.2
:=   A   18.0
:U   M   50.4
:U   M   40.2
:UN  E   14.1
:=   A   18.1
:U   M   50.4
:U   M   40.3
:UN  E   14.4
:=   A   18.2
:U   M   50.4
:U   M   40.4
:UN  E   14.3
:=   A   18.3
:U   M   50.4
:U   M   41.0
:UN  E   14.5
:=   A   18.4
:U   M   50.4
:U   M   41.1
:UN  E   14.6
:=   A   18.5
```

```
:U   M   50.4
:U   M   41.3
:UN  E   14.7
:=   A   18.6
:U   M   50.4
:U   M   41.4
:UN  E   15.0
:=   A   18.7
:U   M   50.4
:U(
:O   M   40.6
:O   M   40.7
:O   M   41.2
:)
:=   A   19.0
:BE
```

Übung 9.5: Chargenbetrieb

Ablaufkette

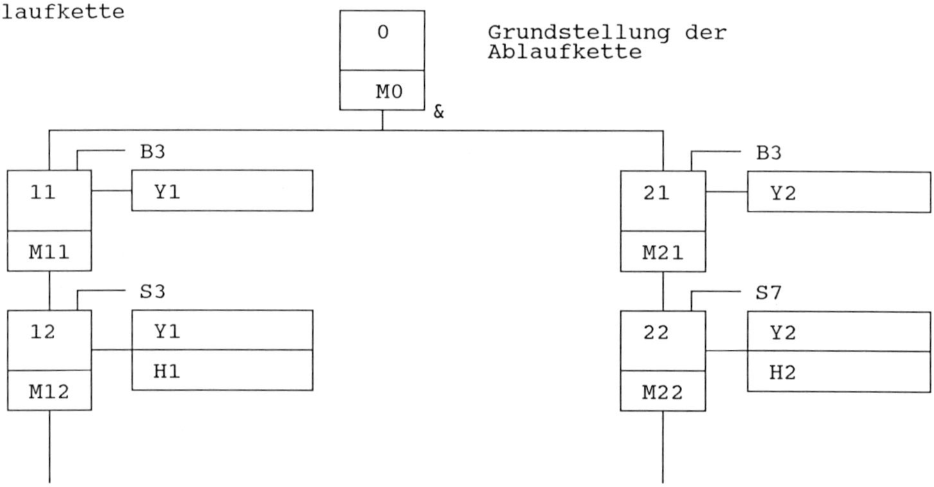

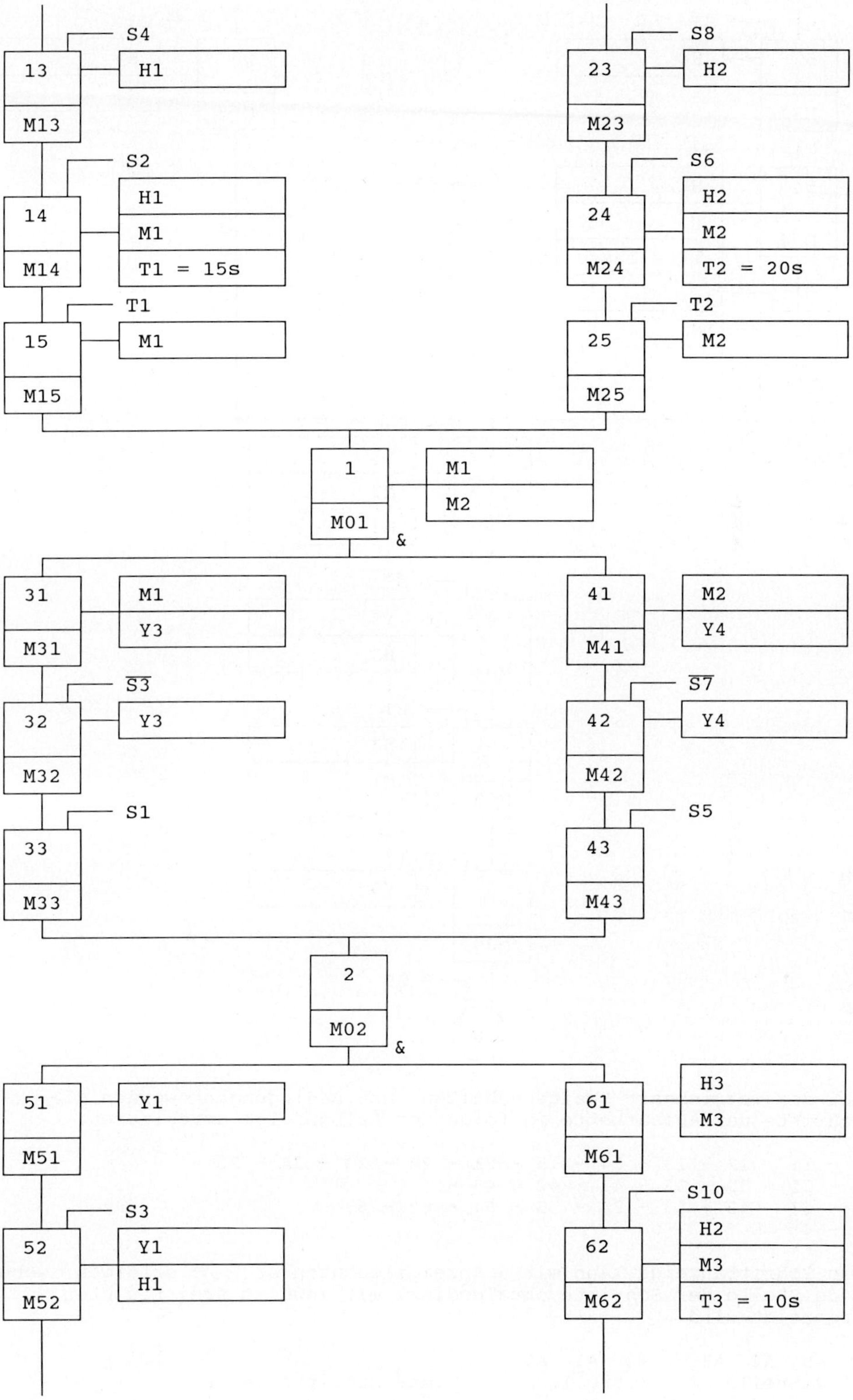
S4
13
H1
M13
S2
14
H1
M1
M14
T1 = 15s
T1
15
M1
M15
S8
23
H2
M23
S6
24
H2
M2
M24
T2 = 20s
T2
25
M2
M25
1
M1
M2
M01
&
31
M1
Y3
M31
S3
32
Y3
M32
S1
33
M33
41
M2
Y4
M41
S7
42
Y4
M42
S5
43
M43
2
M02
&
51
Y1
M51
S3
52
Y1
H1
M52
61
H3
M3
M61
S10
62
H2
M3
M62
T3 = 10s

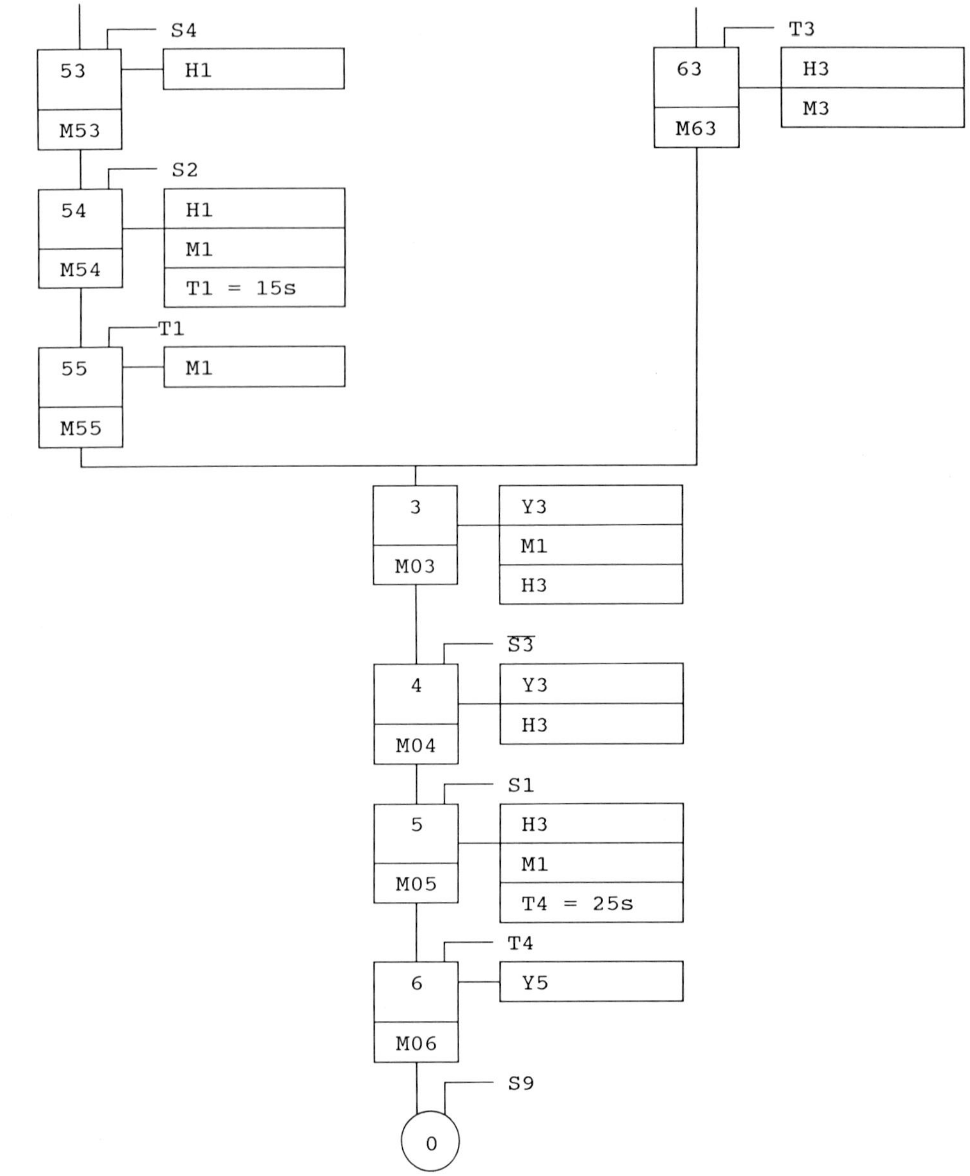

Bei der Betriebsart "Weiterschalten ohne Bedingungen" werden die Schritte der Ablaufkette in folgender Reihenfolge durchlaufen:

0 - 11 - 12 - 13 - 14 - 15 - 21 - 22 - 23 - 24 - 25 -
1 - 31 - 32 - 33 - 41 - 42 - 43 -
2 - 51 - 52 - 53 - 54 - 55 - 61 - 62 - 63 -
3 - 4 - 5 - 6 - 0

Die Schrittanzeige kann mit 6 Anzeigeleuchten A0 - A5 erfolgen, wobei jede Stelle der Schritte oktalcodiert mit jeweils drei Leuchten angezeigt wird.

A5 A4 A3 — A2 A1 A0
2.Stelle — 1.Stelle — der Schrittanzeige

Da die Ablaufkette sich gleichzeitig in zwei Schritten befinden kann, werden mit der Schrittanzeige nur folgende Schritte angezeigt:

0,11,12,13,14,15,1,31,32,33,2,51,52,53,54,55,3,4,5,6

Anzeige der Betriebsart Automatik: A6
Im Betriebsartenteil (PB10) ist diese Veränderung zu berücksichtigen.

Funktionsplan des Programmteils Schrittkette (PB11):

Grundstellung der Anlage:

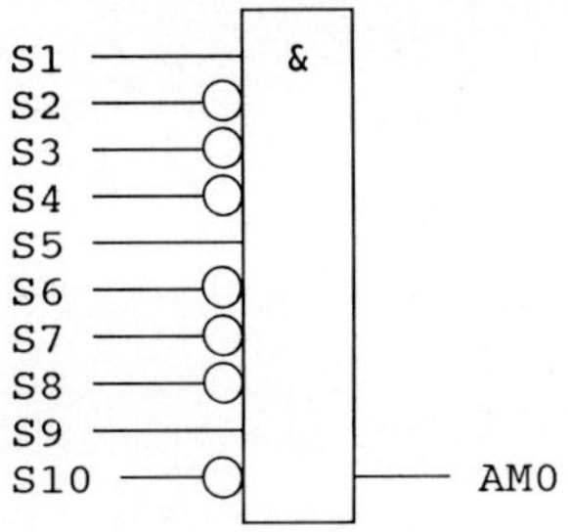

Schritt 0:

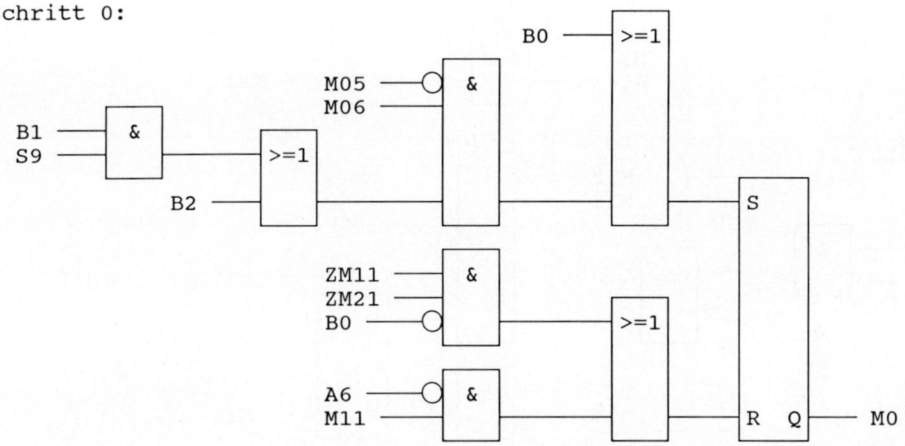

Schritt 11:

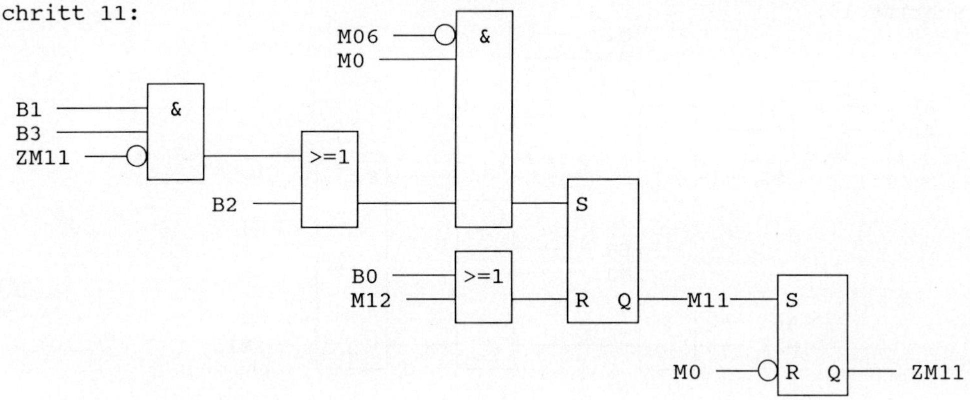

Schritt 12:

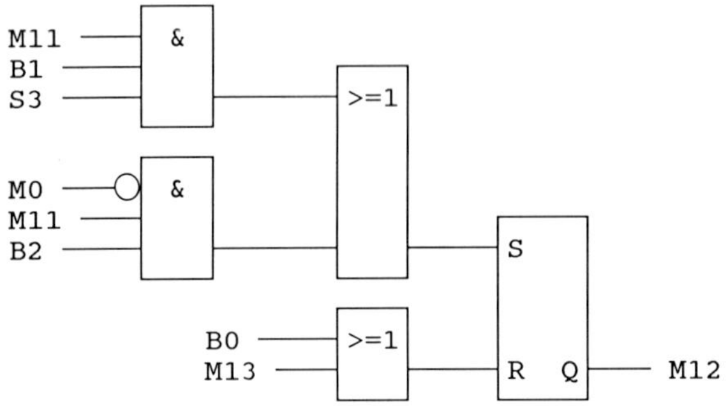

Schritt 13:

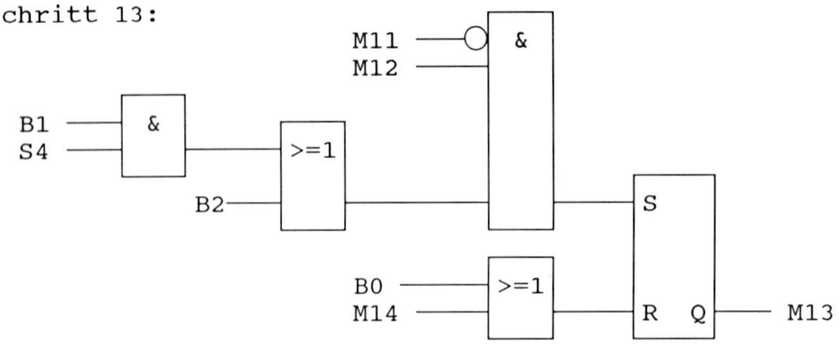

Schritt 14:

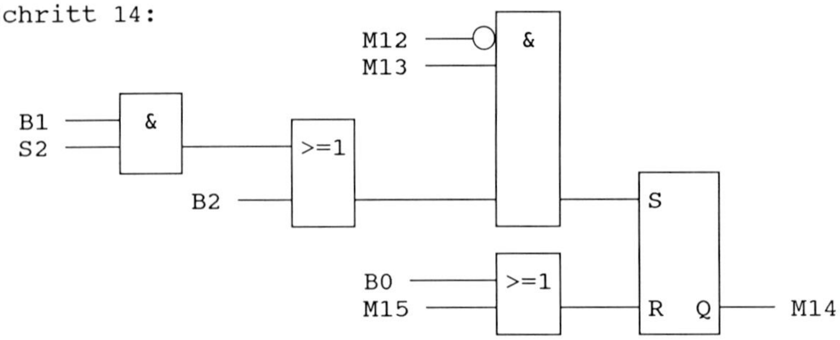

Schritt 15:

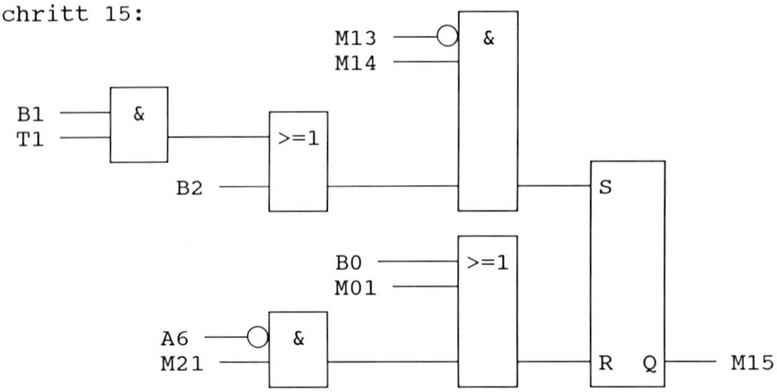

Schritt 21:

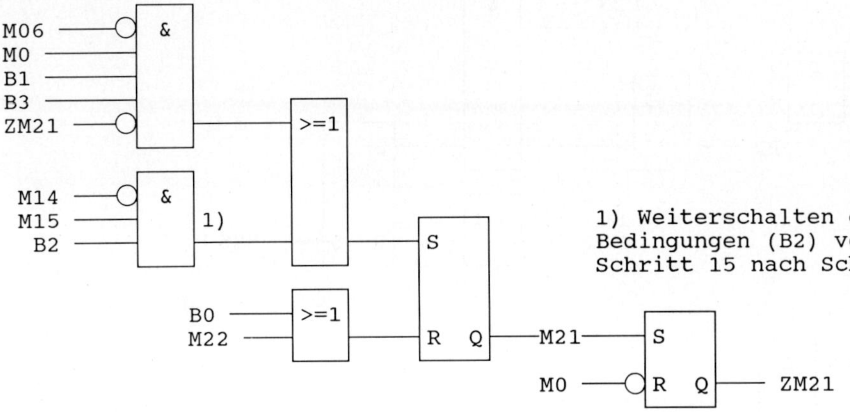

1) Weiterschalten ohne Bedingungen (B2) von Schritt 15 nach Schritt 21.

Schritt 22:

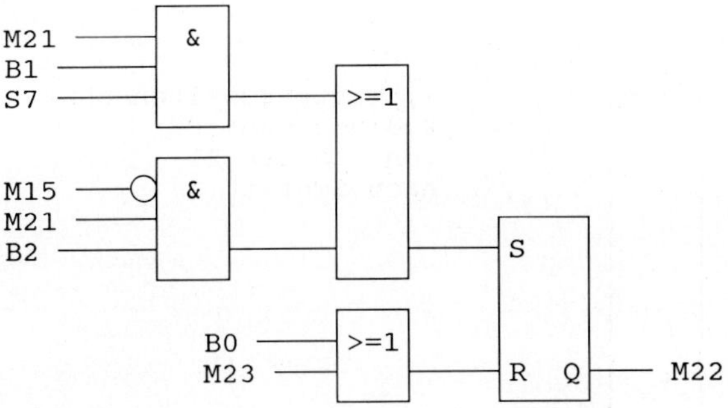

Schritt 23:

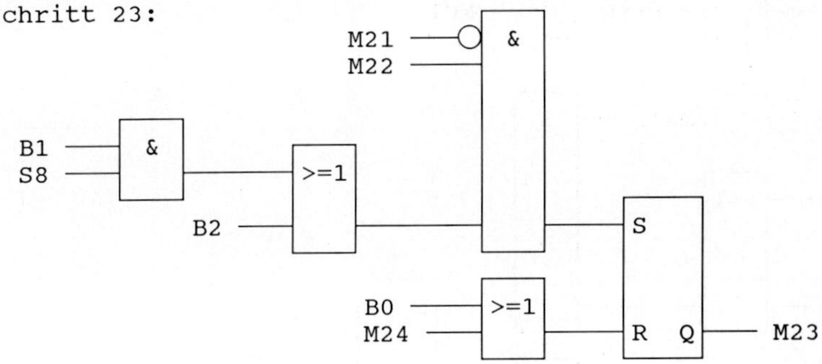

Schritt 24:

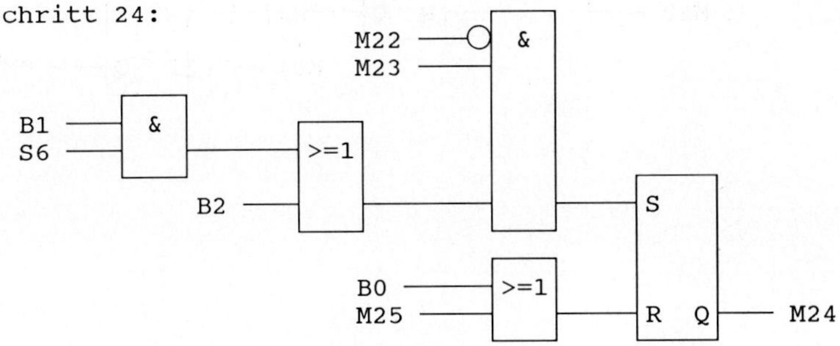

Schritt 25:

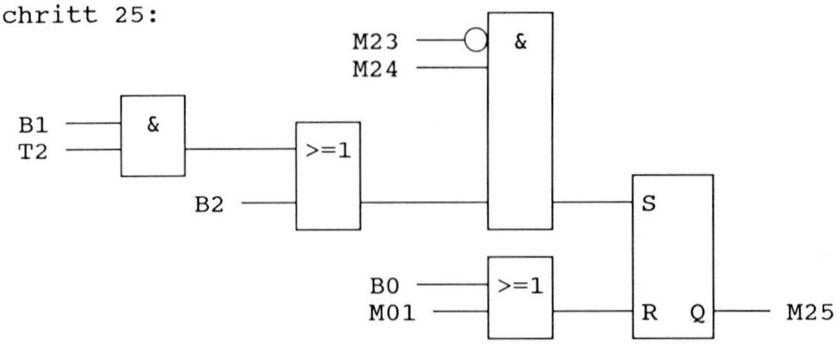

Schritt 1:

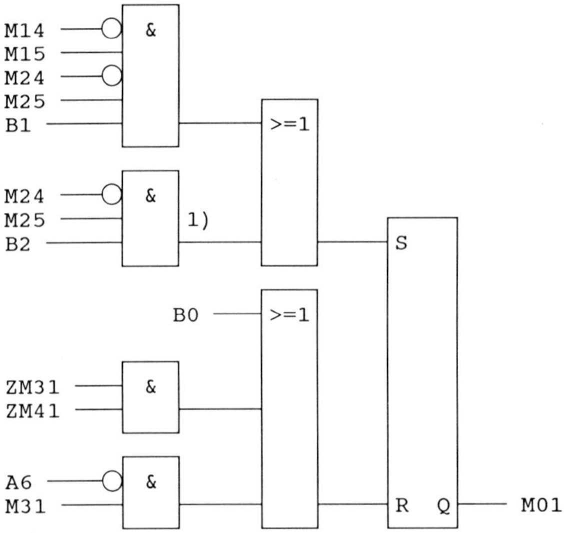

1) Weiterschalten ohne Bedingungen (B2) von Schritt 25 nach Schritt 1.

Schritt 31:

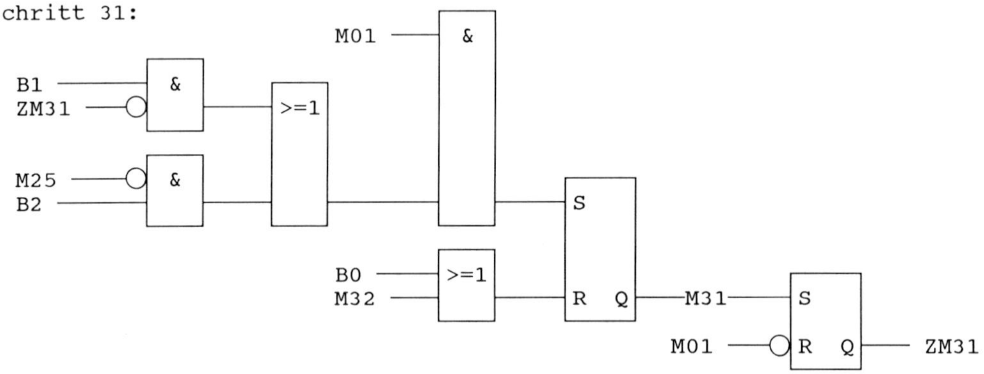

Schritt 32:

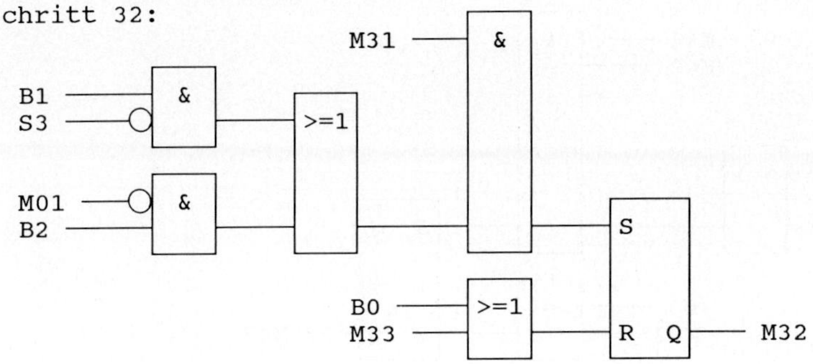

Schritt 33:

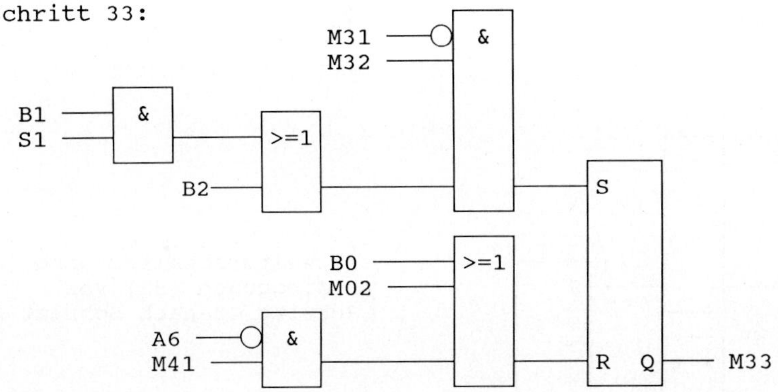

Schritt 41:

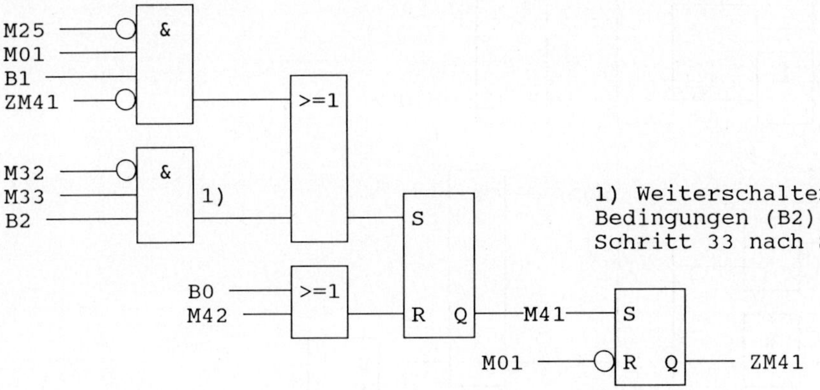

1) Weiterschalten ohne Bedingungen (B2) von Schritt 33 nach Schritt 41.

Schritt 42:

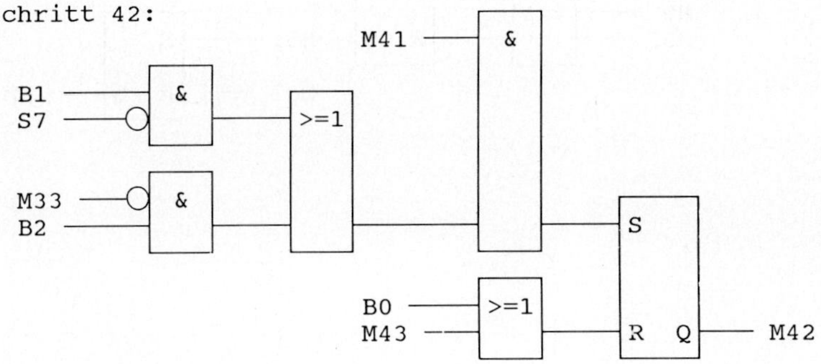

Schritt 43:

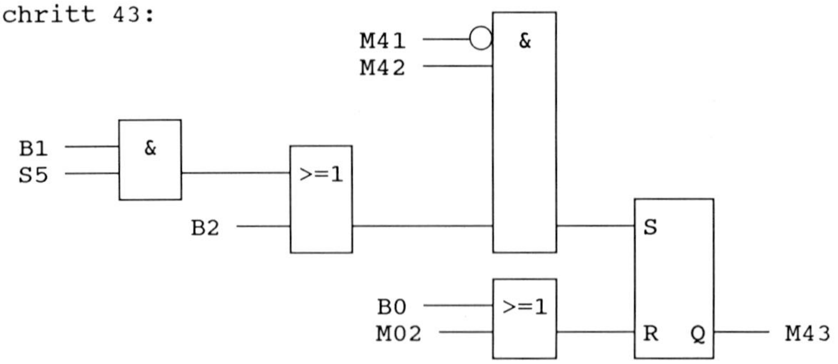

Schritt 2:

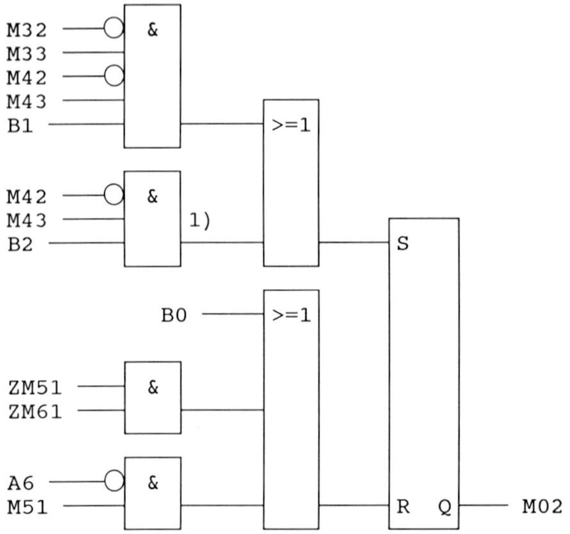

1) Weiterschalten ohne Bedingungen (B2) von Schritt 43 nach Schritt 2.

Schritt 51:

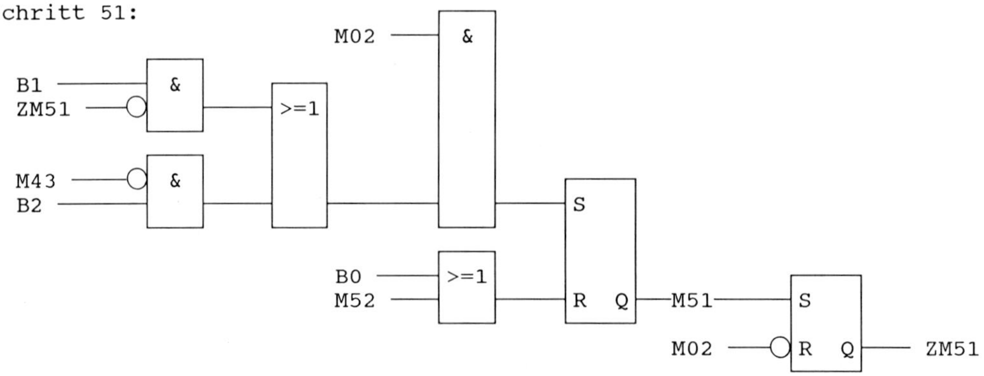

Schritt 52:

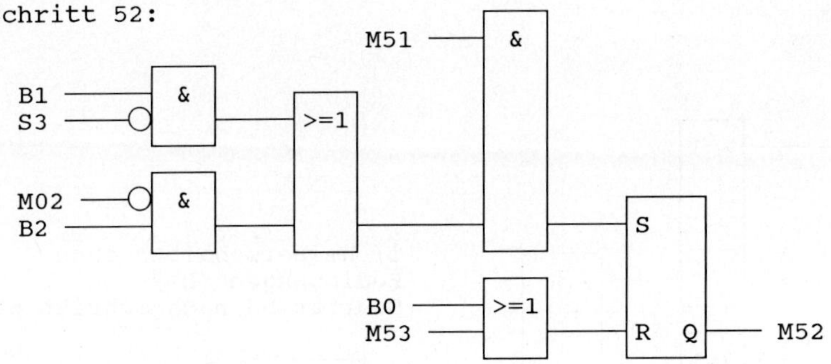

Schritt 53:

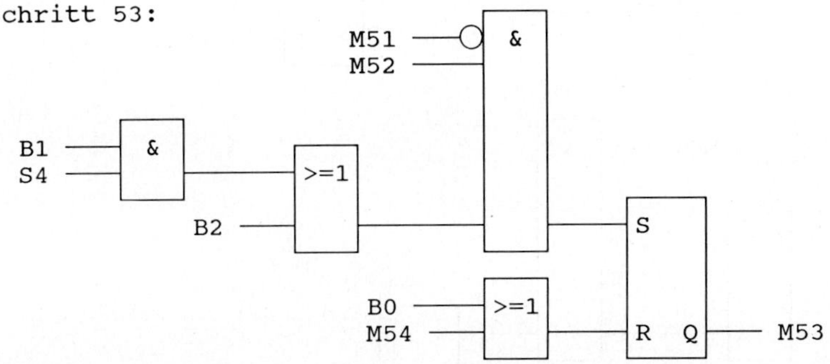

Schritt 54:

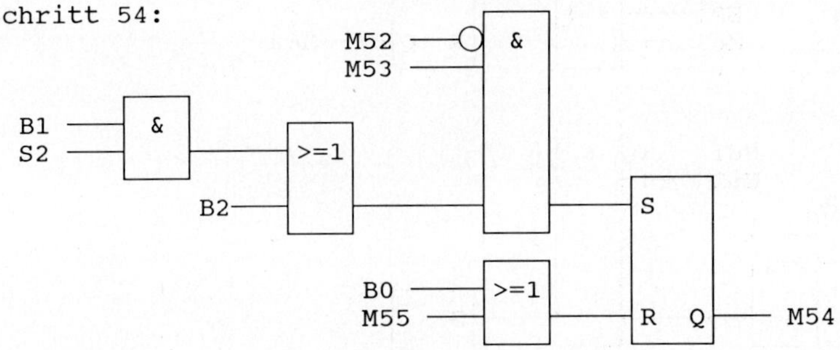

Schritt 55:

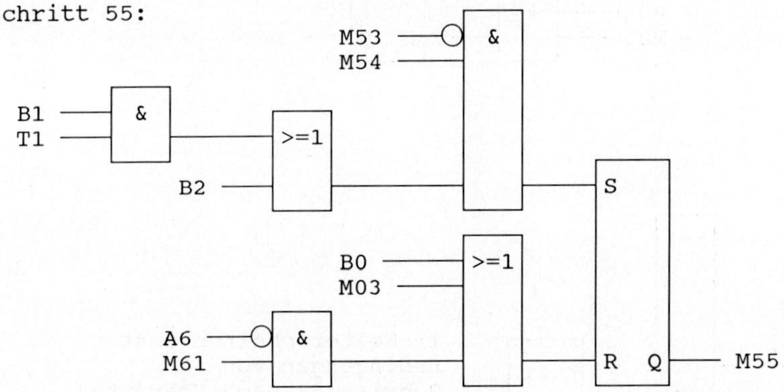

Schritt 61:

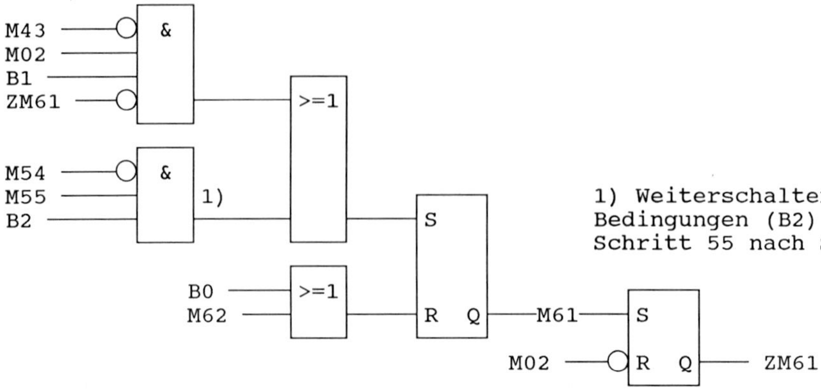

1) Weiterschalten ohne Bedingungen (B2) von Schritt 55 nach Schritt 61.

Schritt 62:

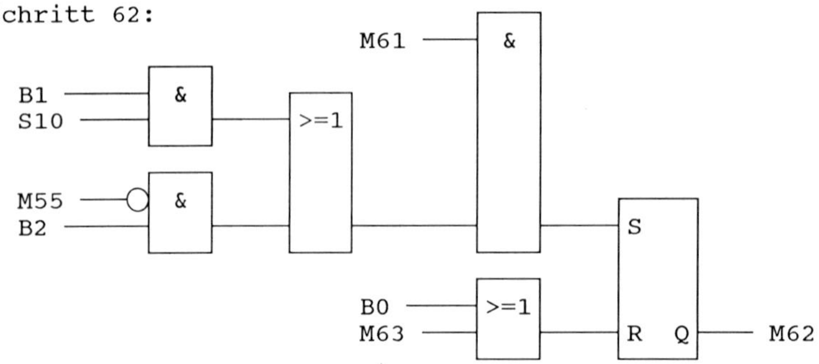

Schritt 63:

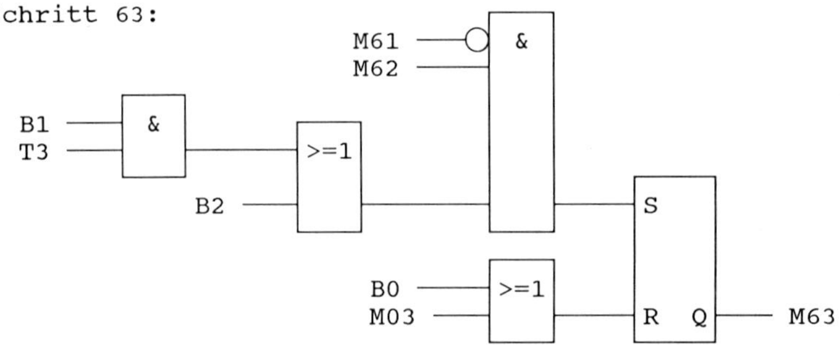

Schritt 3:

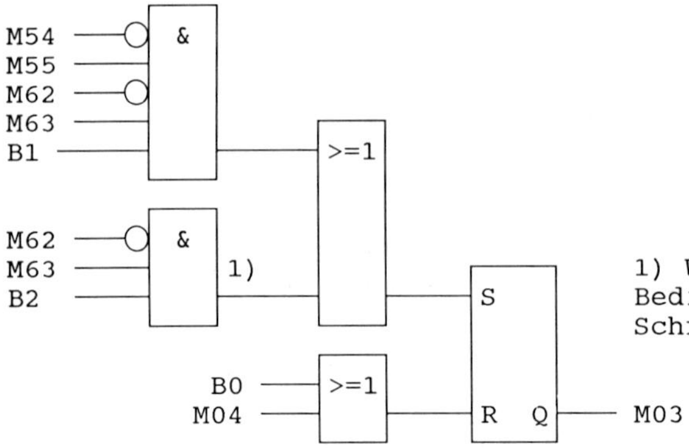

1) Weiterschalten ohne Bedingungen von Schritt 63 nach Schritt 3.

Schritt 4:

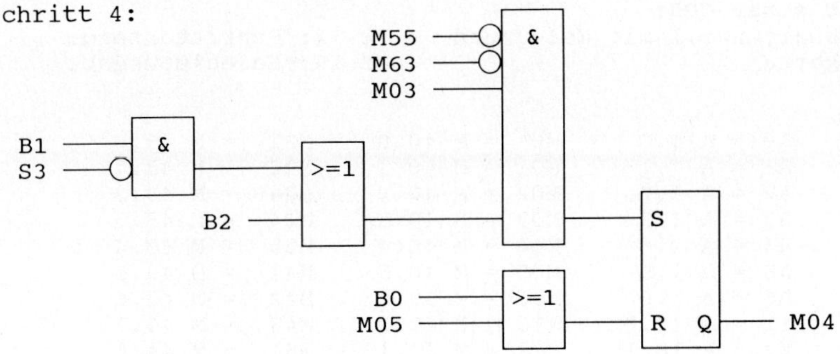

Schritt 5:

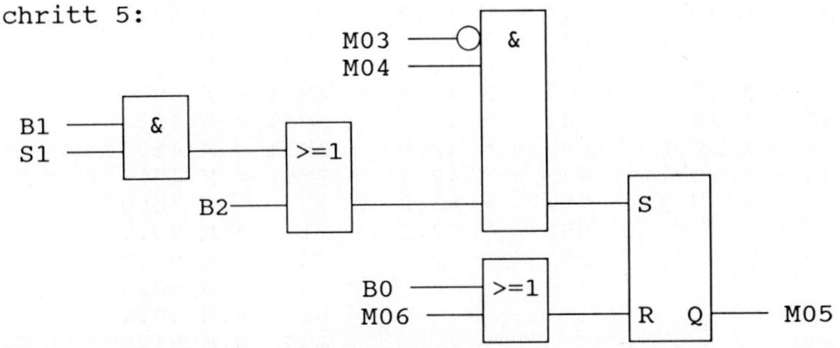

Schritt 6:

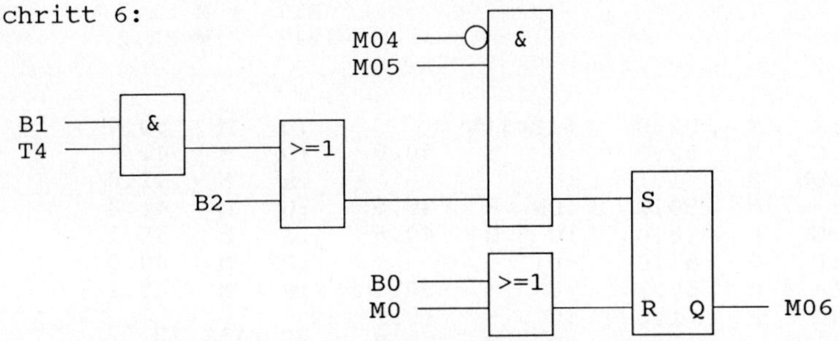

Zeitglied T1:

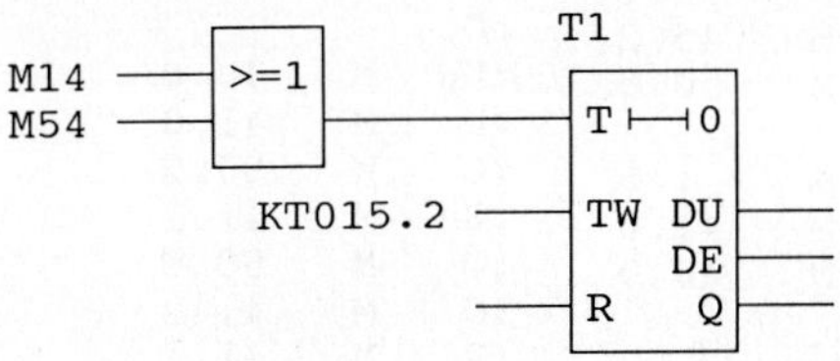

Zeitglied T2:

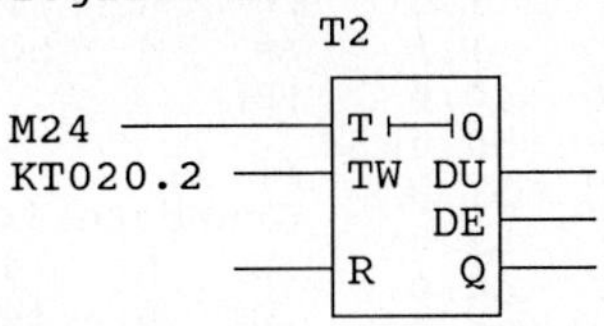

Zeitglied T3:

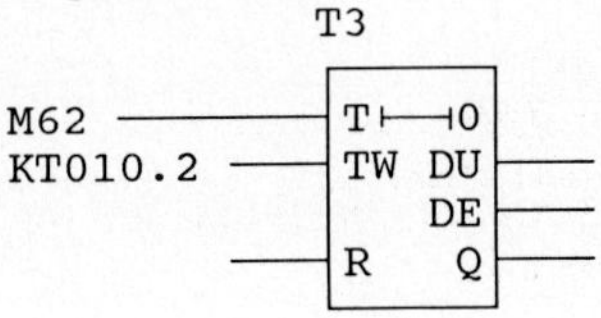

Zeitglied T4:

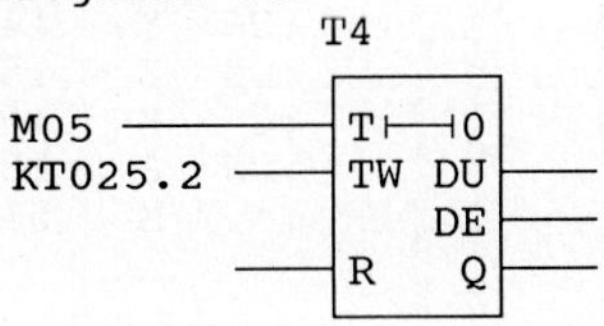

Realisierung mit einer SPS:

PB 10: Betriebsartenteil mit Meldungen
PB 11: Ablaufkette
PB 12: Schrittanzeige
PB 13: Befehlsausgabe

Zuordnung:

E1 = E 1.1	A0 = A 1.0	M0 = M 40.0	M21 = M 43.0
E2 = E 1.2	A1 = A 1.1	M01 = M 40.1	M22 = M 43.1
E3 = E 1.3	A2 = A 1.2	M02 = M 40.2	M23 = M 43.2
E4 = E 1.4	A3 = A 1.3	M03 = M 40.3	M24 = M 43.3
S1 = E 14.1	A4 = A 1.4	M04 = M 40.4	M25 = M 43.4
S2 = E 14.2	A5 = A 1.5	M05 = M 40.5	M41 = M 43.5
S3 = E 14.3	A6 = A 1.6	M06 = M 40.6	M42 = M 43.6
S4 = E 14.4	Y1 = A 18.0	M11 = M 41.0	M43 = M 43.7
S5 = E 14.5	Y3 = A 18.1	M12 = M 41.1	M61 = M 44.0
S6 = E 14.6	M1 = A 18.2	M13 = M 41.2	M62 = M 44.1
S7 = E 14.7	H1 = A 18.3	M14 = M 41.3	M63 = M 44.2
S8 = E 15.0	Y2 = A 18.4	M15 = M 41.4	ZM11 = M 45.1
S9 = E 15.1	Y4 = A 18.5	M31 = M 41.5	ZM21 = M 45.2
S10 = E 15.2	M2 = A 18.6	M32 = M 41.6	ZM31 = M 45.3
	H2 = A 18.7	M33 = M 41.7	ZM41 = M 45.4
	Y5 = A 19.0	M51 = M 42.0	ZM51 = M 45.5
	M3 = A 19.1	M52 = M 42.1	ZM61 = M 45.6
	H3 = A 19.2	M53 = M 42.2	B0 = M 50.0
		M54 = M 42.3	B1 = M 50.1
		M55 = M 42.4	B2 = M 50.2
			B3 = M 50.3
			B4 = M 50.4
			AM0 = M 51.0
			B10 = M 52.0
			B11 = M 52.1
			B12 = M 52.2

Anweisungsliste

```
PB 10
:U   E    1.2
:UN  M   52.1
:=   M   52.0
:U   M   52.0
:S   M   52.1
:UN  E    1.2
:R   M   52.1
:U   M   52.0
:U   M   51.0
:UN  A    1.6
:U   E    1.1
:UN  M   40.0
:=   M   50.0
:U   M   51.0
:U   M   52.0
:U   M   40.0
:S   A    1.6
:ON  E    1.1
:O
:U   M   52.2
:U   M   40.0
:R   A    1.6
:U   A    1.6
:=   M   50.1
:U   A    1.6
:U   E    1.4
:S   M   52.2
:UN  A    1.6
:R   M   52.2
:U   M   52.0
:UN  E    1.1
:=   M   50.2
:U   E   14.0
:U   M   51.0
:=   M   50.3
:O   A    1.6
:O
:UN  E    1.1
:U   E    1.3
:=   M   50.4
:BE
```

```
PB 11
Grundstellung
:U   E   14.1
:UN  E   14.2
:UN  E   14.3
:UN  E   14.4
:U   E   14.5
:UN  E   14.6
:UN  E   14.7
:UN  E   15.0
:U   E   15.1
:UN  E   15.2
:=   M   51.0
```

```
Schritt 0
:O   M   50.0
:O
:UN  M   40.5
:U   M   40.6
:U(
:U   M   50.1
:U   E   15.1
:O   M   50.2
:)
:S   M   40.0
:U   M   45.1
:U   M   45.2
:UN  M   50.0
:O
:UN  A    1.6
:U   M   41.0
:R   M   40.0
```

```
Schritt 11
:UN  M   40.6
:U   M   40.0
:U(
:U   M   50.1
:U   M   50.3
:UN  M   45.1
:O   M   50.2
:)
:S   M   41.0
:O   M   50.0
:O   M   41.1
:R   M   41.0
:U   M   41.0
:S   M   45.1
:UN  M   40.0
:R   M   45.1
```

```
Schritt 12
:U   M   41.0
:U   M   50.1
:U   E   14.3
:O
:UN  M   40.0
:U   M   41.0
:U   M   50.2
:S   M   41.1
:O   M   50.0
:O   M   41.2
:R   M   41.1
```

```
Schritt 13
:UN  M   41.0
:U   M   41.1
:U(
:U   M   50.1
:U   E   14.4
:O   M   50.2
:)
:S   M   41.2
:O   M   50.0
:O   M   41.3
:R   M   41.2

Schritt 14
:UN  M   41.1
:U   M   41.2
:U(
:U   M   50.1
:U   E   14.2
:O   M   50.2
:)
:S   M   41.3
:O   M   50.0
:O   M   41.4
:R   M   41.3

Schritt 15
:UN  M   41.2
:U   M   41.3
:U(
:U   M   50.1
:U   T    1
:O   M   50.2
:)
:S   M   41.4
:O   M   50.0
:O   M   40.1
:O
:UN  A    1.6
:U   M   43.0
:R   M   41.4

Schritt 21
:UN  M   40.6
:U   M   40.0
:U   M   50.1
:U   M   50.3
:UN  M   45.2
:O
:UN  M   41.3
:U   M   41.4
:U   M   50.2
:S   M   43.0
:O   M   50.0
:O   M   43.1
:R   M   43.0
:U   M   43.0
:S   M   45.2
:O   M   50.0
:O   M   43.1
:R   M   45.2

Schritt 22
:U   M   43.0
:U   M   50.1
:U   E   14.7
:O
:UN  M   41.4
:U   M   43.0
:U   M   50.2
:S   M   43.1
:O   M   50.0
:O   M   43.2
:R   M   43.1

Schritt 23
:UN  M   43.0
:U   M   43.1
:U(
:U   M   50.1
:U   E   15.0
:O   M   50.2
:)
:S   M   43.2
:O   M   50.0
:O   M   43.3
:R   M   43.2

Schritt 24
:UN  M   43.1
:U   M   43.2
:U(
:U   M   50.1
:U   E   14.6
:O   M   50.2
:)
:S   M   43.3
:O   M   50.0
:O   M   43.4
:R   M   43.3

Schritt 25
:UN  M   43.2
:U   M   43.3
:U(
:U   M   50.1
:U   T    2
:O   M   50.2
:)
:S   M   43.4
:O   M   50.0
:O   M   40.1
:R   M   43.4

Schritt 1
:UN  M   41.3
:U   M   41.4
:UN  M   43.3
:U   M   43.4
:U   M   50.1
:O
:UN  M   43.3
:U   M   43.4
:U   M   50.2
:S   M   40.1
:O   M   50.0
:O
:U   M   45.3
:U   M   45.4
:O
:UN  A    1.6
:U   M   41.5
:R   M   40.1

Schritt 31
:U   M   40.1
:U(
:U   M   50.1
:UN  M   45.3
:O
:UN  M   43.4
:U   M   50.2
:)
:S   M   41.5
:O   M   50.0
:O   M   41.6
:R   M   41.5
:U   M   41.5
:S   M   45.3
:UN  M   40.1
:R   M   45.3

Schritt 32
:U   M   41.5
:U(
:U   M   50.1
:UN  E   14.3
:O
:UN  M   40.1
:U   M   50.2
:)
:S   M   41.6
:O   M   50.0
:O   M   41.7
:R   M   41.6

Schritt 33
:UN  M   41.5
:U   M   41.6
:U(
:U   M   50.1
:U   E   14.1
:O   M   50.2
:)
:S   M   41.7
:O   M   50.0
:O   M   40.2
:O
:UN  A    1.6
:U   M   43.5
:R   M   41.7

Schritt 41
:UN  M   43.4
:U   M   40.1
:U   M   50.1
:UN  M   45.4
:O
:UN  M   41.6
:U   M   41.7
:U   M   50.2
:S   M   43.5
:O   M   50.0
:O   M   43.6
:R   M   43.5
:U   M   43.5
:S   M   45.4
:UN  M   40.1
:R   M   45.4

Schritt 42
:U   M   43.5
:U(
:U   M   50.1
:UN  E   14.7
:O
:UN  M   41.7
:U   M   50.2
:)
:S   M   43.6
:O   M   50.0
:O   M   43.7
:R   M   43.6

Schritt 43
:UN  M   43.5
:U   M   43.6
:U(
:U   M   50.1
:U   E   14.5
:O   M   50.2
:)
:S   M   43.7
:O   M   50.0
:O   M   40.2
:R   M   43.7

Schritt 2
:UN  M   41.6
:U   M   41.7
:UN  M   43.6
:U   M   43.7
:U   M   50.1
:O
:UN  M   43.6
:U   M   43.7
:U   M   50.2
:S   M   40.2
:O   M   50.0
:O
:U   M   45.5
:U   M   45.6
:O
:UN  A    1.6
:U   M   42.0
:R   M   40.2
```

```
Schritt 51
:U    M    40.2
:U(
:U    M    50.1
:UN   M    45.5
:O
:UN   M    43.7
:U    M    50.2
:)
:S    M    42.0
:O    M    50.0
:O    M    42.1
:R    M    42.0
:U    M    42.0
:S    M    45.5
:UN   M    40.2
:R    M    45.5

Schritt 52
:U    M    42.0
:U(
:U    M    50.1
:U    E    14.3
:O
:UN   M    40.2
:U    M    50.2
:)
:S    M    42.1
:O    M    50.0
:O    M    42.2
:R    M    42.1

Schritt 53
:UN   M    42.0
:U    M    42.1
:U(
:U    M    50.1
:U    E    14.4
:O    M    50.2
:)
:S    M    42.2
:O    M    50.0
:O    M    42.3
:R    M    42.2

Schritt 54
:UN   M    42.1
:U    M    42.2
:U(
:U    M    50.1
:U    E    14.2
:O    M    50.2
:)
:S    M    42.3
:O    M    50.0
:O    M    42.4
:R    M    42.3

Schritt 55
:UN   M    42.2
:U    M    42.3
:U(
:U    M    50.1
:U    T       1
:O    M    50.2
:)
:S    M    42.4
:O    M    50.0
:O    M    40.3
:O
:UN   A     1.6
:U    M    44.0
:R    M    42.4

Schritt 61
:UN   M    43.7
:U    M    40.2
:U    M    50.1
:UN   M    45.6
:O
:UN   M    42.3
:U    M    42.4
:U    M    50.2
:S    M    44.0
:O    M    50.0
:O    M    44.1
:R    M    44.0
:U    M    44.0
:S    M    45.6
:UN   M    40.2
:R    M    45.6

Schritt 62
:U    M    44.0
:U(
:U    M    50.1
:U    E    15.2
:O
:UN   M    42.4
:U    M    50.2
:)
:S    M    44.1
:O    M    50.0
:O    M    44.2
:R    M    44.1

Schritt 63
:UN   M    44.0
:U    M    44.1
:U(
:U    M    50.1
:U    T       3
:O    M    50.2
:)
:S    M    44.2
:O    M    50.0
:O    M    40.3
:R    M    44.2

Schritt 3
:UN   M    42.3
:U    M    42.4
:UN   M    44.1
:U    M    44.2
:U    M    50.1
:O
:UN   M    44.1
:U    M    44.2
:U    M    50.2
:S    M    40.3
:O    M    50.0
:O    M    40.4
:R    M    40.3

Schritt 4
:UN   M    42.4
:UN   M    44.2
:U    M    40.3
:U(
:U    M    50.1
:UN   E    14.3
:O    M    50.2
:)
:S    M    40.4
:O    M    50.0
:O    M    40.5
:R    M    40.4

Schritt 5
:UN   M    40.3
:U    M    40.4
:U(
:U    M    50.1
:U    E    14.1
:O    M    50.2
:)
:S    M    40.5
:O    M    50.0
:O    M    40.6
:R    M    40.5

Schritt 6
:UN   M    40.4
:U    M    40.5
:U(
:U    M    50.1
:U    T       4
:O    M    50.2
:)
:S    M    40.6
:O    M    50.0
:O    M    40.0
:R    M    40.6

Zeitglieder
:O    M    41.3
:O    M    42.3
:L    KT  015.2
:SE   T       1
:U    M    43.3
:L    KT  020.2
:SE   T       2
:U    M    44.1
:L    KT  010.2
:SE   T       3
:U    M    40.5
:L    KT  025.2
:SE   T       4
:BE

PB 12
:O    M    40.0
:O    M    40.1
:O    M    40.3
:O    M    40.5
:O    M    41.0
:O    M    41.2
:O    M    41.4
:O    M    41.5
:O    M    41.7
:O    M    42.0
:O    M    42.2
:O    M    42.4
:=    A     1.0
:O    M    40.0
:O    M    40.2
:O    M    40.3
:O    M    40.6
:O    M    41.1
:O    M    41.2
:O    M    41.6
:O    M    41.7
:O    M    42.1
:O    M    42.2
:=    A     1.1
:O    M    40.0
:O    M    40.4
:O    M    40.5
:O    M    40.6
:O    M    41.3
:O    M    41.4
:O    M    42.3
:O    M    42.4
:=    A     1.2
:O    M    40.0
:O    M    41.0
:O    M    41.1
:O    M    41.2
:O    M    41.3
:O    M    41.4
:O    M    41.5
:O    M    41.6
:O    M    41.7
:O    M    42.0
:O    M    42.1
:O    M    42.2
:O    M    42.3
:O    M    42.4
:=    A     1.3
:O    M    40.0
:O    M    41.5
:O    M    41.6
:O    M    41.7
:=    A     1.4
:O    M    40.0
:O    M    42.0
:O    M    42.1
:O    M    42.2
:O    M    42.3
:O    M    42.4
:=    A     1.5
:BE
```

```
PB 13
:U   M   50.4
:U(
:O   M   41.0
:O   M   41.1
:O   M   42.0
:O   M   42.1
:)
:=   A   18.0
:U   M   50.4
:U(
:O   M   41.5
:O   M   41.6
:O   M   40.3
:O   M   40.4
:)
:=   A   18.1
:U   M   50.4
:U(
:O   M   41.3
:O   M   41.4
:O   M   40.1
:O   M   41.5
:O   M   42.3
:O   M   42.4
:O   M   40.3
:)
:=   A   18.2
:U   M   50.4
:U(
:O   M   41.1
:O   M   41.2
:O   M   41.3
:O   M   42.1
:O   M   42.2
:O   M   42.3
:)
:=   A   18.3
:U   M   50.4
:U(
:O   M   43.0
:O   M   43.1
:)
:=   A   18.4
:U   M   50.4
:U(
:O   M   43.5
:O   M   43.6
:)
:=   A   18.5
:U   M   50.4
:U(
:O   M   43.3
:O   M   43.4
:O   M   40.1
:O   M   43.5
:)
:=   A   18.6
:U   M   50.4
:U(
:O   M   43.1
:O   M   43.2
:O   M   43.3
:)
:=   A   18.7
:U   M   50.4
:U   M   40.6
:=   A   19.0
:U   M   50.4
:U(
:O   M   44.0
:O   M   44.1
:O   M   44.2
:O   M   40.5
:)
:=   A   19.1
:U   M   50.4
:U(
:O   M   44.0
:O   M   44.1
:O   M   44.2
:O   M   40.3
:O   M   40.4
:O   M   40.5
:)
:=   A   19.2
:BE
```

Übung 10.1: Taktsteuerung Reklamebeleuchtung

Funktionstabelle:

Takt	Zählerausgänge M4	M3	M2	M1	M0	Ansteuerung der Leuchten H7	H6	H5	H4	H3	H2	H1	H0
0	0	0	0	0	0	1	0	0	0	0	0	0	0
1	0	0	0	0	1	1	1	0	0	0	0	0	0
2	0	0	0	1	0	1	1	1	0	0	0	0	0
3	0	0	0	1	1	1	1	1	1	0	0	0	0
4	0	0	1	0	0	1	1	1	1	1	0	0	0
5	0	0	1	0	1	1	1	1	1	1	1	0	0
6	0	0	1	1	0	1	1	1	1	1	1	1	0
7	0	0	1	1	1	1	1	1	1	1	1	1	1
8	0	1	0	0	0	0	0	0	0	0	0	0	0
9	0	1	0	0	1	1	1	1	1	1	1	1	1
10	0	1	0	1	0	0	0	0	0	0	0	0	0
11	0	1	0	1	1	1	0	0	0	0	0	0	0
12	0	1	1	0	0	1	1	0	0	0	0	0	0
13	0	1	1	0	1	1	1	1	0	0	0	0	0
14	0	1	1	1	0	1	1	1	1	0	0	0	0
15	0	1	1	1	1	1	1	1	1	1	0	0	0
16	1	0	0	0	0	1	1	1	1	1	1	0	0
17	1	0	0	0	1	1	1	1	1	1	1	1	0
18	1	0	0	1	0	1	1	1	1	1	1	1	1
19	1	0	0	1	1	0	0	0	0	0	0	0	0
20	1	0	1	0	0	1	1	1	1	1	1	1	1
21	1	0	1	0	1	0	0	0	0	0	0	0	0
22	1	0	1	1	0	1	1	1	1	1	1	1	1
23	1	0	1	1	1	1	1	1	1	1	1	1	0
24	1	1	0	0	0	1	1	1	1	1	1	0	0
25	1	1	0	0	1	1	1	1	1	1	0	0	0
26	1	1	0	1	0	1	1	1	1	0	0	0	0
27	1	1	0	1	1	1	1	1	0	0	0	0	0
28	1	1	1	0	0	1	1	0	0	0	0	0	0
29	1	1	1	0	1	1	0	0	0	0	0	0	0
30	1	1	1	1	0	0	0	0	0	0	0	0	0
31	1	1	1	1	1	0	0	0	0	0	0	0	0

Realisierung mit einer SPS:

Zuordnung:

Eingänge	Ausgänge	Merker	Dekodierung des Zählers Z1	
S1 = E 0.1	H0 = A 0.0	M0 = M 0.0	A0 = M 1.0	A16 = M 3.0
	H1 = A 0.1	M1 = M 0.1	A1 = M 1.1	A17 = M 3.1
	H2 = A 0.2	M2 = M 0.2	A2 = M 1.2	A18 = M 3.2
	H3 = A 0.3	M3 = M 0.3	A3 = M 1.3	A20 = M 3.4
	H4 = A 0.4	M4 = M 0.4	A4 = M 1.4	A22 = M 3.6
	H5 = A 0.5		A5 = M 1.5	A23 = M 3.7
	H6 = A 0.6	M10 = M10.0	A6 = M 1.6	A24 = M 4.0
	H7 = A 0.7	M11 = M10.1	A7 = M 1.7	A25 = M 4.1
			A9 = M 2.1	A26 = M 4.2
			A11 = M 2.3	A27 = M 4.3
			A12 = M 2.4	A28 = M 4.4
			A13 = M 2.5	A29 = M 4.5
			A14 = M 2.6	
Zeit T1	Zähler Z1		A15 = M 2.7	

Anweisungsliste:

```
Taktgenerator
:U   E   0.1
:UN  M   10.0
:L   KT  010.1
:SE  T   1
:U   T   1
:=   M   10.0

Zaehler
:U   M   10.0
:ZV  Z   1
:O   M   10.1
:ON  E   0.1
:R   Z   1
:L   Z   1
:T   MB  0

Decodierung
:L   Z   1
:L   KF  +32
:!=F
:=   M   10.1

Vergleicher
:UN  M   0.0
:UN  M   0.1
:UN  M   0.2
:UN  M   0.3
:UN  M   0.4
:U   E   0.1
:=   M   1.0
:U   M   0.0
:UN  M   0.1
:UN  M   0.2
:UN  M   0.3
:UN  M   0.4
:=   M   1.1
:UN  M   0.0
:U   M   0.1
:UN  M   0.2
:UN  M   0.3
:UN  M   0.4
:=   M   1.2
:U   M   0.0
:U   M   0.1
:UN  M   0.2
:UN  M   0.3
:UN  M   0.4
:=   M   1.3
:UN  M   0.0
:UN  M   0.1
:U   M   0.2
:UN  M   0.3
:UN  M   0.4
:=   M   1.4
:U   M   0.0
:UN  M   0.1
:U   M   0.2
:UN  M   0.3
:UN  M   0.4
:=   M   1.5
:UN  M   0.0
:U   M   0.1
:U   M   0.2
:UN  M   0.3
:UN  M   0.4
:=   M   1.6
:U   M   0.0
:U   M   0.1
:U   M   0.2
:UN  M   0.3
:UN  M   0.4
:=   M   1.7
:U   M   0.0
:UN  M   0.1
:UN  M   0.2
:U   M   0.3
:UN  M   0.4
:=   M   2.1
:U   M   0.0
:U   M   0.1
:UN  M   0.2
:U   M   0.3
:UN  M   0.4
:=   M   2.3
:UN  M   0.0
:UN  M   0.1
:U   M   0.2
:U   M   0.3
:UN  M   0.4
:=   M   2.4
:U   M   0.0
:UN  M   0.1
:U   M   0.2
:U   M   0.3
:UN  M   0.4
:=   M   2.5
:UN  M   0.0
:U   M   0.1
:U   M   0.2
:U   M   0.3
:UN  M   0.4
:=   M   2.6
:U   M   0.0
:U   M   0.1
:U   M   0.2
:U   M   0.3
:UN  M   0.4
:=   M   2.7
:UN  M   0.0
:UN  M   0.1
:UN  M   0.2
:UN  M   0.3
:U   M   0.4
:=   M   3.0
:U   M   0.0
:UN  M   0.1
:UN  M   0.2
:UN  M   0.3
:U   M   0.4
:=   M   3.1
:UN  M   0.0
:U   M   0.1
:UN  M   0.2
:UN  M   0.3
:U   M   0.4
:=   M   3.2
:UN  M   0.0
:UN  M   0.1
:U   M   0.2
:UN  M   0.3
:U   M   0.4
:=   M   3.4
:UN  M   0.0
:U   M   0.1
:U   M   0.2
:UN  M   0.3
:U   M   0.4
:=   M   3.6
:U   M   0.0
:U   M   0.1
:U   M   0.2
:UN  M   0.3
:U   M   0.4
:=   M   3.7
:UN  M   0.0
:UN  M   0.1
:UN  M   0.2
:U   M   0.3
:U   M   0.4
:=   M   4.0
:U   M   0.0
:UN  M   0.1
:UN  M   0.2
:U   M   0.3
:U   M   0.4
:=   M   4.1
:UN  M   0.0
:U   M   0.1
:UN  M   0.2
:U   M   0.3
:U   M   0.4
:=   M   4.2
:U   M   0.0
:U   M   0.1
:UN  M   0.2
:U   M   0.3
:U   M   0.4
:=   M   4.3
:UN  M   0.0
:UN  M   0.1
:U   M   0.2
:U   M   0.3
:U   M   0.4
:=   M   4.4
:U   M   0.0
:UN  M   0.1
:U   M   0.2
:U   M   0.3
:U   M   0.4
:=   M   4.5

Ansteuerung
:O   M   1.7
:O   M   2.1
:O   M   3.2
:O   M   3.4
:O   M   3.6
:=   A   0.0
:O   M   1.6
:O   M   1.7
:O   M   2.1
:O   M   3.1
:O   M   3.2
:O   M   3.4
:O   M   3.6
:O   M   3.7
:=   A   0.1
:O   M   1.5
:O   M   1.6
:O   M   1.7
:O   M   2.1
:O   M   3.0
:O   M   3.1
:O   M   3.2
:O   M   3.4
:O   M   3.6
:O   M   3.7
:O   M   4.0
:=   A   0.2
:O   M   1.4
:O   M   1.5
:O   M   1.6
:O   M   1.7
:O   M   2.1
:O   M   2.7
:O   M   3.0
:O   M   3.1
:O   M   3.2
:O   M   3.4
:O   M   3.6
:O   M   3.7
:O   M   4.0
:O   M   4.1
:=   A   0.3
:O   M   1.3
:O   M   1.4
:O   M   1.5
:O   M   1.6
:O   M   1.7
:O   M   2.1
```

```
:O   M   2.6
:O   M   2.7
:O   M   3.0
:O   M   3.1
:O   M   3.2
:O   M   3.4
:O   M   3.6
:O   M   3.7
:O   M   4.0
:O   M   4.1
:O   M   4.2
:=   A   0.4
```

```
:O   M   1.2
:O   M   1.3
:O   M   1.4
:O   M   1.5
:O   M   1.6
:O   M   1.7
:O   M   2.1
:O   M   2.5
:O   M   2.6
:O   M   2.7
:O   M   3.0
:O   M   3.1
:O   M   3.2
:O   M   3.4
:O   M   3.6
:O   M   3.7
:O   M   4.0
:O   M   4.1
:O   M   4.2
:O   M   4.3
:=   A   0.5
```

```
:O   M   1.1
:O   M   1.2
:O   M   1.3
:O   M   1.4
:O   M   1.5
:O   M   1.6
:O   M   1.7
:O   M   2.1
:O   M   2.4
:O   M   2.5
:O   M   2.6
:O   M   2.7
:O   M   3.0
:O   M   3.1
:O   M   3.2
:O   M   3.4
:O   M   3.6
:O   M   3.7
:O   M   4.0
:O   M   4.1
:O   M   4.2
:O   M   4.3
:O   M   4.4
:=   A   0.6
:O   M   1.0
:O   M   1.1
```

```
:O   M   1.2
:O   M   1.3
:O   M   1.4
:O   M   1.5
:O   M   1.6
:O   M   1.7
:O   M   2.1
:O   M   2.3
:O   M   2.4
:O   M   2.5
:O   M   2.6
:O   M   2.7
:O   M   3.0
:O   M   3.1
:O   M   3.2
:O   M   3.4
:O   M   3.6
:O   M   3.7
:O   M   4.0
:O   M   4.1
:O   M   4.2
:O   M   4.3
:O   M   4.4
:O   M   4.5
:=   A   0.7
:BE
```

Übung 10.2: CHA-CHA-CHA-FOLGE

Funktonstabelle:

Takt	Zählerausgänge M3	M2	M1	M0	Meldeleuchte H1
0	0	0	0	0	1
1	0	0	0	1	1
2	0	0	1	0	0
3	0	0	1	1	0
4	0	1	0	0	1
5	0	1	0	1	1
6	0	1	1	0	0
7	0	1	1	1	0
8	1	0	0	0	1
9	1	0	0	1	0
10	1	0	1	0	1
11	1	0	1	1	0
12	1	1	0	0	1
13	1	1	0	1	0
14	1	1	1	0	0
15	1	1	1	1	0

Realisierung mit einer SPS:

Zuordnung:

Eingänge	Ausgänge	Merker	Dekodierung des Zählers Z1	Zähler Z1
S1 = E 0.1	H1 = A 0.0	M0 = M 0.0		
		M1 = M 0.1	A0 = M 1.0	Zeit T1
		M2 = M 0.2	A1 = M 1.1	
		M3 = M 0.3	A4 = M 1.4	
			A5 = M 1.5	
		M10 = M10.0	A8 = M 2.0	
		M11 = M10.1	A10 = M 2.2	
			A12 = M 2.4	

Anweisungsliste:

```
Taktgenerator       Decodierung           :=  M   1.5   Ansteuerung
:U   E    0.1       :UN  M    0.0        :UN  M   0.0   :O   M   1.0
:UN  M   10.0       :UN  M    0.1        :UN  M   0.1   :O   M   1.1
:L   KT 002.1       :UN  M    0.2        :UN  M   0.2   :O   M   1.4
:SE  T    1         :UN  M    0.3        :U   M   0.3   :O   M   1.5
:U   T    1         :U   E    0.1        :=   M   2.0   :O   M   2.0
:=   M   10.0       :=   M    1.0        :UN  M   0.0   :O   M   2.2
                    :U   M    0.0        :U   M   0.1   :O   M   2.4
Zaehler             :UN  M    0.1        :UN  M   0.2   :=   A   0.0
:U   M   10.0       :UN  M    0.2        :U   M   0.3   :BE
:ZV  Z    1         :UN  M    0.3        :=   M   2.2
:O   M   10.1       :=   M    1.1        :UN  M   0.0
:ON  E    0.1       :UN  M    0.0        :UN  M   0.1
:R   Z    1         :UN  M    0.1        :U   M   0.2
:L   Z    1         :U   M    0.2        :U   M   0.3
:T   MB   0         :UN  M    0.3        :=   M   2.4
                    :=   M    1.4
Vergleicher         :U   M    0.0
:L   MB   0         :UN  M    0.1
:L   KF +16         :U   M    0.2
:!=F                :UN  M    0.3
:=   M   10.1
```

Übung 10.3 Biegewerkzeug

Ablaufkette und Grundstellung der Anlage AM0 siehe Übung 9.1.

Das Steuerungsprogramm des Betriebsartenteils PB10 und der Befehlsausgabe PB13 kann von der Übungsaufgabe 9.1 unverändert übernommen werden.

Realisierung mit einer SPS:
PB 10: Betriebsartenteil mit Meldungen
PB 11: Ablaufkette mit Schrittanzeige
PB 13: Befehlsausgabe

Zuordnung:

E1 = E 1.1	A0 = A 1.0	B0 = M 50.0	Zähler Z1
E2 = E 1.2	A1 = A 1.1	B1 = M 50.1	
E3 = E 1.3	A2 = A 1.2	B2 = M 50.2	Decodierung
E4 = E 1.4	A3 = A 1.3	B3 = M 50.3	MB10 = MB 10
S0 = E 0.0	A4 = A 1.4	B4 = M 50.4	
S1 = E 0.1	Y1 = A 0.1	AM0 = M 51.0	(s. Lehrbuch
S2 = E 0.2	Y2 = A 0.2	B10 = M 52.0	Seite 179)
S3 = E 0.3	Y3 = A 0.3	B11 = M 52.1	
S4 = E 0.4	Y4 = A 0.4	B12 = M 52.2	
S5 = E 0.5	Y5 = A 0.5	M0 = M 40.0	
S6 = E 0.6	Y6 = A 0.6	M1 = M 40.1	
		M2 = M 40.2	
		M3 = M 40.3	
		M4 = M 40.4	
		M5 = M 40.5	
		M6 = M 40.6	

Anweisungsliste:

```
PB 10              PB 11              :U   M   50.2    PB 13
:U   E    1.2      :U   E    0.1      :ZV  Z    1      :U   M   50.4
:UN  M   52.1      :UN  E    0.2      :L   Z    1      :U   M   40.1
:=   M   52.0      :U   E    0.3      :T   MB  10      :=   A    0.1
:U   M   52.0      :UN  E    0.4      :LC  Z    1      :U   M   50.4
:S   M   52.1      :U   E    0.5      :T   AB  16      :U   M   40.6
:UN  E    1.2      :UN  E    0.6      :L   Z    1      :=   A    0.2
:R   M   52.1      :=   M   51.0      :L   KF +7       :U   M   50.4
:U   M   52.0      :U   M   40.0      :!=F             :U   M   40.2
:U   M   51.0      :U   M   50.1      :R   Z    1      :=   A    0.3
:UN  A    1.4      :U   M   50.3      :UN  M   10.0    :U   M   50.4
:U   E    1.1      :ZV  Z    1        :UN  M   10.1    :U   M   40.3
:UN  M   40.0      :U   M   40.1      :UN  M   10.2    :=   A    0.4
:=   M   50.0      :U   M   50.1      :=   M   40.0    :U   M   50.4
:U   M   51.0      :U   E    0.2      :U   M   10.0    :U   M   40.4
:U   M   52.0      :ZV  Z    1        :UN  M   10.1    :=   A    0.5
:U   M   40.0      :U   M   40.2      :UN  M   10.2    :U   M   50.4
:S   A    1.4      :U   M   50.1      :=   M   40.1    :U   M   40.5
:ON  E    1.1      :U   E    0.4      :UN  M   10.0    :=   A    0.6
:O                 :ZV  Z    1        :U   M   10.1    :BE
:U   M   52.2      :U   M   40.3      :UN  M   10.2
:U   M   40.0      :U   M   50.1      :=   M   40.2
:R   A    1.4      :U   E    0.3      :U   M   10.0
:U   A    1.4      :ZV  Z    1        :U   M   10.1
:=   M   50.1      :U   M   40.4      :UN  M   10.2
:U   A    1.4      :U   M   50.1      :=   M   40.3
:U   E    1.4      :U   E    0.6      :UN  M   10.0
:S   M   52.2      :ZV  Z    1        :UN  M   10.1
:UN  A    1.4      :U   M   40.5      :U   M   10.2
:R   M   52.2      :U   M   50.1      :=   M   40.4
:U   M   52.0      :U   E    0.5      :U   M   10.0
:UN  E    1.1      :ZV  Z    1        :UN  M   10.1
:=   M   50.2      :O   M   50.0      :U   M   10.2
:U   E    0.0      :O                 :=   M   40.5
:U   M   51.0      :U   M   40.6      :UN  M   10.0
:=   M   50.3      :U   M   50.1      :U   M   10.1
:O   A    1.4      :U   E    0.1      :U   M   10.2
:O                 :R   Z    1        :=   M   40.6
:UN  E    1.1                         :BE
:U   E    1.3
:=   M   50.4
:BE
```

Übung 10.4 Rohrbiegeanlage

Ablaufkette und Grundstellung der Anlage AM0 siehe Übung 9.2.

Das Steuerungsprogramm des Betriebsartenteils PB10 und der Befehlsausgabe PB13 kann von der Übungsaufgabe 9.2 unverändert übernommen werden.

Realisierung mit einer SPS:
PB 10: Betriebsartenteil mit Meldungen
PB 11: Ablaufkette mit Schrittanzeige
PB 13: Befehlsausgabe

Zuordnung:

E1 = E 1.1	S1 = E 0.1	S6 = E 0.6
E2 = E 1.2	S2 = E 0.2	S7 = E 0.7
E3 = E 1.3	S3 = E 0.3	S8 = E 1.5
E4 = E 1.4	S4 = E 0.4	S9 = E 1.6
S0 = E 0.0	S5 = E 0.5	

```
 A0 = A 1.0      B0 = M 50.0     M2 = M 40.2     Decodierung
 A1 = A 1.1      B1 = M 50.1     M3 = M 40.3     MB10 = MB 10
 A2 = A 1.2      B2 = M 50.2     M4 = M 40.4
 A3 = A 1.3      B3 = M 50.3     M5 = M 40.5     Zähler Z1
 A4 = A 1.4      B4 = M 50.4     M6 = M 40.6
 W1 = A 0.1     AM0 = M 51.0     M7 = M 40.7     Zeit T1
 W2 = A 0.2     B10 = M 52.0     M8 = M 41.0
MAB = A 0.3     B11 = M 52.1     M9 = M 41.1
MAU = A 0.4     B12 = M 52.2
  H = A 0.5      M0 = M 40.0
  Y = A 0.6      M1 = M 40.1
```

Anweisungsliste:

```
PB 10
:U   E    1.2
:UN  M   52.1
:=   M   52.0
:U   M   52.0
:S   M   52.1
:UN  E    1.2
:R   M   52.1
:U   M   52.0
:U   M   51.0
:UN  A    1.4
:U   E    1.1
:UN  M   40.0
:=   M   50.0
:U   M   51.0
:U   M   52.0
:U   M   40.0
:S   A    1.4
:ON  E    1.1
:O
:U   M   52.2
:U   M   40.0
:R   A    1.4
:U   A    1.4
:=   M   50.1
:U   A    1.4
:U   E    1.4
:S   M   52.2
:UN  A    1.4
:R   M   52.2
:U   M   52.0
:UN  E    1.1
:=   M   50.2
:U   E    0.0
:U   M   51.0
:=   M   50.3
:O   A    1.4
:O
:UN  E    1.1
:U   E    1.3
:=   M   50.4
:BE
```

```
PB 11
:U   E    0.1
:U   E    0.2
:UN  E    0.3
:UN  E    0.4
:U   E    0.5
:UN  E    0.6
:U   E    0.7
:UN  E    1.5
:UN  E    1.6
:=   M   51.0
:U   M   40.0
:U   M   50.1
:U   M   50.3
:ZV  Z   1
:U   M   40.1
:U   M   50.1
:U   E    0.3
:ZV  Z   1
:U   M   40.2
:U   M   50.1
:U   E    0.4
:ZV  Z   1
:U   M   40.3
:U   M   50.1
:U   E    0.6
:ZV  Z   1
:U   M   40.4
:U   M   50.1
:U   E    1.6
:ZV  Z   1
:U   M   40.5
:U   M   50.1
:U   E    1.5
:ZV  Z   1
:U   M   40.6
:U   M   50.1
:U   T   1
:ZV  Z   1
:U   M   40.7
:U   M   50.1
:U   E    0.5
:ZV  Z   1
:U   M   41.0
:U   M   50.1
:U   E    0.7
:ZV  Z   1
:O   M   50.0
:O
:U   M   41.1
:U   M   50.1
:U   E    0.1
:R   Z   1
:U   M   50.2
:ZV  Z   1
:L   Z   1
:T   MB  10
:LC  Z   1
:T   AB  16
:L   Z   1
:L   KF  +10
:!=F
:R   Z   1
:UN  M   10.0
:UN  M   10.1
:UN  M   10.2
:UN  M   10.3
:=   M   40.0
:U   M   10.0
:UN  M   10.1
:UN  M   10.2
:UN  M   10.3
:=   M   40.1
:UN  M   10.0
:U   M   10.1
:UN  M   10.2
:UN  M   10.3
:=   M   40.2
:U   M   10.0
:U   M   10.1
:UN  M   10.2
:UN  M   10.3
:=   M   40.3
:UN  M   10.0
:UN  M   10.1
:U   M   10.2
:UN  M   10.3
:=   M   40.4
:U   M   10.0
:UN  M   10.1
:U   M   10.2
:UN  M   10.3
:=   M   40.5
:UN  M   10.0
:U   M   10.1
:U   M   10.2
:UN  M   10.3
:=   M   40.6
:U   M   10.0
:U   M   10.1
:U   M   10.2
:UN  M   10.3
:=   M   40.7
:UN  M   10.0
:UN  M   10.1
:UN  M   10.2
:U   M   10.3
:=   M   41.0
:U   M   10.0
:UN  M   10.1
:UN  M   10.2
:U   M   10.3
:=   M   41.1
:U   M   40.6
:L   KT  030.1
:SE  T   1
:BE
```

```
PB 13
:U   M  50.4
:U   M  41.1
:=   A   0.1
:U   M  50.4
:U(
:O   M  40.1
:O   M  40.2
:)
:=   A   0.2
:U   M  50.4
:U   M  40.3
:=   A   0.3
:U   M  50.4
:U   M  40.7
:=   A   0.4
:U   M  50.4
:U(
:O   M  40.2
:O   M  40.3
:O   M  40.4
:O   M  40.5
:)
:=   A   0.5
:U   M  50.4
:U(
:O   M  40.5
:O   M  40.6
:)
:=   A   0.6
:BE
```

Übung 12.1: Impulssteuerung einer Heizung

Funktionsplan:

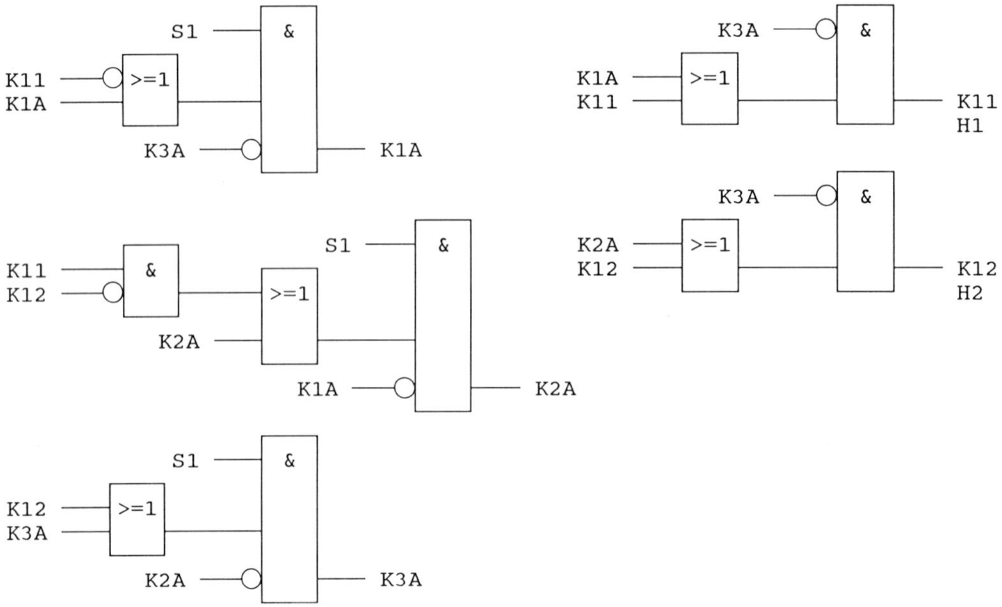

Realisierung mit einer SPS:

Zuordnung:

```
S1 = E 0.1    K11 = A 0.1    K1A = M 0.1
              K12 = A 0.2    K2A = M 0.2
              H1  = A 0.3    K3A = M 0.3
              H2  = A 0.4
```

Anweisungsliste:

```
:U   E   0.1
:U(
:ON  A   0.1
:O   M   0.1
:)
:UN  M   0.3
:=   M   0.1

:U   E   0.1
:U(
:U   A   0.1
:UN  A   0.2
:O   M   0.2
:)
:UN  M   0.1
:=   M   0.2

:U   E   0.1
:U(
:O   A   0.2
:O   M   0.3
:)
:UN  M   0.2
:=   M   0.3

:UN  M   0.3
:U(
:O   M   0.1
:O   A   0.1
:)
:=   A   0.1
:=   A   0.3

:UN  M   0.3
:U(
:O   M   0.2
:O   A   0.2
:)
:=   A   0.2
:=   A   0.4
:BE
```

Übung 12.2: Reklamebeleuchtung

Funktionsplan:

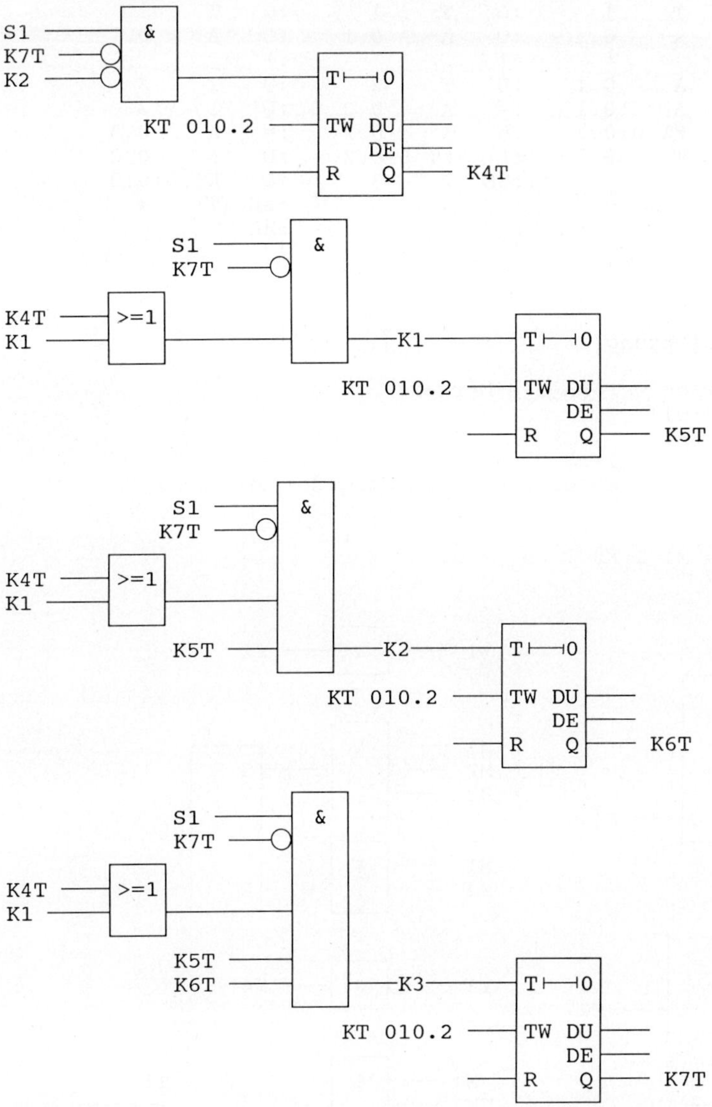

Realisierung mit einer SPS:

Zuordnung:

S1 = E 0.1	K1 = A 0.1	K4T = T1
	K2 = A 0.2	K5T = T2
	K3 = A 0.3	K6T = T3
		K7T = T4

Anweisungsliste:

```
:U   E   0.1
:UN  T   4
:UN  A   0.2
:L   KT 010.2
:SE  T   1
```

```
:U   E   0.1
:UN  T   4
:U(
:O   T   1
:O   A   0.1
:)
:=   A   0.1
:U   A   0.1
:L   KT 010.2
:SE  T   2
```

```
:U   E   0.1
:UN  T   4
:U(
:O   T   1
:O   A   0.1
:)
:U   T   2
:=   A   0.2
:U   A   0.2
:L   KT 010.2
:SE  T   3
```

```
:U   E   0.1
:UN  T   4
:U(
:O   T   1
:O   A   0.1
:)
:U   T   2
:U   T   3
:=   A   0.3
:U   A   0.3
:L   KT 010.2
:SE  T   4
:BE
```

Übung 12.3: Bohrvorrichtung

Den zwei Impulsventilen werden die Merker:
  Impulsventil 0.2 = M1
  Impulsventil 0.3 = M2
zugewiesen.
Für die drei Sammelleitungen ergeben sich folgende logische Zuordnungen:

$a_1 = M1 \;\&\; \overline{M2}$ $\quad a_2 = M1 \;\&\; M2$ $\quad a_3 = \overline{M1}$

Funktionsplan:

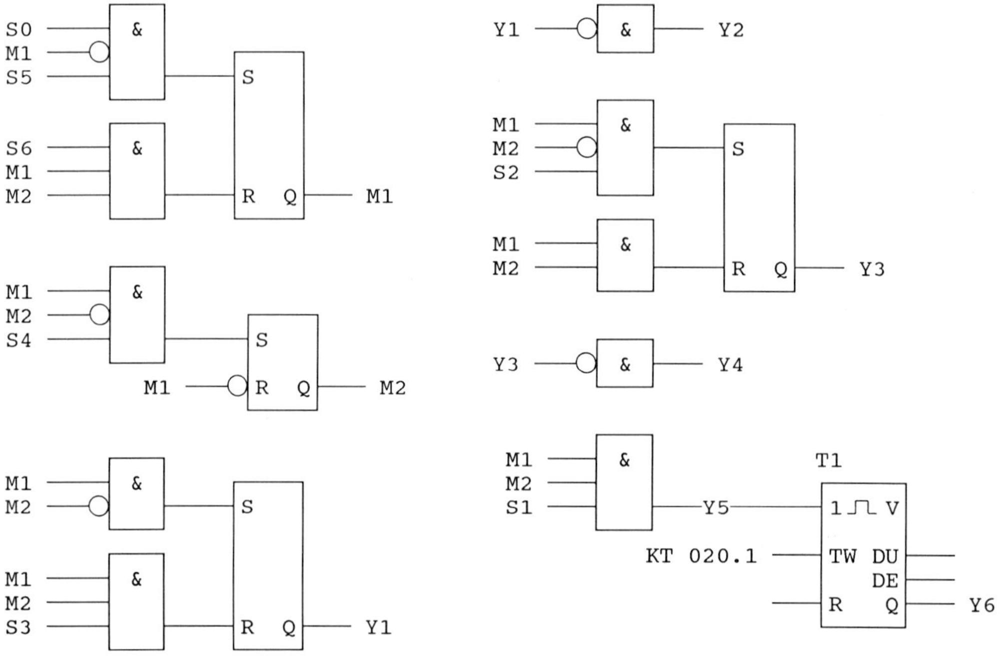

Realisierung mit einer SPS:

Zuordnung:

S0 = E 0.0	Y1 = A 0.1	M1 = M 0.1
S1 = E 0.1	Y2 = A 0.2	M2 = M 0.2
S2 = E 0.2	Y3 = A 0.3	
S3 = E 0.3	Y4 = A 0.4	
S4 = E 0.4	Y5 = A 0.5	
S5 = E 0.5	Y6 = A 0.6	
S6 = E 0.6		

Anweisungsliste:

```
:U   E   0.0   :U   M   0.1   :UN  A   0.1   :UN  A   0.3
:UN  M   0.1   :UN  M   0.2   :=   A   0.2   :=   A   0.4
:U   E   0.5   :U   E   0.4
:S   M   0.1   :S   M   0.2   :U   M   0.1   :U   M   0.1
:U   E   0.6   :UN  M   0.1   :UN  M   0.2   :U   M   0.2
:U   M   0.1   :R   M   0.2   :U   E   0.2   :U   E   0.1
:U   M   0.2                  :S   A   0.3   :=   A   0.5
:R   M   0.1   :U   M   0.1   :U   M   0.1   :U   A   0.5
               :UN  M   0.2   :U   M   0.2   :L   KT 020.1
               :S   A   0.1   :R   A   0.3   :SV  T   1
               :U   M   0.1                  :U   T   1
               :U   M   0.2                  :=   A   0.6
               :U   E   0.3                  :BE
               :R   A   0.1
```

Übung 13.1: Festpunktzahl

a) $Z = 1 * 2^{12} + 1 * 2^3 + 1 * 2^2 + 1 * 2^1 + 1 * 2^0$
   $Z = 4096 + 8 + 4 + 2 + 1 = 4111$ dezimal

b) Bei Wahl des Operandenformats KF wird angezeigt:
   KF = +04111

Übung 13.2: KM/KH/KY/KC/KF

KM = 00100110 00111111
KH = 263F
KY = 38;63
KC = &?
KF = +09791

Übung 13.3 Gleitpunktzahlausgabe

a) Z = -4 dezimal

b) KM= $\underbrace{00000010}_{= 2^2}\ \underbrace{10000000\ 00000000\ 00000000}_{= -1}$

   oder

   KM= $\underbrace{00000011}_{= 2^3}\ \underbrace{10111111\ 11111111\ 11111111}_{= -0{,}5}$

   Beide Darstellungen sind möglich. Das PG/AG führt die erste Darstellung der Zahl aus.

Übung 13.4: Gleitpunktzahleingabe

Mantisse 0,1234567
Potenz 10^{+2}

} KG = +1234567 +02

Übung 13.5: Negativer Zahlenwert

```
L KF -00128
L KH FF80
L KM 11111111 10000000
```

Übung 13.6: BCD-codierte Ziffernanzeige

a) Z1: KF = +00012 -> KM = 0000 0000 0000 1100

Anzeige: 0 0 0 dunkel falsch!

b) Z2: KF = +01897 -> KM = 0000 0111 0110 1001

Anzeige: 0 7 6 9 falsch!

Um die Zahlen Z1 und Z2 richtig anzeigen zu lassen, müßte vor der Ausgabe noch eine Codewandlung DUAL -> BCD durchgeführt werden.

Übung 13.7: BCD-codierter Zahleneinsteller

a) Der Ladebefehl kopiert das anliegende Bitmuster in das Merkerwort:
KM = 0001 0010 0011 0100

b) Der Zahlenwert wird als Dualzahl gelesen:

$$Z = 1 * 2^{12} + 1 * 2^{9} + 1 * 2^{5} + 1 * 2^{4} + 1 * 2^{2}$$
$$Z = 4096 + 512 + 32 + 16 + 4 = +4660 \text{ dezimal}$$

Übung 13.8: Hexadezimalzahl

Zunächst muß die Konstante in den Akkumulator geladen werden. Von dort wird sie zum Merkerwort transferiert. Die Konstante muß in diesem Fall mit dem Operandenformat "Hexadezimal" geladen werden, da die Bitmuster der Ziffern 0 ... 9 bei HEX-Zahlen und BCD-Zahlen gleich sind.

```
L KH 1590
T MW 10
```

Übung 13.9: ASCII-Zeichen

a) In 1 Datenwort passen 2 ASCII-Zeichen hinein. Auch die Leerstelle ist ein ASCII-Zeichen:
14 ASCII-Zeichen = 7 Datenworte

b) KC

c)
```
S  T  O  E  R  U  N  G     M  O  T  O  R
53 54 4F 45 52 55 4E 47 20 4D 4F 54 4F 52
```

Übung 14.1: 1 -> 0-Signalwechsel

Anweisungsliste:

```
OB 1
     :SPA FB   1
NAME :SIG1-0
     :BE

FB 1
NAME :SIG1-0
     :L   MB   0          Daten "alt"                00001100
     :L   EB   0          Daten "neu"                00001001
     :XOW                 EXOR-Wort ergibt:
     :                    Aenderungsmuster (Akku)    00000101
     :L   MB   0          Daten "alt"                00001100
     :UW                  UND-Wort ergibt:
     :                    1-0-Aenderungsmuster       00000100
     :L   AB   0          1-0-Aenderungen "alt"zB.00100000
     :OW                  OR-Wort
     :T   AB   0          1-0-Aenderungen "neu"      00100100
     :L   EB   0          Daten "neu"                00001001
     :T   MB   0          zum Zwischenspeicher:      00001001
     :                    Diese Daten sind im naechsten
     :                    Programmzyklus dann die Daten
     :                    "alt".
     :UN  E    1.0        Abfrage Quittiertaste,
     :BEB                 wenn nicht betaetigt: Ende
     :L   KB 0            wenn betaetigt: Loeschmuster
     :                                    laden.
     :T   AB   0          Ausgabebyte loeschen.
     :BE
```

Übung 14.2: Formatwandlung einer negativen Zahl

Anweisungsliste:

```
OB 1
     :SPA FB   1
NAME :MESSUMF
     :BE

FB 1
NAME :MESSUMF
     :L   EB   0          Einlesen Messwertbyte,
     :T   MB   0          Uebergabe an Zwischenspeicher.
     :
     :U   M    0.7        Vorzeichen-Bit 07 einlesen.
     :SPB =M001           Sprung zu Marke 001, wenn
     :                    VZ-Bit = 1 (negative Zahl).
     :
     :L   MB   0          Positiver Messwert zur Weiter-
     :T   MB  10          verarbeitung in MB10 bereit.
     :BEA
     :
M001 :R   M    0.7        Negatives VZ-Bit 07 im Zwischen-
     :L   MB   0          speicher loeschen und vom Inhalt
     :KZW                 des Merkerwortes MW0 das Zweier-
     :                    komplement bilden.
     :T   MB  10          Negativer Messwert zur Weiter-
     :BE                  verarbeitung in MB10 bereit.
```

Übung 14.3: Zahl-Bitmuster-Vergleich

Anweisungsliste:

```
OB 1
     :SPA PB    1
     :BE

PB 1
     :SPA FB    1             Zahl-Bitmuster-Vergleich, 1.Ber.
NAME :VERGL
UGR1 :     KH 0801            unterer Grenzwert 1.Ber.: UGR1
UGR2 :     KH 0811            unterer Grenzwert 2.Ber.: UGR2
SOLL :     KH 00AA            Hebelstellungen: 10101010 =AAHex
     :
     :U   A     0.0           Abfrage Freigabe-Ausgang,
     :BEB                     Pruefung Bereich 801-810 beendet
     :
     :SPA FB    1             Zahl-Bitmuster-Vergleich, 2.Ber.
NAME :VERGL
UGR1 :     KH 0811            unterer Grenzwert 2.Ber.: UGR1
UGR2 :     KH 0821            unterer Grenzwert 3.Ber.: UGR2
SOLL :     KH 009A            Hebelstellungen: 10011010 =9AHex
     :
     :U   A     0.0           Abfrage Freigabe-Ausgang,
     :BEB                     Pruefung Bereich 811-820 beendet
     :
     :SPA FB    1             Zahl-Bitmuster-Vergleich, 3.Ber.
NAME :VERGL
UGR1 :     KH 0821            unterer Grenzwert 3.Ber.: UGR1
UGR2 :     KH 0831            unterer Grenzwert 4.Ber.: UGR2
SOLL :     KH 0096            Hebelstellungen: 10010110 =96Hex
     :
     :U   A     0.0           Abfrage Freigabe-Ausgang,
     :BEB                     Pruefung Bereich 821-830 beendet
     :
     :SPA FB    1             Zahl-Bitmuster-Vergleich, 4.Ber.
NAME :VERGL
UGR1 :     KH 0831            unterer Grenzwert 3.Ber.: UGR1
UGR2 :     KH 0841            unterer Grenzwert 4.Ber.: UGR2
SOLL :     KH 0059            Hebelstellungen: 01011001 =59Hex
     :
     :U   A     0.0           Abfrage Freigabe-Ausgang,
     :BEB                     Pruefung Bereich 831-840 beendet
     :
     :SPA FB    1             Zahl-Bitmuster-Vergleich, 5.Ber.
NAME :VERGL
UGR1 :     KH 0841            unterer Grenzwert 4.Ber.: UGR1
UGR2 :     KH 0851            unterer Grenzwert 5.Ber.: UGR2
SOLL :     KH 0055            Hebelstellungen: 01010101 =55Hex
     :
     :U   A     0.0           Abfrage Freigabe-Ausgang,
     :BE                      Pruefung Bereich 841-850 beendet
```

```
FB 1
NAME :VERGL
BEZ  :UGR1       E/A/D/B/T/Z: D  KM/KH/KY/KC/KF/KT/KZ/KG: KH
BEZ  :UGR2       E/A/D/B/T/Z: D  KM/KH/KY/KC/KF/KT/KZ/KG: KH
BEZ  :SOLL       E/A/D/B/T/Z: D  KM/KH/KY/KC/KF/KT/KZ/KG: KH
     :R   A    0.0         Loeschen des Freigabe-Ausgangs.
     :
     :L   EW  12           Sollwertvorgabe laden,
     :LW  =UGR1            unteren Grenzwert UGR1 laden,
     :<F                   Vergleich auf UGR1 < EW12,
     :BEB                  wenn ja, Ende.
     :L   EW  12           Sollwertvorgabe laden,
     :LW  =UGR2            unteren Grenzwert UGR2 laden,
     :<F                   Vergleich auf UGR2 < EW12,
     :SPB =M001            Sprung zu M001, wenn Sollwert-
     :BEB                  bereich gefunden, sonst Ende.
     :
M001 :L   EB   0           Getriebehebelstellungen IST-Wert
     :LW  =SOLL            Getriebehebelstellungen SOLL,
     :!=F                  Vergleich
     :S   A    0.0         Freigabe-Ausgang setzen,da
     :BE                   Uebereinstimmung.
```

Übung 14.4: Sollwertvorgabe für Rezeptsteuerung

Anweisungsliste:

```
OB 1
     :SPA PB   1
     :BE

PB 1
     :U   E    0.0         Wischerimpuls
     :UN  M    0.1
     :=   M    0.0
     :S   M    0.1
     :UN  E    0.0
     :R   M    0.1         Rezeptuebergabe vom Datenbau-
     :                     stein zum Merkerbereich starten.
     :U   M    0.0
     :SPB FB   1
NAME :SOLLWERT
     :                     Quittungssignal loescht
     :                     Stoermeldungsanzeige.
     :U   E    0.1
     :R   A    0.0
     :BE
DB10
   0:      KH = 0000;      Rezeptnummer
   1:      KH = 0000;      Anfangsadresse Rezept
   2:      KH = 0000;      Adresse fuer Merkerworte
   3:      KH = 0000;
   4:      KH = 1A1A;      Menge QA1
   5:      KH = 1B1B;      Menge QB1
   6:      KH = 1C1C;      Temperatur TEMP1
   7:      KH = 0000;
   8:      KH = 2A2A;      Menge QA2
   9:      KH = 2B2B;      Menge QB2
  10:      KH = 2C2C;      Temperatur TEMP2
  11:      KH = 0000;
  12:      KH = 3A3A;      Menge QA3
  13:      KH = 3B3B;      Menge QB3
  14:      KH = 3C3C;      Temperatur TEMP3
  15:
```

```
FB 1
NAME :SOLLWERT
     :A   DB  10        Aufruf Datenbaustein DB10.
     :
     :L   KF +0         Schrittzaehler auf Anfangs-
     :T   MB  16        wert 0 setzen.
     :
     :L   EB  12        Rezeptnummer laden,
     :L   KH 0003       hoechste Rezeptnummer,
     :>F                Vergleich,
     :SPB =M001         Sprung zu Stoermeldung, wenn
     :                  Rezeptnummer > 3.
     :
     :L   EB  12        Rezeptnummer laden,
     :L   KH 0001       kleinste Rezeptnummer,
     :<F                Vergleich,
     :SPB =M001         Sprung zu Stoermeldung, wenn
     :                  Rezeptnummer < 1.
     :
     :L   EB  12        Rezeptnummer laden,
     :T   DW   0        Rezeptnummer in DW0 speichern,
     :SLW      2        Rezeptnummer mal 4 = Anfangsadr.
     :T   DW   1        Anfangsadresse in DW1 speichern.
     :
     :L   KF +10        Adresse fuer Merkerwort MWQA,
     :T   DW   2        zum Adressenregister bringen.
     :
M002 :B   DW   1        Laden des Datenwortes, dessen
     :L   DW   0        Nummer in DW1 steht.
     :
     :B   DW   2        Akkuinhalt zu dem Merkerwort
     :T   MW   0        transferieren, dessen Nummer
     :                  in DW2 steht.
     :
     :L   MB  16        Schrittzaehler um 1 erhoehen.
     :I        1
     :T   MB  16
     :
     :L   MB  16        Abbruch nach 3. Schritt, d.h.
     :L   KF +3         Mengen QA, QB un TEMP sind
     :!=F               uebertragen.
     :BEB
     :
     :L   DW   2        Stand des Adressenregisters
     :I        2        laden und um 2 erhoehen, um so
     :T   DW   2        von MW10 fuer MWQA nach Merker-
     :                  wort MW12 fuer MWQB und dann
     :                  nach MW14 fuer MWTEMP zu kommen.
     :
     :L   DW   1        Stand des Rezeptnummernregisters
     :I        1        laden und um 1 erhoehen, um so
     :T   DW   1        von Menge QA ueber Menge QB zu
     :                  Temperaturwert TEMP zu kommen.
     :
     :SPA =M002         Sprung zum Schleifenanfang.
     :
M001 :S   A    0.0      Stoermeldung einschalten, da
     :BE                falsche Rezeptnummer.
```

Übung 14.5: Qualitätskontrolle mit Fehlerauswertung

Anweisungsliste:

```
OB 1
     :U   E    0.6          Beim Einschalten von S6 mit dem
     :SPB PB   1            Bearbeitungszyklus beginnen.
     :
     :UN  E    0.6          Beim Ausschalten von S6 Merker,
     :SPB FB   2            Ausgaenge und Zaehler loeschen.
NAME :LOESCHEN
     :BE

PB 1
     :U   E    0.0          Flankenauswertung fuer Pruef-
     :UN  M    0.1          signal S5.
     :=   M    0.0
     :S   M    0.1
     :UN  E    0.0
     :R   M    0.1
     :
     :U   M    0.0          Bei Pruefsignal S5 einen Pruef-
     :SPB FB   1            vorgang durchfuehren.
NAME :QUALIT-K
     :
     :U   E    0.6          Flankenauswertung fuer Ein-
     :UN  M    0.7          schalten der Anlage durch S6.
     :=   M    0.6
     :S   M    0.7
     :UN  E    0.6
     :R   M    0.7
     :
     :O   M    0.6          Bei Einschalten der Anlage und
     :O   M    0.0          bei jedem Pruefvorgang das
     :L   KT 005.2          Zeitglied 5sec starten.
     :SV  T    1
     :
     :U   T    1            Bandmotor A1 einschalten solange
     :=   A    0.1          Zeitglied laeuft.
     :
     :O   M    1.0          Weiche A0 fuer Ausschuss stellen
     :O   M    2.0
     :O   M    3.0
     :O   M    4.0
     :O   M    5.0
     :=   A    0.0
     :
     :U   M    0.0          Fehler zaehlen fuer
     :U   M    1.0          Pruefstelle K0
     :ZV  Z    0
     :
     :U   M    0.0          Fehler zaehlen fuer
     :U   M    2.0          Pruefstelle K1
     :ZV  Z    1
     :
```

```
      :U   M    0.0        Fehler zaehlen fuer
      :U   M    3.0        Pruefstelle K2
      :ZV  Z    2
      :
      :U   M    0.0        Fehler zaehlen fuer
      :U   M    4.0        Pruefstelle K3
      :ZV  Z    3
      :
      :U   M    0.0        Fehler zaehlen fuer
      :U   M    5.0        Pruefstelle K4
      :ZV  Z    4
      :BE

FB 1
NAME :QUALIT-K
      :L   MB   4          Verschiebung der "alten" Fehler
      :SRW      1          um eine Stelle nach rechts
      :T   MB   5          fuer jeden Bandvorschub und
      :                    Weitergabe an das nachfolgende
      :L   MB   3          Fehlerspeicherregister.
      :SRW      1
      :T   MB   4
      :
      :L   MB   2
      :SRW      1
      :T   MB   3
      :
      :L   MB   1
      :SRW      1
      :T   MB   2
      :
      :L   EB   1          Einlesen eventueller "neuer"
      :T   MB   1          Fehler.
      :BE

FB 2
NAME :LOESCHEN
      :R   A    0.0        Loeschen der Ausgaenge fuer
      :R   A    0.1        Weiche A0 und Bandmotor A1,
      :
      :R   Z    0          Ruecksetzen der Fehlerzaehler,
      :R   Z    1
      :R   Z    2
      :R   Z    3
      :R   Z    4
      :
      :L   KB 0            Loeschen der Fehlerregister
      :T   MB   1          beim Ausschalten der Anlage.
      :T   MB   2
      :T   MB   3
      :T   MB   4
      :T   MB   5
      :BE
```

Übung 14.6: Parametrierter Funktionsbaustein

Anweisungsliste:

PB 1

Das im FB1 ausgefuehrte Programm lautet mit den Daten von PB1:

```
:U   E    0.0
:L   KT 025.0
:SE  T    1
:U   T    1
:=   A    0.0
:
:U   E    0.1
:L   KZ 005
:S   Z    1
:
:SPA PB  10
:BE
```

PB 2

Das im FB1 ausgefuehrte Programm lautet mit den Daten von PB2:

```
:U   E    1.0
:L   KT 001.2
:SE  T    2
:U   T    2
:=   A    1.0
:
:U   E    0.1
:L   KZ 010
:S   Z    2
:
:SPA PB  20
:BE
```

Übung 15.1: Anzeigenauswahl

Realisierung mit einer SPS:

Zuordnung:

```
S0 = E 0.0     AW = AW 16 (BCD-codiert)     Zähler: Z1
S1 = E 0.1                                          Z2
S2 = E 0.2
S3 = E 0.3
```

Anweisungsliste:

OB 1

```
     :SPA FB   1
NAME :ANZEIGE
     :BE
```

FB 1

```
NAME :ANZEIGE
     :U   E    0.1
     :ZV  Z    1
     :UN  E    0.0
     :R   Z    1
     :
     :U   E    0.2
     :ZV  Z    2
     :UN  E    0.0
     :R   Z    2
     :
     :U   E    0.3
     :SPB =M001
     :LC  Z    2
     :T   AW  16
     :BEA
     :
M001 :LC  Z    1
     :T   AW  16
     :BE
```

Übung 15.2: Sollwert-Begrenzer

Funktionsplan als Grobstruktur:

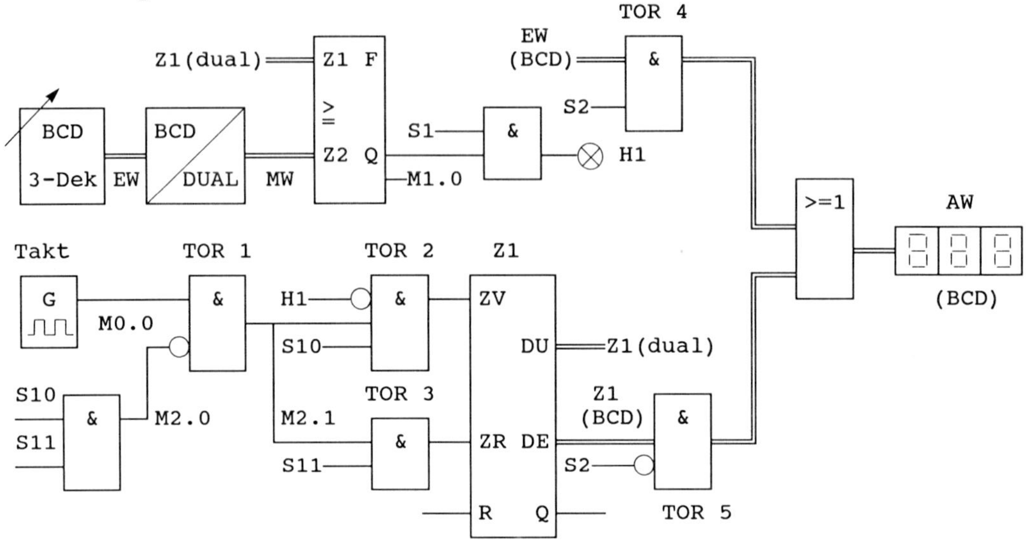

Programmstruktur:

PB1

1. Taktgenerator
2. Wandlung Dual-BCD
3. Ausgabe Grenzwert erreicht

FB1

1. Aufwärtszählen und Grenzwert
2. Abwärtszählen
3. Verriegelungen
4. Ausgabe Sollwert (Grenzwert)

Realisierung mit einer SPS:

Zuordnung:

S1 = E 0.1	EW = EW 12	M 0.0 Takt	MW = MW 12
S2 = E 0.2	H1 = A 0.0	M 1.0 Hilfsmerker	Z1 = Zähler
S10 = E 1.0	AW = AW 16	M 2.0 "	
S11 = E 1.1		M 2.1 "	

Anweisungsliste:

```
PB 1
     :UN  M     0.0         Taktgeber mit 4 Impulse pro
     :L   KT 025.0          sekunde.
     :SE  T     1
     :U   T     1
     :=   M     0.0
     :
     :SPA FB    1           Zaehler fuer Sollwerteinstellung
NAME :ZAEHLER
     :
     :SPA FB  240           Einlesen des Grenzwertes:
NAME :COD:B4
BCD  :    EW   12              * Grenzwert (BCD-codiert)
SBCD :    M  100.0
DUAL :    MW   12              * Grenzwert (dual-codiert)
     :
     :L   Z     1           Grenzwertueberwachung Zaehler
     :L   MW   12
     :>=F
     :=   M     1.0
     :BE
```

```
FB 1
NAME :ZAEHLER
     :U   E    1.0          Fehlererkennung
     :U   E    1.1          Sollwert soll gleichzeitig
     :=   M    2.0          erhoeht und vermindert werden
     :
     :U   M    0.0          Tor 1
     :UN  M    2.0
     :=   M    2.1
     :
     :U   E    0.1          Anzeige Grenzwert erreicht
     :U   M    1.0          oder ueberschritten
     :=   A    0.0
     :
     :UN  A    0.0          Tor 2
     :U   M    2.1
     :U   E    1.0
     :ZV  Z    1            Vorwaertszaehlen
     :
     :U   M    2.1          Tor 3
     :U   E    1.1
     :ZR  Z    1            Rueckwaertszaehlen
     :
     :U   E    0.2          Tor 4
     :SPB =M001
     :
     :LC  Z    1            Tor 5
     :T   AW   16              * Anzeige aktueller Sollwert
     :BEA
     :
M001 :L   EW   12
     :T   AW   16              * Anzeige Grenzwert
     :BE
```

Übung 15.3: Sollwertnachführung

Funktionsplan als Grobstruktur:

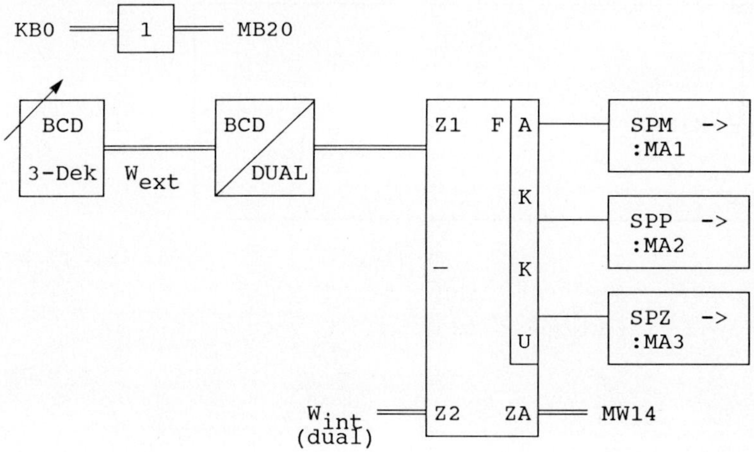

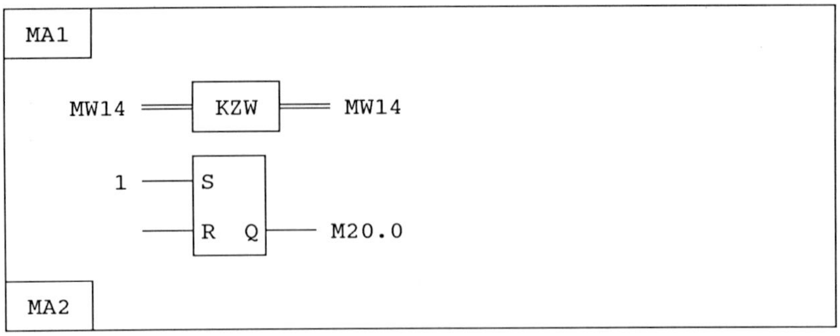
MA1
MW14
KZW
MW14
1
S
R Q
M20.0
MA2

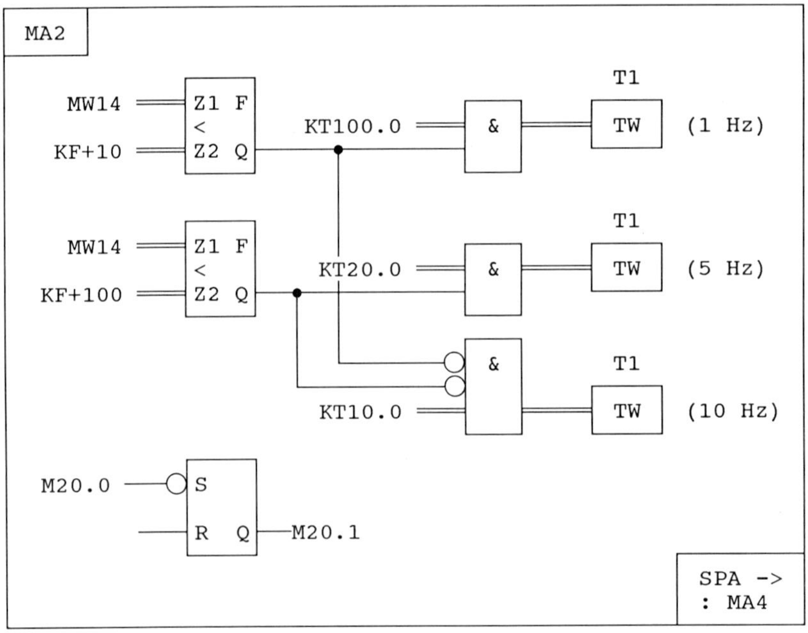
MA2
MW14
KF+10
Z1 F
<
Z2 Q
KT100.0
&
T1
TW
(1 Hz)
MW14
KF+100
Z1 F
<
Z2 Q
KT20.0
&
T1
TW
(5 Hz)
&
T1
KT10.0
TW
(10 Hz)
M20.0
S
R Q
M20.1
SPA ->
: MA4

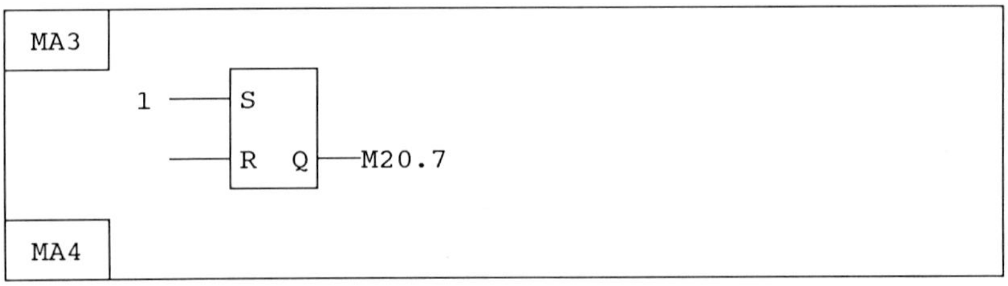
MA3
1
S
R Q
M20.7
MA4

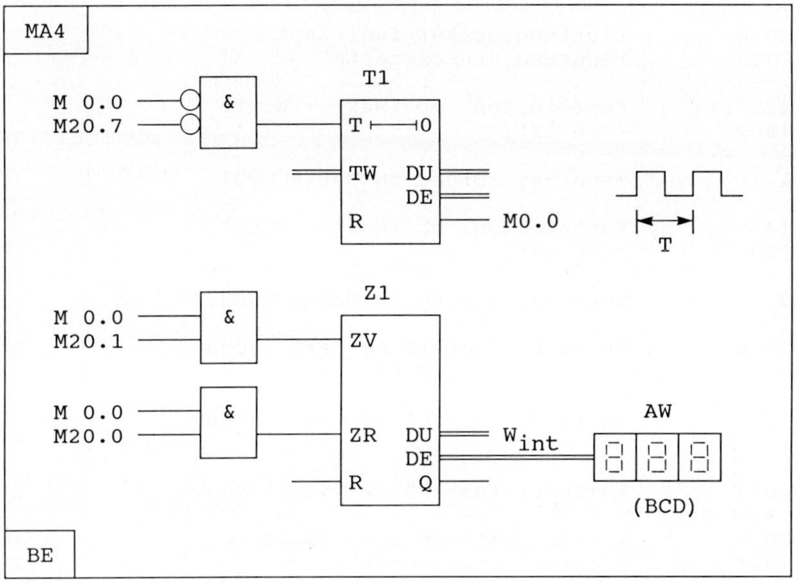

Realisierung mit einer SPS:

Zuordnung:

W_{ext} = EW12	W_{int} = Z1 (dual)	M 0.0	Takt
	AW = AW16	M20.0	Richtungsmerker Ab
	T1 = Zeitglied	M20.1	Richtungsmerker Auf
	Z1 = Zähler	M20.7	Merker Taktstop
		MW12	Wext (dual-codiert)
		M14	Ergebnis (W_{ext}-W_{int})

Anweisungsliste:

FB 1

Zur uebersichtlicheren Darstellung des Programms werden die Sprungmarken MA1 MA2, MA3, MA4 fuer den Programmablauf nach der Rechenoperation (Wext - Wint) und die Sprungmarken M001, M002, M003 fuer die 3 verschiedenen Zeitwerte KT verwendet. Beim Programmlauf im Automatisierungsgeraet werden die Sprungmarken vom AG umbenannt.

```
NAME :SOLLWERT
     :L   KB 0          Ruecksetzen der Merker
     :T   MB  20        M 20.0, M20.1 und M 20.7
     :
     :SPA FB 240        Sollwert einlesen*
NAME :COD:B4
BCD  :    EW  12           *Sollwert (BCD-codiert)
SBCD :    M  100.0
DUAL :    MW  12           *Sollwert (dual-codiert)
     :
     :L   MW  12        Rechenoperation (Wext - Wint)
     :L   Z    1
     :-F
     :T   MW  14        Ergebnis
     :SPM =MA1          Sprung, wenn Ergebnis negativ.
     :SPP =MA2          Sprung, wenn Ergebnis positiv.
     :SPZ =MA3          Sprung, wenn Ergebnis Null.
     :
MA1  :L   MW  14        Vorzeichenumkehr bei negativen
     :KZW               Ergebnis in MW14.
     :T   MW  14
```

```
      :
      :S   M   20.0      Richtungsmerker fuer Zaehl-
      :                  richtung "rueckwaerts".
      :
MA2   :L   MW  14        Feststellen, ob (Wext - Wint)
      :L   KF +10        < 10 ist.
      :<F
      :SPB =M001         Wenn ja, Sprung zu Marke M001.
      :
      :L   MW  14        Feststellen, ob (Wext - Wint)
      :L   KF +100       <100 ist.
      :<F
      :SPB =M002         Wenn ja, sprung zu Marke M002.
      :
      :L   KT 010.0      Zeitwert fuer 10 Hz-Takt laden.
      :SPA =M003
      :
M001  :L   KT 100.0      Zeitwert fuer  1 Hz-Takt laden.
      :SPA =M003
      :
M002  :L   KT 020.0      Zeitwert fuer  5 Hz-Takt laden.
      :
M003  :UN  M   20.0      Richtungsmerker fuer Zaehl-
      :S   M   20.1      richtung "vorwaerts".
      :SPA =MA4
      :
MA3   :S   M   20.7      Hilfsmerker fuer Takt-Stop
      :                  setzen, da Istwert = Sollwert.
      :
MA4   :UN  M    0.0      Taktgenerator
      :UN  M   20.7
      :SE  T    1
      :U   T    1
      :=   M    0.0
      :
      :U   M    0.0      Zaehler (Sollwert)
      :U   M   20.1
      :ZV  Z    1
      :U   M    0.0
      :U   M   20.0
      :ZR  Z    1
      :LC  Z    1        Ausgabe Sollwert an Ziffern-
      :T   AW  16        anzeige (BCD-codiert).
      :BE
```

Übung 15.4: Zeitabhängiges Schrittschaltwerk

Funktionsplan als Grobstruktur:

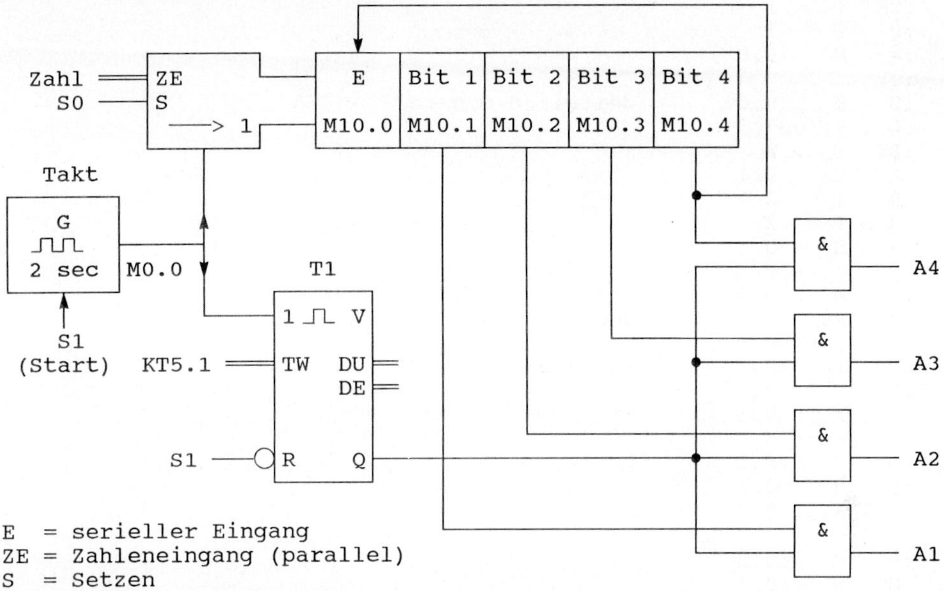

E = serieller Eingang
ZE = Zahleneingang (parallel)
S = Setzen
1 = Schieben: 1x rechts

Programmstruktur:

PB1

1. Flankenauswertung S0
2. Ringschieberegister setzen: M10.0 = 1
4. Taktgeber
5. SPB FB1
6. Ausgabe
7. Löschen

FB1

1. Bitmuster schieben
2. Ring schließen

Realisierung mit einer SPS:

Zuordnung:

S0 = E 0.0	A1 = A 0.1	MW10	Ringschieberegister
S1 = E 0.1	A2 = A 0.2	M 0.0	Takt
	A3 = A 0.3	T1	Zeitglied für Takt
	A4 = A 0.4	T2	Zeitglied Impulsausgabe

Anweisungsliste:

PB 1

```
      :U   E    0.0        Hauptschalter S0:
      :UN  M    1.1        Flankenauswertung fuer
      :=   M    1.0        0-->1-Flanke.
      :S   M    1.1
      :UN  E    0.0
      :R   M    1.1
      :
      :U   M    1.0
      :S   M   10.0
      :R   M   10.1
      :R   M   10.2
      :R   M   10.3
      :R   M   10.4
      :
```

```
      :U   E    0.1        Taktgeber 2 sec.
      :UN  M    0.0
      :L   KT 020.1
      :SE  T    1
      :U   T    1
      :=   M    0.0
      :
      :U   M    0.0        Zeitglied 0,5 sec.
      :L   KT 005.1
      :SV  T    2
      :UN  E    0.1
      :R   T    2
      :U   T    2
      :=   M    0.1
      :
      :U   M    0.0        Bei 0-->1-Flanke einen
      :SPB FB   1          Schiebevorgang ausfuehren.
NAME  :SCHIEBEN
      :U   M   10.1        Ausgabe:
      :U   M    0.1
      :=   A    0.1        A1
      :
      :U   M   10.2
      :U   M    0.1
      :=   A    0.2        A2
      :
      :U   M   10.3
      :U   M    0.1
      :=   A    0.3        A3
      :
      :U   M   10.4
      :U   M    0.1
      :=   A    0.4        A4
      :
      :
      :U   E    0.0        Bei Ausschalten des Haupt-
      :BEB                 schalters das Bitmuster im
      :L   KF +0           Ringschieberegister loeschen.
      :T   MW  10
      :BE

FB 1
NAME  :SCHIEBEN
      :L   MW  10          Bitmuster in Ringschieberegister
      :SLW      1          schieben.
      :T   MW  10
      :U   M   10.4        Ring schliessen.
      :=   M   10.0
      :BE
```

Übung 15.5: Analyse eines Steuerungsprogramms

Funktionsplan als Grobstruktur:

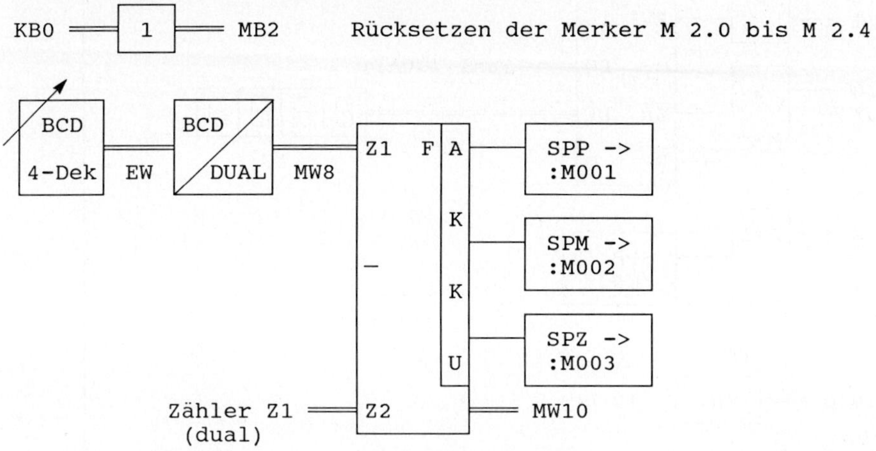

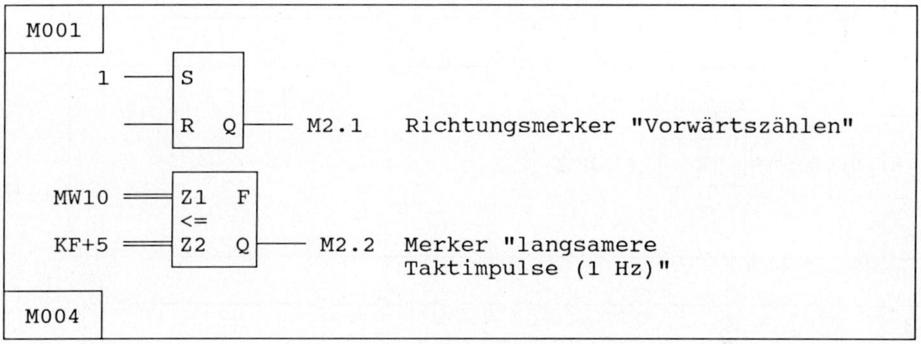

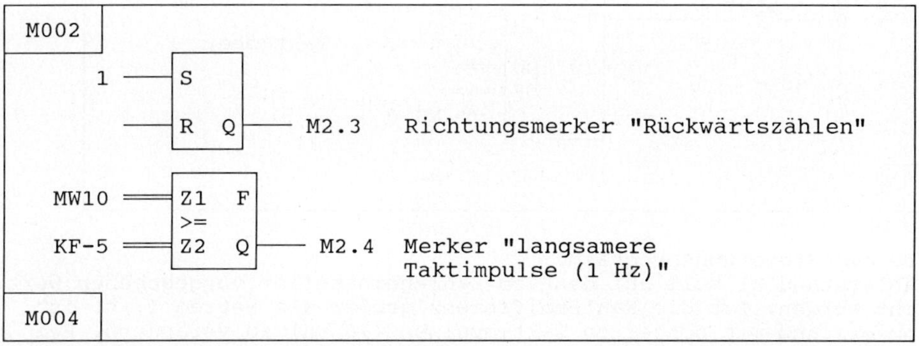

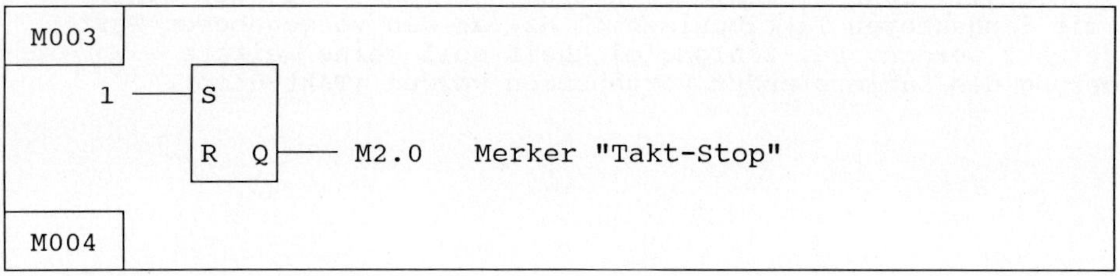

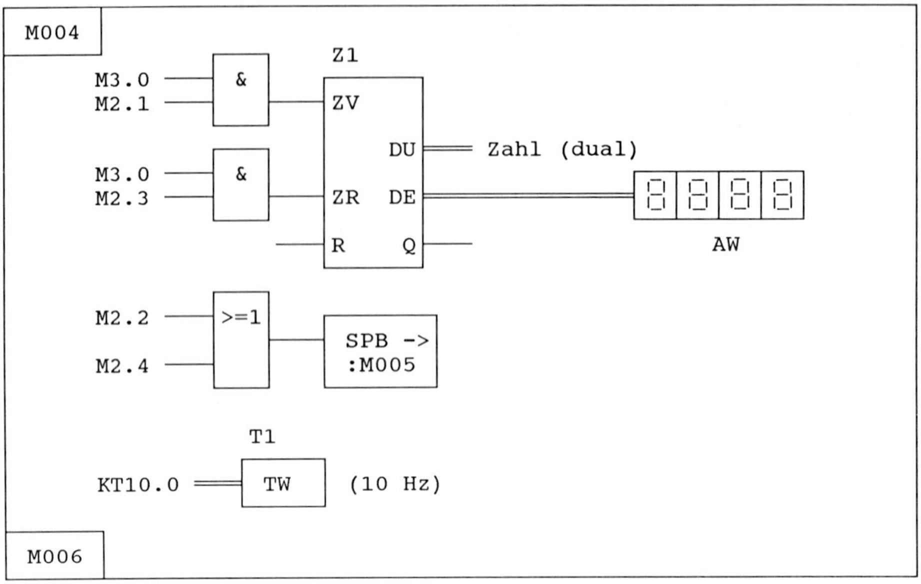

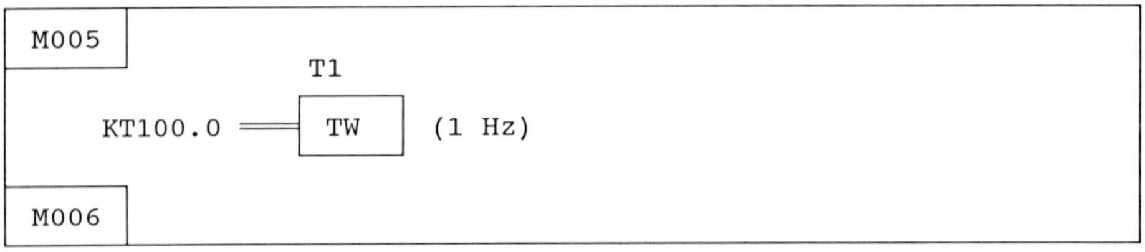

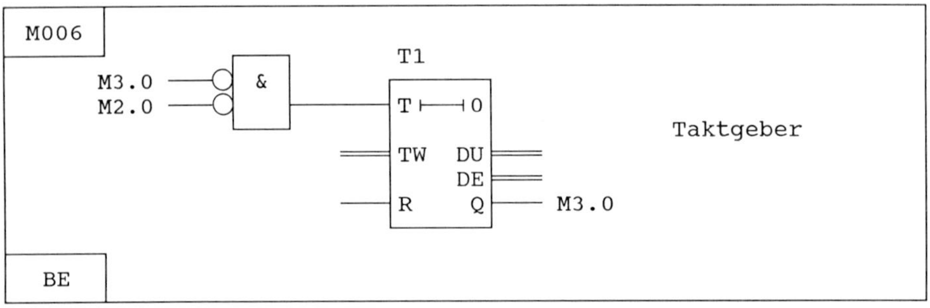

Aufgabe des Steuerungsprogramms:
Der Zählerstand Z1 soll auf den vom Zahleneinsteller vorgegebenen Wert gebracht werden. Ist die Zahlendifferenz größer als Betrag 5, so ist der Zählerstand mit schnellen Taktimpulsen (10 Hz) zu verändern. Bei einer Zahlendifferenz gleich oder kleiner Betrag 5 soll der Zählerstand mit langsameren Taktimpulsen (1 Hz) an den vorgegebenen Wert herangeführt werden. Bei Zahlengleichheit soll keine weitere Veränderung des Zählerstandes vorgenommen werden (Takt-Stop).

Übung 16.1: Gewichtsangabe

Berechnungsregel:
Mit der 10-Bit-Auflösung der elektronischen Waage sind insgesamt 2^{10} = 1024 verschiedene Werte (0 ... 1023) darstellbar, die einem Gewicht von 0 ... 999 kg entsprechen. Die 1024 Alt-Werte sind in 1000 Neu-Werte des Wertebereichs 0 ... 999 proportional umzusetzen:

$$\text{Neu-Wert} = \text{Alt-Wert} * \frac{1000}{1024}$$

$$\text{Neu-Wert} = \text{Alt-Wert} * 0{,}9765625$$

Es ist die Dualzahl für dezimal 0.9765625 zu finden:
Man schreibt den Zahlenwert 1000 als Dualzahl und dividiert durch 1024, indem man das Komma um 10 Stellen nach links schiebt.

dezimal	dual
$\frac{1000}{1024} = 0{,}9765625$	0,1111101

Der Alt-Wert steht am Eingangswort EW0 an:
000000xx xxxxxxxx

Diese Zahl wird zuerst durch Linkschieben um 6 Stellen linksbündig ausgerichtet:
xxxxxxxx xx000000

Dann erfolgt die eigentliche Multiplikation mit 0,1111101 durch Schieben und Addieren. Es wird dann das zuerst ausgeführte Linksschieben um 6 Stellen rückgängig gemacht und der so erhaltene Neu-Wert von Dual nach BCD gewandelt.

Programmablaufplan:

MW10 = EW	Alt-Wert einlesen
MW12 = SLW 6 (MW10)	Linksbündigmachen
MW14 = 0,9765625 * MW10	Multiplikation
MW16 = SRW 6 (MW14)	Rechtsbündigmachen
Wandle Dual => BCD (MW16) (AW)	Zahlenumwandlung für BCD-Ziffernanzeige

Realisierung mit einer SPS:
Zuordnung:

EW = EW0	AW = AW16	MW10	Alt-Wert
		MW12	Hilfsmerkerwort
		MW14	Hilfsmerkerwort
		MW16	Neu-Wert

Anweisungsliste:

```
FB 1
NAME :NORMIERE
     :L   EW   0
     :T   MW  10
     :
     :L   MW  10
     :SLW      6
     :T   MW  12
     :
     :L   MW  12
     :SRW      1
     :L   MW  12
     :SRW      2
     :+F
     :L   MW  12
     :SRW      3
     :+F
     :L   MW  12
     :SRW      4
     :+F
     :L   MW  12
     :SRW      5
     :+F
     :L   MW  12
     :SRW      7
     :+F
     :T   MW  14
     :
     :L   MW  14
     :SRW      6
     :T   MW  16
     :
     :SPA FB 241
NAME :COD:16
DUAL :    MW  16
SBCD :    M  100.0
BCD2 :    MB  18
BCD1 :    AW  16
     :BE
```

__Übung 16.2: Analyse eines Struktogramms__

Es sollen drei Zahlen auf Größtwert und Kleinstwert untersucht werden. Die Zahlen stehen in den Datenwörtern DW4, DW5 und DW6 des Datenbausteins DB10.
Das Struktogramm zeigt den Algorithmus, mit dem die kleinste Zahl der drei Datenworte nach Merkerwort MW0 und die größte Zahl nach Merkerwort MW2 gebracht wird. Sind alle drei Zahlen gleich groß, so steht diese Zahl abschließend in MW0 und MW2.

Anweisungsliste:

```
FB 1
NAME :SORTIERE
     :A   DB  10
     :
     :L   DW   4
     :L   DW   5
     :>F
     :SPB =M001
     :
     :L   DW   4
     :L   DW   6
     :>F
     :SPB =M002
     :
     :L   DW   5
     :L   DW   6
     :>F
     :SPB =M003
     :
     :L   DW   4
     :T   MW   0
     :L   DW   6
     :T   MW   2
     :BEA
     :
M002 :L   DW   6
     :T   MW   0
     :L   DW   5
     :T   MW   2
     :BEA
     :
M003 :L   DW   4
     :T   MW   0
     :L   DW   5
     :T   MW   2
     :BEA
     :
M001 :L   DW   4
     :L   DW   6
     :>F
     :SPB =M004
     :
     :L   DW   5
     :T   MW   0
     :L   DW   6
     :T   MW   2
     :BEA
     :
M004 :L   DW   5
     :L   DW   6
     :>F
     :SPB =M005
     :
     :L   DW   5
     :T   MW   0
     :L   DW   4
     :T   MW   2
     :BEA
     :
M005 :L   DW   6
     :T   MW   0
     :L   DW   4
     :T   MW   2
     :BE

DB10
   0:      KF = +00000;
   1:      KF = +00000;
   2:      KF = +00000;
   3:      KF = +00000;
   4:      KF = +01000;
   5:      KF = +01001;
   6:      KF = +01002;
   7:
```

Übung 16.3: Bereichsermittlung

Zuordnungstabelle:

Eingangsvariable	Betriebsmittel-kennzeichen	Logische Zuordnung
Eingangswort	EW	16-Bit (dual-codiert)
Ausgangsvariable		
Meldeleuchten für Bereich 0 ... 39 Bereich 40 ... 399 Bereich 400 ... 3999 Bereich 4000 ... 39999 Bereich 40000 ...	 H1 H2 H3 H4 H5	 EW in Bereich 1, H1 = 1 EW in Bereich 2, H2 = 1 EW in Bereich 3, H3 = 1 EW in Bereich 4, H4 = 1 EW in Bereich 5, H5 = 1

Der dual-codierte 16-Bit-Wert des Eingangswortes EW wird als vorzeichenlose Dualzahl interpretiert. Beim Programmtest kann man sich die Zahlenwerte vom Programmiergerät anzeigen lassen (Status variabel). Da Zahlenwerte über 32767 im Format Festpunktzahl nicht mehr richtig angezeigt werden, ist es zweckmäßig, sich das Eingangswort als Hex-Zahl anzeigen zu lassen:

32767 = 7FFF
32768 = 8000
39999 = 9C3F
40000 = 9C40

Programmablaufplan:
Lösung 1:

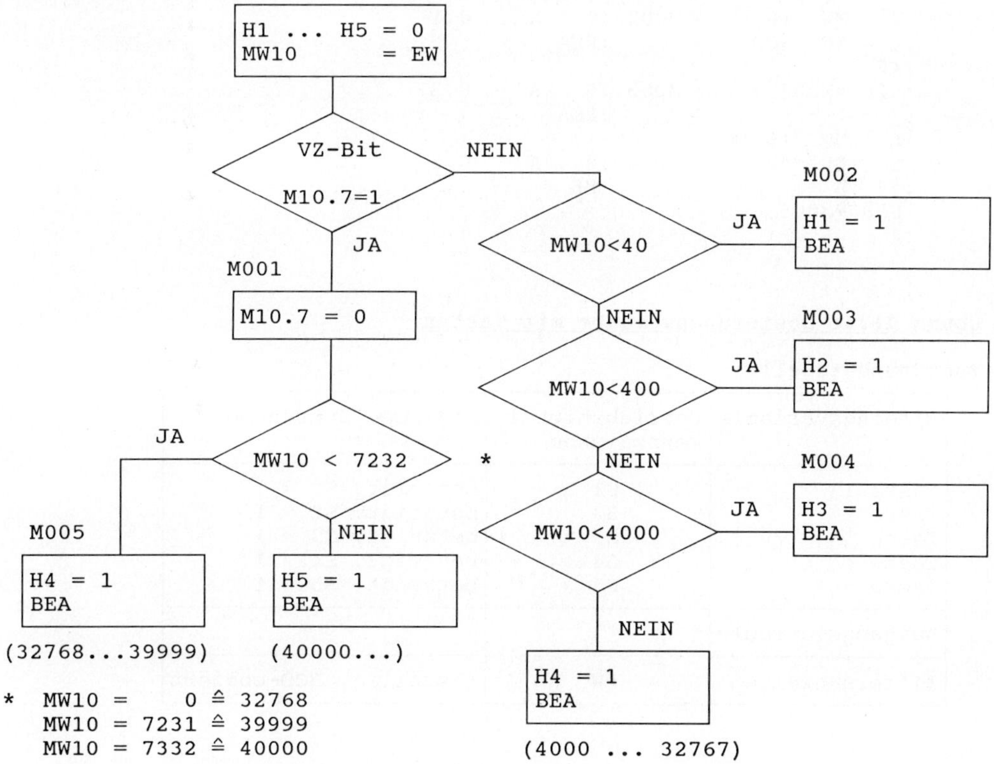

Lösung 2:
Eine einfachere Lösung ergibt sich, wenn man das Eingangswort EW durch 2 dividiert und die Bereichsgrenzen halbiert. Damit wird die Überschreitung des Zahlenbereichs der Festpunktzahlen vermieden.

Realisierung der Lösung 1 mit einer SPS

Zuordnung:

```
  EW = EW0      H1 = A 0.1     MW10 Hilfsmerkerwort
                H2 = A 0.2
                H3 = A 0.3
                H4 = A 0.4
                H5 = A 0.5
```

Anweisungsliste:

```
FB 1
NAME :BEREICHE
     :R   A    0.1            :S   A    0.4
     :R   A    0.2            :BEA
     :R   A    0.3            :
     :R   A    0.4       M001 :R   M   10.7
     :R   A    0.5            :
     :L   EW   0              :L   MW  10
     :T   MW  10              :L   KF +7232
     :                        :<F
     :U   M   10.7            :SPB =M005
     :SPB =M001               :
     :                        :S   A    0.5
     :L   MW  10              :BEA
     :L   KF +40              :
     :<F                 M005 :S   A    0.4
     :SPB =M002               :BEA
     :                        :
     :L   MW  10         M002 :S   A    0.1
     :L   KF +400             :BEA
     :<F                      :
     :SPB =M003          M003 :S   A    0.2
     :                        :BEA
     :L   MW  10              :
     :L   KF +4000       M004 :S   A    0.3
     :<F                      :BE
     :SPB =M004
     :
```

Übung 16.4: Dosierungsvorgabe mit Tasten

Zuordnungstabelle:

Eingangsvariable	Betriebsmittelkennzeichen	Logische Zuordnung
Taste 1	S1	betätigt, S1 = 1
Taste 2	S2	betätigt, S2 = 1
Taste 3	S3	betätigt, S3 = 1
Taste 4	S4	betätigt, S4 = 1
Taste 5	S5	betätigt, S5 = 1
Ausgangsvariable		
Ziffernanzeige	AW	4-stellig, BCD-codiert

Lösung gemäß Lehrbuch S. 342 - 346. Das dortige Tastaturprogramm muß noch auf die Tastenanzahl angepaßt werden. Ergänzt werden muß ein Programmteil für den Datentransfer von den Datenwörtern zum Dosierungs-Merkerwort.

Struktogramm:

FB1

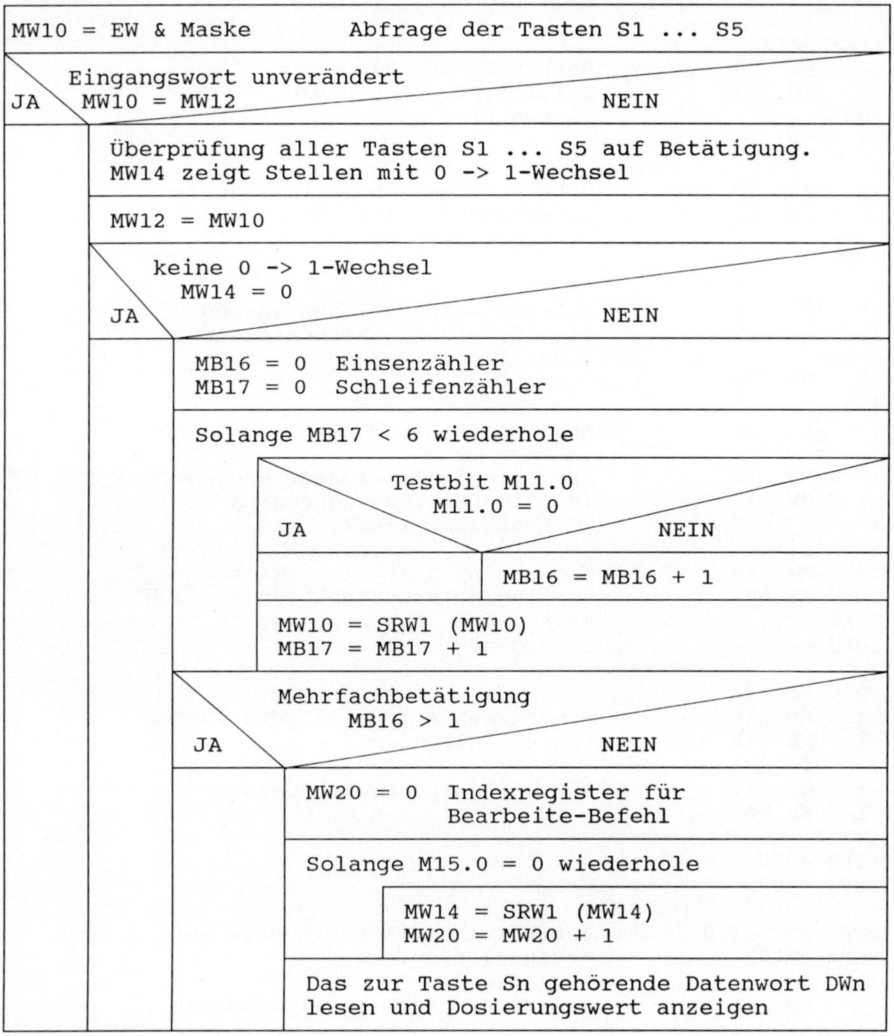

Realisierung mit einer SPS:

Zuordnung:

S1 = E 1.1	AW = AW16	MW10 Maskierte Signale S1 ... S5 (neu)
S2 = E 1.2		MW12 Maskierte Signale S1 ... S5 (alt)
S3 = E 1.3		MW14 Anzeige 0 -> 1 Wechsel
S4 = E 1.4		MB16 Zähler für die Anzahl der gleichzeitig betätigten Tasten
S5 = E 1.5		
EW = EW0		MB17 Stellenzähler
		MW20 Indexregister für Bearbeite-Befehl

Anweisungsliste:

FB 1

Zum Erkennen, ob Tasten betaetigt wurden, wird die Flankenauswertung angewendet. Diese Methode ist sicherer als eine Zustandsauswertung der Tastensignale. Werden z.B. zwei Tasten gleichzeitig betaetigt aber ungleichzeitig losgelassen, so wuerde bei einer Zustandsauswertung der Tastensignale der Dosierungswert der zuletzt losgelassenen Taste angezeigt werden.

```
NAME :TRANSFER
     :L   EW   0         Maskieren der Eingaenge
     :L   KH 003E        E 1.1...E 1.5 fuer die
     :UW                 Tasten S1...S5.
     :T   MW  10
     :
     :L   MW  10         Ueberpruefen, ob Tastensignale
     :L   MW  12         unveraendert sind. Wenn ja,
     :!=F                Programm beenden.
     :BEB
     :
     :L   MW  10         Erkennen, bei welchen Tasten
     :L   MW  12         S1...S5 ein Signalwechsel von
     :XOW                0 ==> 1 stattgefunden hat.
     :L   MW  10
     :UW
     :T   MW  14         MW14 zeigt die 0 ==> 1 - Flanken
     :
     :L   MW  10         Aktuelle Tastensignale speichern
     :T   MW  12         (= Altwerte fuer naechsten
     :                      Programmzyklus).
     :
     :L   MW  14         Wenn keine 0 ==> 1 - Flanken
     :L   KF +0          vorliegen, Programm beenden, d.h
     :!=F                keine neuen Dosierungswerte
     :BEB                anzeigen.
     :
     :L   KF +0
     :T   MB  16         Einsenzaehler: betaetigte Tasten
     :T   MB  17         Schleifenzaehler
     :
M004 :L   MB  17         Abfrage der Schleifenumlaeufe
     :L   KF +6
     :<F
     :SPB =M001
     :SPA =M002
     :
M001 :UN  M   11.0       Testbit in Merkerwort MW10 auf
     :SPB =M003          0-Signal pruefen:
     :
     :L   MB  16         * Einsenzaehler um +1 erhoehen.
     :I        1
     :T   MB  16
     :
M003 :L   MW  10         * Rechtsschieben der Pruef-
     :SRW      1           wortes.
     :T   MW  10
     :L   MB  17         * Schleifenzaehler um +1
     :I        1           erhoehen.
     :T   MB  17
     :SPA =M004
```

```
     :
M002 :L    MB  16          wenn mehr als eine Taste
     :L    KF +1           betaetigt, Programm beenden,
     :>F                   d.h. keinen neuen Dosierungswert
     :BEB                  anzeigen.
     :
     :L    KF +0           Indexregister fuer den spaeteren
     :T    MW  20          Bearbeite-Merkerwort-Befehl auf
     :                     Null setzen.
M007 :UN   M   15.0        Zahlenwert fuer betaetigte Taste
     :SPB =M005            ermitteln, z.B. Zahl 4 fuer S4,
     :SPA =M006            dazu M 15.0 in MW14 testen:
     :
M005 :L    MW  14          * Rechtsschieben MW14, um die
     :SRW       1            naechts Stelle pruefen zu
     :T    MW  14            koennen.
     :L    MW  20          * Indexregister um +1 erhoehen,
     :I         1            MW20 enthaelt am Schluss einen
     :T    MW  20            Zahlenwert entsprechend der
     :SPA =M007              betaetigten Taste.
     :
M006 :A    DB  10          Aufruf Datenbaustein DB 10.
     :
     :B    MW  20          Laden des zur betaetigeten Taste
     :L    DW   0          gehoerenden Datenwortes und
     :T    AW  16          Ausgabe des Dosierungswertes.
     :BE

DB10
    0:      KH = 0000;
    1:      KH = 0100;     Dosierungswert 1 (Taste S1)
    2:      KH = 0200;     Dosierungswert 2 (Taste S2)
    3:      KH = 0300;     Dosierungswert 3 (Taste S3)
    4:      KH = 0400;     Dosierungswert 4 (Taste S4)
    5:      KH = 0500;     Dosierungswert 5 (Taste S5)
    6:
```

Übung 16.5: Multiplex-Ausgabe

Struktogramme:

PB10

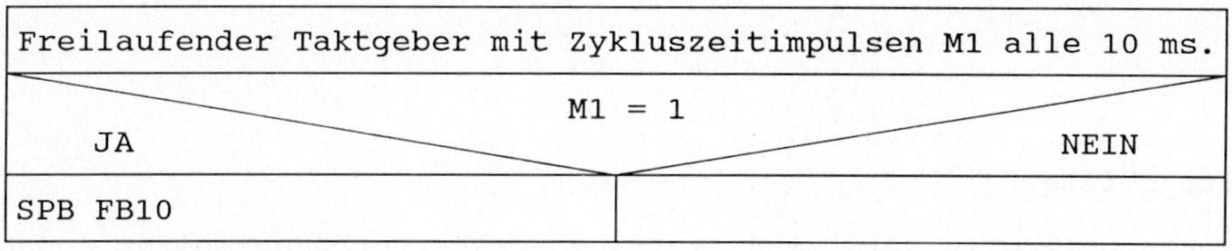

FB10

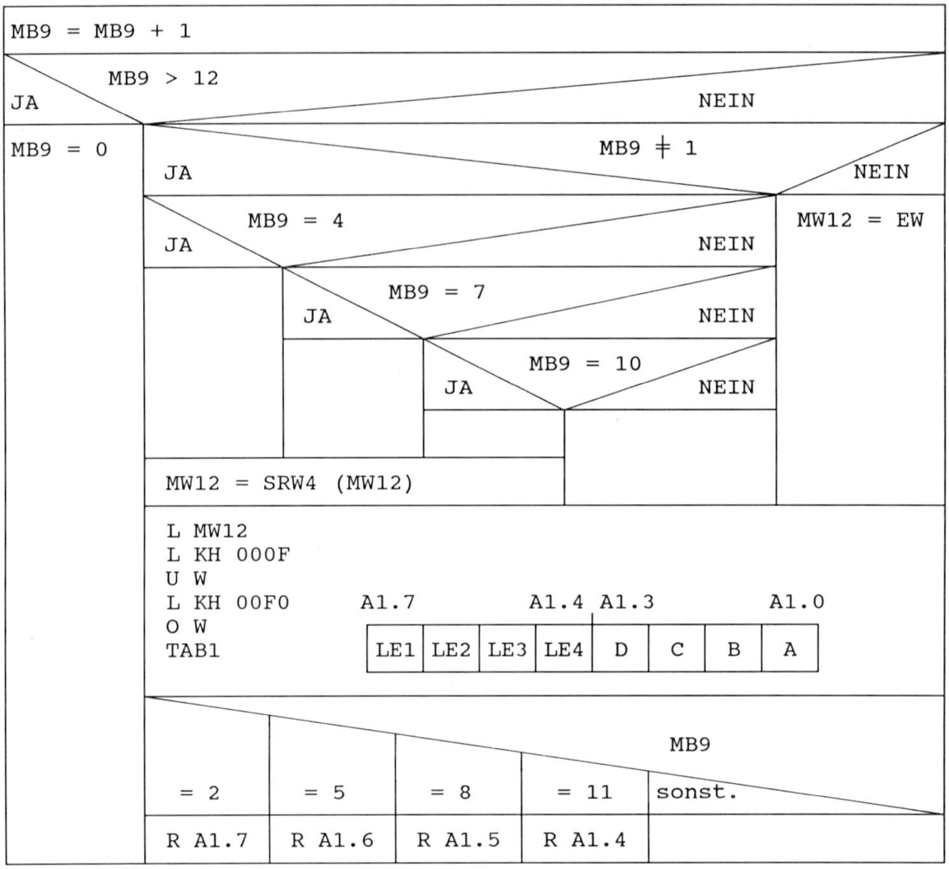

Realisierung mit einer SPS:

Zuordnung:

EW = EW12	A = A 1.0	M1 = M 1.0	Zyklusimpuls
	B = A 1.1	MB9 = MB 9	Zähler
	C = A 1.2	MW12 = MW 12	Schieberegister
	D = A 1.3		
	LE4 = A 1.4		
	LE3 = A 1.5		
	LE2 = A 1.6		
	LE1 = A 1.7		

Anweisungsliste:

Das Hauptprogramm im FB10 wird im 10 ms - Takt durchgearbeitet, unabhängig davon, ob sich der anzuzeigende Zahlenwert geändert hat oder nicht.

```
PB 10
     :UN   M    1.0
     :L    KT 001.0
     :SE   T    1
     :U    T    1
     :=    M    1.0
     :SPB  FB   10
NAME :MUX
     :BE
```

```
FB 10
NAME :MUX
     :L    MB    9
     :I          1
     :T    MB    9
     :
     :L    MB    9
     :L    KB 12
     :>F
     :SPB =M001
     :
     :L    MB    9
     :L    KB 1
     :><F
     :SPB =M002
     :
     :L    EW   12
     :T    MW   12
     :SPA =M003
     :
M001 :L    KB 0
     :T    MB    9
     :BEA
     :
M002 :L    MB    9
     :L    KB 4
     :!=F
     :SPB =M004
     :
     :L    MB    9
     :L    KB 7
     :!=F
     :SPB =M004
     :
```

```
     :L    MB    9
     :L    KB 10
     :!=F
     :SPB =M004
     :SPA =M003
     :
M004 :L    MW   12
     :SRW        4
     :T    MW   12
     :
M003 :L    MW   12
     :L    KH 000F
     :UW
     :L    KH 00F0
     :OW
     :T    AB    1
     :
     :L    MB    9
     :L    KB 2
     :!=F
     :R    A     1.7
     :
     :L    MB    9
     :L    KB 5
     :!=F
     :R    A     1.6
     :
     :L    MB    9
     :L    KB 8
     :!=F
     :R    A     1.5
     :
     :L    MB    9
     :L    KB 11
     :!=F
     :R    A     1.4
     :BE
```

Übung 16.6: Analyse einer Anweisungsliste

Struktogramm

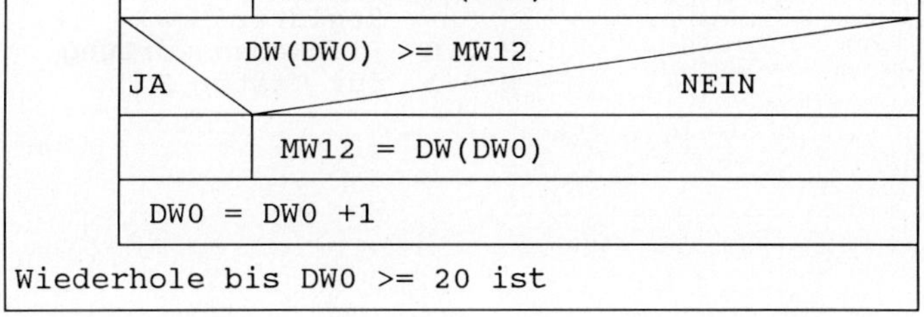

Aufgabenstellung:
Aus dem Datenbereich DW1 bis DW20 des Datenbausteins DB10 ist die größte und die kleinste Zahl zu bestimmen und den Merkerworten MW10 bzw. MW12 zuzuweisen. Die Zahlen im Datenbereich liegen als Festpunktzahlen vor.

Übung 16.7: Dual-BCD-Code-Wandler

Struktogramme:

PB1

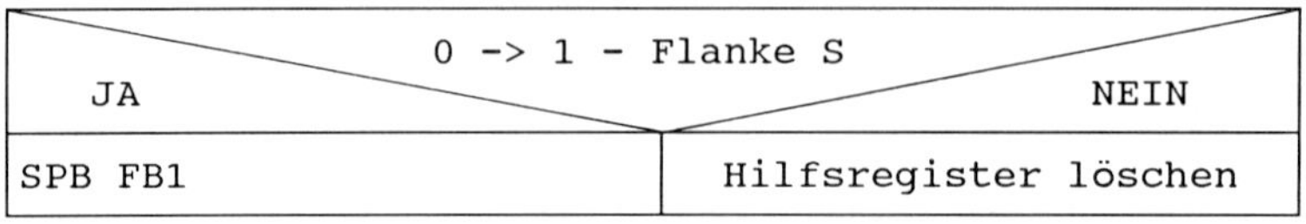

FB1

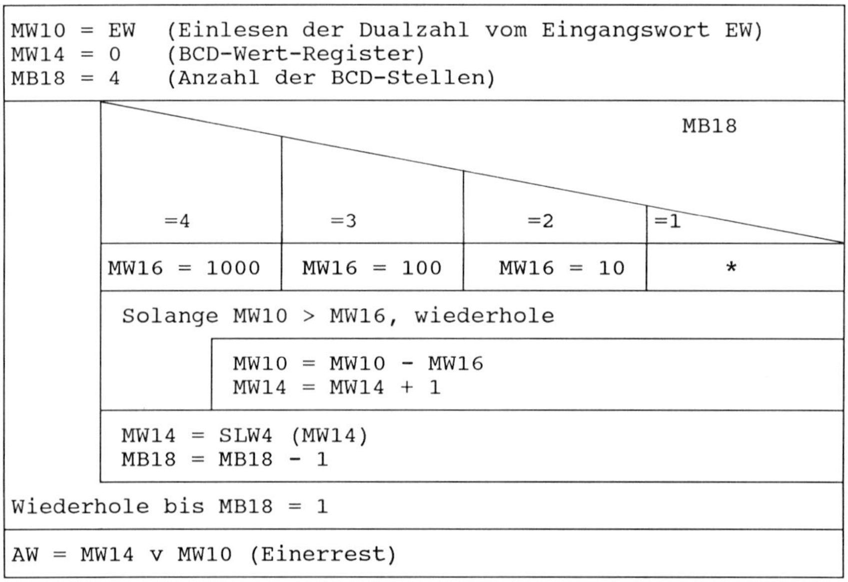

* Dieser Schritt entfällt, dafür wird am Schluß der Einerrest direkt in die 1. BCD-Stelle übertragen.

Realisierung mit einer SPS:

Zuordnung:

S = E 14.0	AW = AW16	MW10	Hilfsregister
EW = EW0	(BCD-codierte	MW14	BCD-Wert-Register
	Ziffernanzeige)	MB18	BCD-Stellenzahl-Register
		M 0.0	Flankenauswertung
		M 0.1	für Taster S

Anweisungsliste:

```
PB 1
     :U   E   14.0         Nach Einstellen der Dual-
     :UN  M    0.1         zahl an Eingangswort EW0
     :=   M    0.0         kann die Umwandlungs-Freigabe
     :S   M    0.1         mit Taster S (E 14.0) gegeben
     :UN  E   14.0         werden. Ueber Flankenauswert-
     :R   M    0.1         ung von E 14.0 wird ein
     :                     Umwandlungsvorgang Dual==>BCD
     :U   M    0.0         im FB1 ausgefuehrt.
     :SPB FB   1
NAME :DUAL-BCD
     :
     :U   E   14.0
     :BEB
     :
     :L   KF +0            Loeschen der Hilfsregister
     :T   MW  10           bei Loslassen von Taster S,
     :T   MW  14           BCD-Anzeigewert bleibt stehen.
     :T   MW  16
     :T   MB  18
     :BE
```

```
FB 1
NAME :DUAL-BCD
     :L   EW   0
     :T   MW  10
     :L   KF +0
     :T   MW  14
     :L   KF +4
     :T   MB  18
     :
M007 :L   MB  18
     :L   KF +4
     :!=F
     :SPB =M001
     :
     :L   MB  18
     :L   KF +3
     :!=F
     :SPB =M002
     :
     :SPA =M003
     :
     :
M001 :L   KF +1000
     :T   MW  16
     :SPA =M004
     :
M002 :L   KF +100
     :T   MW  16
     :SPA =M004
     :
M003 :L   KF +10
     :T   MW  16
     :
     :
M004 :L   MW  10
     :L   MW  16
     :>F
     :SPB =M005
     :SPA =M006
     :
M005 :L   MW  10
     :L   MW  16
     :-F
     :T   MW  10
     :L   MW  14
     :L   KF +1
     :+F
     :T   MW  14
     :SPA =M004
     :
M006 :L   MW  14
     :SLW      4
     :T   MW  14
     :L   MB  18
     :L   KF +1
     :-F
     :T   MB  18
     :
     :L   MB  18
     :L   KF +1
     :>F
     :SPB =M007
     :
     :L   MW  14
     :L   MW  10
     :OW
     :T   AW  16
     :BE
```

Übung 16.8: BCD-Dual-Code-Wandler

Struktogramme:
Lösung 1: Stellenwerte aus Datenbaustein

PB1

0 -> 1 - Flanke S Ja	NEIN
SPB FB1	Hilfsregister löschen

FB1

```
MW12 = EW   (Einlesen der BCD-Zahl vom Eingangswort EW)
MW10 = 0    (Dual-Wert-Register)
DW0  = 1    (Stellenzähler)

            M13.0 = 1
    JA                              NEIN
    L MW10
    B DW0 \
    L DW0 /  LDWx
    + F
    T MW10

    MW12 = SRW1 (MW12)
    DW0  = DW0 + 1

Wiederhole bis DW0 > 16

AW = MW10
```

DB10

```
DW0 : n  = 1 ... 16     DW9 : KF =  100
DW1 : KF =    1         DW10: KF =  200
DW2 : KF =    2         DW11: KF =  400
DW3 : KF =    4         DW12: KF =  800
DW4 : KF =    8         DW13: KF = 1000
DW5 : KF =   10         DW14: KF = 2000
DW6 : KF =   20         DW15: KF = 4000
DW7 : KF =   40         DW16: KF = 8000
DW8 : KF =   80
```

Realisierung von Lösung 1 mit einer SPS:

Zuordnung:

```
S  = E 0.0     AW   = AW0    MW10   Dual-Wert-Register
EW = EW12                    MW12   Hilfsregister
     (BCD-codierter          DB10   Datenbaustein
     Zahleneinsteller)       DW0    Stellenzähler
                             DW1
                             bis    Stellenwerte
                             DW16

                             M 0.0 \  Flankenauswertung
                             M 0.1 /  für Taster S
```

Anweisungsliste:

```
PB 1
     :U   E    0.0        Nach Einstellen der BCD-
     :UN  M    0.1        Zahl am Zahleneinsteller EW12
     :=   M    0.0        kann die Umwandlungsfreigabe
     :S   M    0.1        mit Taster S (E 0.0) gegeben
     :UN  E    0.0        werden. Ueber Flankenauswert-
     :R   M    0.1        ung von E 0.0 wird ein
     :                    Umwandlungsvorgang BCD==>Dual
     :U   M    0.0        im FB1 ausgefuehrt.
     :SPB FB   1
NAME :BCD-DUAL
     :
     :U   E    0.0
     :BEB
     :
     :A   DB  10          Loeschen der Hilfsregister
     :L   KF +0           bei Loslassen von Taste S,
     :T   DW   0          Dual-Anzeigewert bleibt stehen.
     :T   MW  10
     :T   MW  12
     :BE
```

```
FB 1                        DB10
NAME :BCD-DUAL              0:      KF = +00000;
     :A   DB  10            1:      KF = +00001;
     :                      2:      KF = +00002;
     :L   EW  12            3:      KF = +00004;
     :T   MW  12            4:      KF = +00008;
     :L   KF +0             5:      KF = +00010;
     :T   MW  10            6:      KF = +00020;
     :L   KF +1             7:      KF = +00040;
     :T   DW   0            8:      KF = +00080;
     :                      9:      KF = +00100;
M003 :U   M   13.0         10:      KF = +00200;
     :SPB =M001            11:      KF = +00400;
     :SPA =M002            12:      KF = +00800;
     :                     13:      KF = +01000;
M001 :B   DW   0           14:      KF = +02000;
     :L   DW   0           15:      KF = +04000;
     :L   MW  10           16:      KF = +08000;
     :+F                   17:
     :T   MW  10
     :
M002 :L   MW  12
     :SRW      1
     :T   MW  12
     :
     :L   DW   0
     :I        1
     :T   DW   0
     :
     :L   DW   0
     :L   KF +17
     :<F
     :SPB =M003
     :
     :L   MW  10
     :T   AW   0
     :BE
```

Lösung 2: Dekadische Auswertung und Mehrfach-Multiplikation mit 10

PB2

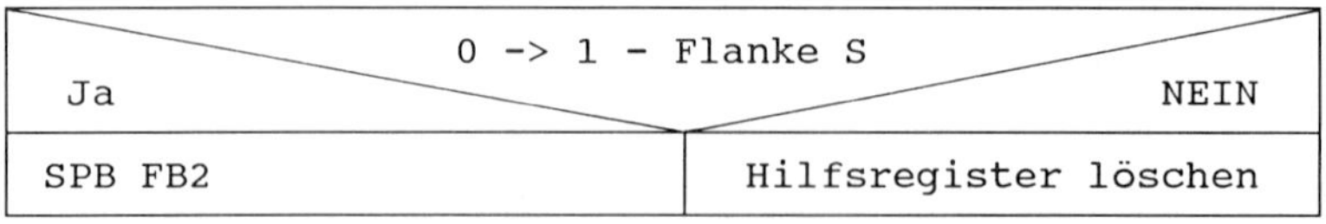

FB2

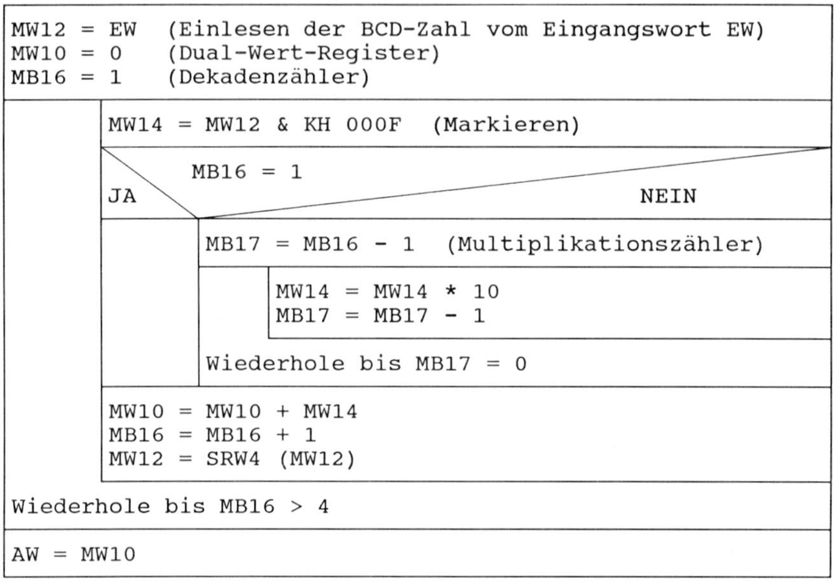

Realisierung von Lösung 2 mit einer SPS:

Zuordnung:

S = E 0.0 AW = AW0
EW = EW12 (BCD-codierter Zahleneinsteller)

MW10	Dual-Wert-Register
MW12	Schieberegister
MW14	Hilfsregister
MB16	Dekadenzähler
MB17	Multiplikationszähler
M 0.0, M 0.1	Flankenauswertung für Taster S

Anweisungsliste:

```
PB 2
       :U   E    0.0
       :UN  M    0.1
       :=   M    0.0
       :S   M    0.1
       :UN  E    0.0
       :R   M    0.1
       :
       :U   M    0.0
       :SPB FB   2
NAME   :BCD-DUAL
       :
       :U   E    0.0
       :BEB
       :
       :L   KF +0
       :T   MW  10
       :T   MW  12
       :T   MW  14
       :T   MB  16
       :T   MB  17
       :BE
```

```
FB 2
NAME :BCD-DUAL
     :L   EW  12
     :T   MW  12
     :
     :L   KF +0
     :T   MW  10
     :
     :L   KF +1
     :T   MB  16
     :
M003 :L   MW  12
     :L   KH 000F
     :UW
     :T   MW  14
     :
     :L   MB  16
     :L   KF +1
     :!=F
     :SPB =M001
     :
     :L   MB  16
     :L   KF +1
     :-F
     :T   MB  17
     :
M002 :L   MW  14
     :SLW      3
     :L   MW  14
     :+F
     :L   MW  14
     :+F
     :T   MW  14
     :
```

```
     :L   MB  17
     :L   KF +1
     :-F
     :T   MB  17
     :
     :L   MB  17
     :L   KF +0
     :>F
     :SPB =M002
     :
M001 :L   MW  10
     :L   MW  14
     :+F
     :T   MW  10
     :
     :L   MB  16
     :L   KF +1
     :+F
     :T   MB  16
     :
     :L   MW  12
     :SRW      4
     :T   MW  12
     :
     :L   MB  16
     :L   KF +4
     :<=F
     :SPB =M003
     :
     :L   MW  10
     :T   AW   0
     :BE
```

Übung 16.9: Maximumüberwachung einer elektrischen Anlage

Das MAX-Wächter-Programm wird mit Schalter S0 eingeschaltet. Der Überwachungszyklus beginnt jedoch erst mit dem ersten eintreffenden Rundsteuerimpuls, der durch Taster S1 simuliert werden kann.
Die Grundstellung und Freigabe des MAX-Wächters ist im Funktionsbaustein FB1 realisiert. Ist der MAX-Wächter freigegeben, wird der Funktionsbaustein FB2 bearbeitet. Im Funktionsbaustein FB2 läuft ein Minutengeber und erfolgt das Zählen der den Leistungsbezug repräsentierenden Impulse (S2). Der Minutengeber ruft den Rechenbaustein FB3 auf. Im FB3 erfolgt die Rechnung gemäß Aufgabenstellung.
Bei Ausfall des Rundsteuerimpulses arbeitet der MAX-Wächter unsynchronisiert weiter. Der Minutengeber des Programms wird durch den Rundsteuerimpuls (S1) am Ende der 15-minütigen Meßperiode synchronisiert.

Das Programm läßt sich durch Anzeige der wichtigsten Zahlenwerte mit "Status variabel" austesten. Die Leistungsbezugsimpulse können durch Tasterbetätigung (S2) für kleine Leistungsaufnahmen simuliert werden. Bequemer ist es jedoch, einen externen Taktgeber (Funktionsgenerator mit 20 V Rechteckimpulsen und ca. 1 Hz) entsprechend einem großen Leistungsbezug vorzusehen. Die Minutenintervalle sind gerade ausreichend, um die neuen Zahlenwerte zu interpretieren.

Struktogramme:

FB1: Grundstellung

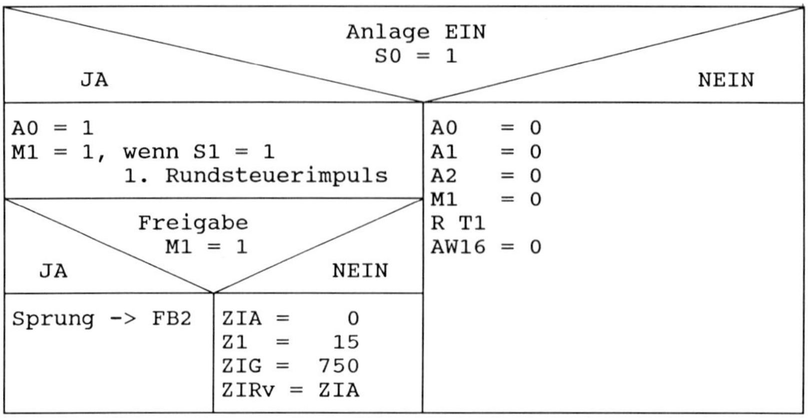

FB2: Takt und Zählen

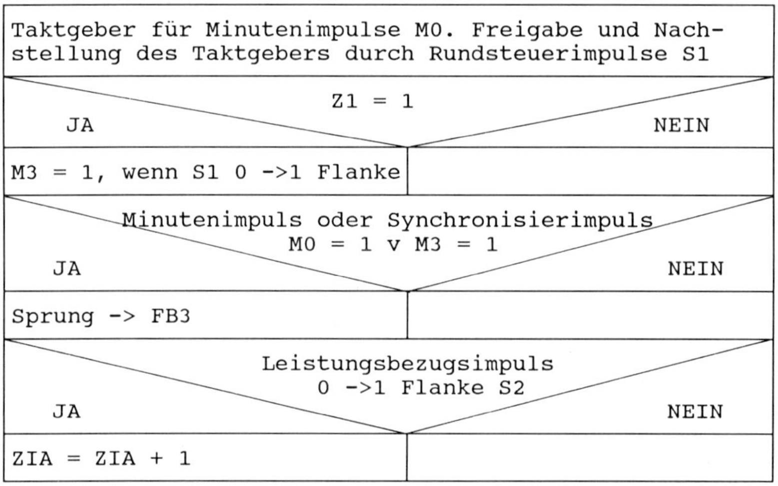

FB3: Rechenbaustein

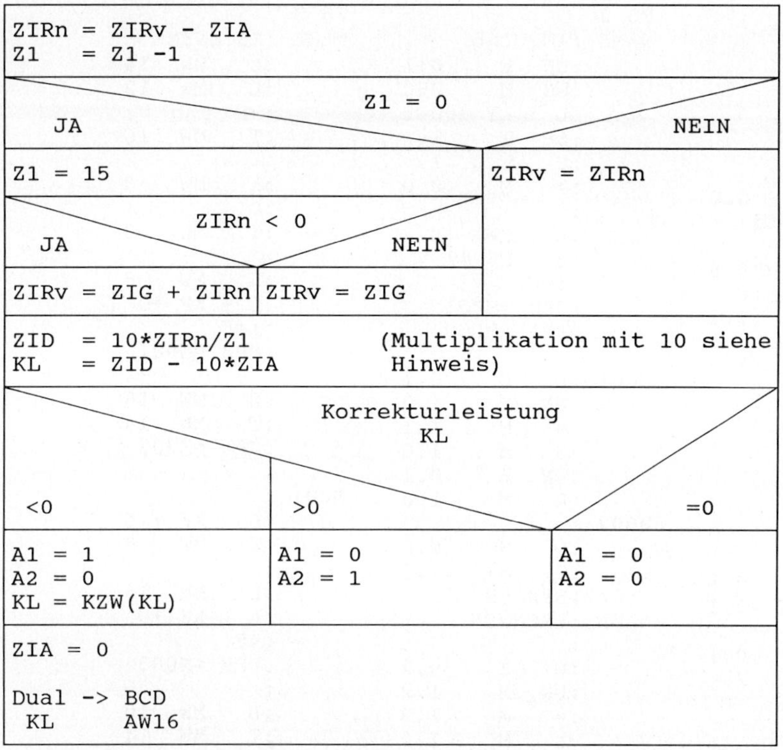

Hinweis: Korrekturleistung KL laut Aufgabe:

$$KL = \frac{ZID - ZIA}{IMPW * 1min} = \frac{ZID - ZIA}{6 \frac{1}{kWh} * 1 \frac{h}{60}} = 10 * ZID - 10 * ZIA \quad \text{(in kW)}$$

Realisierung mit einer SPS:

Zuordnung:

S0 = E 0.0	A0 = A 0.0	Z1	= MW 8	Zähler Minutenimpulse
S1 = E 0.1	A1 = A 0.1	ZIG	= MW 10	Zählimpulse (Gesamt)
S2 = E 0.2	A2 = A 0.2	ZIA	= MW 12	Zählimpulse (Leistung)
		ZIRv	= MW 14	Zählimpulse (Rest,vorher)
	KL = AW 16	ZIRn	= MW 16	Zählimpulse (Rest,neu)
	(BCD-Codierte	ZID	= MW 18	Zählimpulse (Durchschnitt)
	Ziffernanzeige)	KL	= MW 20	Korrekturleistung
		M0	= M 0.0	Minutenimpulse
		M1	= M 0.1	Freigabemerker
		M2	= M 1.0	0 -> 1 Flanke S1 Rundsteuerimpulse
		M3	= M 1.1	Impulsmerker
		M4	= M 1.2	0 -> 1 Flanke S2 Leistungsbezugsimpulse
		M5	= M 1.3	Impulsmerker

Anweisungsliste:

```
OB 1
      :SPA FB   1
NAME  :GNDSTELL
      :
      :BE

FB 1
NAME  :GNDSTELL
      :U   E    0.0
      :SPB =M001
      :
      :R   A    0.0
      :R   A    0.1
      :R   A    0.2
      :R   M    0.1
      :R   T    1
      :L   KF +0
      :T   AW  16
      :
      :BEA
      :
M001  :
      :S   A    0.0
      :
      :U   E    0.1
      :S   M    0.1
      :
      :U   M    0.1
      :SPB FB   2
NAME  :IMPULSE
      :
      :U   M    0.1
      :BEB
      :
      :L   KF +0
      :T   MW  12
      :L   KF +15
      :T   MW   8
      :L   KF +750
      :T   MW  10
      :L   MW  10
      :T   MW  14
      :
      :BE
```

```
FB 2
NAME  :IMPULSE
      :UN  E    0.1
      :UN  M    0.0
      :L   KT 300.1
      :SE  T    1
      :U   T    1
      :=   M    0.0
      :
      :L   MW   8
      :L   KF +1
      :!=F
      :SPB =M001
      :SPA =M002
      :
M001  :U   E    0.1
      :UN  M    1.0
      :=   M    1.1
      :S   M    1.0
      :UN  E    0.1
      :R   M    1.0
M002  :
      :O   M    0.0
      :O   M    1.1
      :SPB FB   3
NAME  :RECHNEN
      :
      :U   E    0.2
      :UN  M    1.2
      :=   M    1.3
      :S   M    1.2
      :UN  E    0.2
      :R   M    1.2
      :
      :UN  M    1.3
      :BEB
      :
      :L   MW  12
      :L   KF +1
      :+F
      :T   MW  12
      :
      :BE
```

```
FB 3
NAME  :RECHNEN
      :L   MW  14
      :L   MW  12
      :-F
      :T   MW  16
      :
      :L   MW   8
      :D        1
      :T   MW   8
      :
      :L   MW   8
      :L   KF +0
      :!=F
      :SPB =M001
      :
      :L   MW  16
      :T   MW  14
      :SPA =M002
      :
M001  :
      :L   KF +15
      :T   MW   8
      :
      :L   MW  16
      :L   KF +0
      :<F
      :SPB =M003
      :
      :L   MW  10
      :T   MW  14
      :SPA =M002
      :
M003  :L   MW  10
      :L   MW  16
      :+F
      :T   MW  14
M002  :
      :L   MW  16
      :SLW      3
      :L   MW  16
      :SLW      1
      :+F
      :T   MW  16
      :
      :SPA FB 243
NAME  :DIV:16
Z1    :    MW  16
Z2    :    MW   8
OV    :    M  100.0
FEH   :    M  100.1
Z3=0  :    M  100.2
Z4=0  :    M  100.3
Z3    :    MW  18
Z4    :    MW 101
      :
      :L   MW  12
      :SLW      3
```

```
      :L    MW  12
      :SLW       1
      :+F
      :T    MW  12
      :
      :L    MW  18
      :L    MW  12
      :-F
      :T    MW  20
      :
      :L    MW  20
      :L    KF +0
      :<F
      :SPB =M004
      :
      :>F
      :SPB =M005
      :
      :R    A     0.1
      :R    A     0.2
      :SPA =M006
      :
M004  :
      :S    A     0.1
      :R    A     0.2
      :L    MW  20
      :KZW
      :T    MW  20
      :SPA =M006
M005  :
      :R    A     0.1
      :S    A     0.2
      :
M006  :
      :L    KF +0
      :T    MW  12
      :
      :SPA FB 241
NAME  :COD:16
DUAL  :     MW   20
SBCD  :     M   100.5
BCD2  :     MB  102
BCD1  :     AW   16
      :
      :BE
```

Übung 17.1: Kellerspeicher LIFO

Zuordnungstabelle:

Eingangsvariable	Betriebsmittel-kennzeichen	Logische Zuordnung
Taster Einlesen Taster Auslesen Zahleneinsteller	E1 E2 EW	betätigt, E1 = 1 betätigt, E2 = 1 4 Stellen, BCD-codiert
Ausgangsvariable		
Meldeleuchten: LIFO voll LIFO leer Ziffernanzeige	 H1 H2 AW	 Meldeleuchte an, H1 = 1 Meldeleuchte an, H2 = 1 4 Stellen, BCD-codiert

Zustandsgraph:

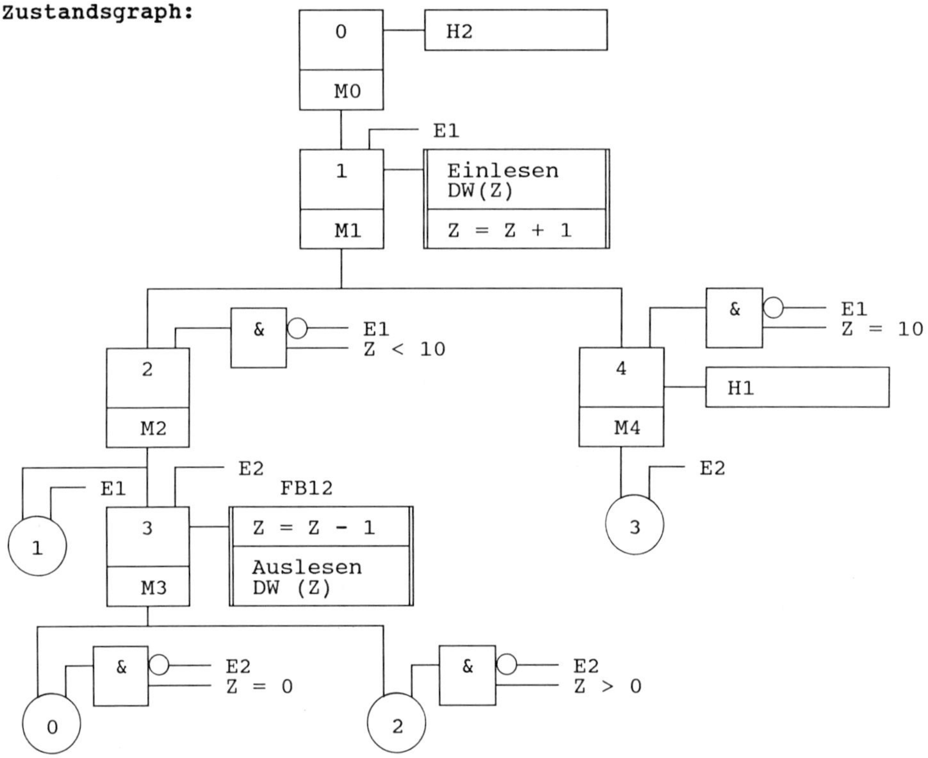

Realisierung mit einer SPS:

Zuordnung:

E1 = E 0.1	H1 = A 0.1	M0 = M 20.0	Zustandsmerker
E2 = E 0.2	H2 = A 0.2	M1 = M 20.1	
EW = EW12	AW = AW16	M2 = M 20.2	
		M3 = M 20.3	
		M4 = M 20.4	

Z = MB10 Datenwortzähler

MW9 = | 00000000 | MB10 |

```
DB10                              M 100.0  Flankenauswertung
DW0 bis DW10                      M 100.1  von Zustand 1
                                  M 101.0  Flankenauswertung
                                  M 101.1  von Zustand 3
                                  M 160.0  Richtimpuls-
                                  M 160.1  erzeugung
```

Anweisungsliste:

```
OB 1
     :SPA FB  10
NAME :ZUSTAND
     :BE
```

```
FB 10
NAME :ZUSTAND
     :UN  M  160.0    Richtimpuls
     :=   M  160.1
     :U   M  160.1
     :S   M  160.0
     :
     :O   M  160.1    Zustand 0:
     :O               Grundstellung
     :U   M   20.3
     :UN  E    0.2
     :U(
     :L   MB  10
     :L   KF +0
     :!=F
     :)
     :S   M   20.0
     :U   M   20.1
     :R   M   20.0
     :
     :U   M   20.0    Zustand 1:
     :U   E    0.1    Einlesen
     :O
     :U   M   20.2
     :U   E    0.1
     :S   M   20.1
     :U   M   20.2
     :UN  E    0.1
     :O   M   20.4
     :R   M   20.1
     :
     :U   M   20.1    Zustand 2:
     :UN  E    0.1    Pufferspeicher
     :U(              zwischen leer
     :L   MB  10      und voll.
     :L   KF +10
     :<F
     :)
     :O
     :U   M   20.3
     :UN  E    0.2
     :U(
     :L   MB  10
     :L   KF +0
     :>F
     :)
     :S   M   20.2
     :U   M   20.3
     :U   E    0.2
     :O
     :U   M   20.1
     :U   E    0.1
     :R   M   20.2
     :
     :U   M   20.2    Zustand 3:
     :U   E    0.2    Auslesen
     :O
     :U   M   20.4
     :U   E    0.2
     :S   M   20.3
     :O   M   20.0
     :O
     :U   M   20.2
     :UN  E    0.2
     :R   M   20.3
     :
     :U   M   20.1    Zustand 4:
     :UN  E    0.1    Pufferspeicher
     :U(              voll.
     :L   MB  10
     :L   KF +10
     :!=F
     :)
     :S   M   20.4
     :U   M   20.3
     :R   M   20.4
     :
     :A   DB  10      Aufruf DB10
     :
     :U   M   20.1    Flankenauswert-
     :UN  M  100.0    ung Merker 20.1
     :=   M  100.1    von Zustand 1.
     :S   M  100.0
     :UN  M   20.1
     :R   M  100.0
     :
     :U   M  100.1    Einlesen
     :SPB FB  11
NAME :EINLESEN
     :
     :U   M   20.3    Flankenauswert-
     :UN  M  101.0    ung Merker 20.3
     :=   M  101.1    von Zustand 3.
     :S   M  101.0
     :UN  M   20.3
     :R   M  101.0
     :
     :U   M  101.1    Auslesen
     :SPB FB  12
NAME :AUSLESEN
     :
     :U   M   20.0    Meldung Speicher
     :=   A    0.2    leer.
     :U   M   20.4    Meldung Speicher
     :=   A    0.1    voll.
     :BE
```

```
FB 11
NAME :EINLESEN
     :L   EW  12      Zahlenwert vom Zahleneinsteller
     :B   MW   9      einlesen und zu dem Datenwort
     :T   DW   0      transferieren, das durch Index-
     :                register MW9 adressiert ist.
     :
     :L   MB  10      Nach erfolgtem Einlesen eines
     :I        1      Datenwortes den Datenwortzaehler
     :T   MB  10      um +1 erhoehen.
     :BE

FB 12
NAME :AUSLESEN
     :L   MB  10      Stand des Datenwortzaehlers um 1
     :D        1      vermindern. Damit wird das
     :T   MB  10      Indexregister auf die Adresse
     :                des letzten beschrieben Daten-
     :                wortes gesetzt.
     :B   MW   9      Auslesen des Datenwortes, das
     :L   DW   0      durch das Indexregister
     :T   AW  16      adressiert ist und den Zahlen-
     :BE              wert zur BCD-Anzeige bringen.
```

Übung 17.2: 12-Bit Schieberegister

Realisierung mit einer SPS:

Zuordnung:

```
  E1 = E 0.1    H1 = A 0.1    M0 = M 20.0    Hilfsmerker:  M 1.0
  E2 = E 0.2    H2 = A 0.2    M1 = M 20.1    Zeit:  T1
  E3 = E 0.3                  M2 = M 20.2    Richtimpuls:  M 160.0
                              M3 = M 20.3                  M 160.1
                              M4 = M 20.4    12-Bit Schieberegister: MW 10
```

Anweisungsliste:

```
PB 10
     Richtimpuls
     :UN  M  160.0
     :=   M  160.1
     :S   M  160.0
     Zustand 0
     :O   M  160.1
     :O
     :U(
     :O   M   20.2
     :O   M   20.4
     :)
     :U   T    1
     :S   M   20.0
     :O   M   20.1
     :O   M   20.3
     :R   M   20.0
     Zustand 1
     :U   M   20.0
     :U   E    0.1
     :S   M   20.1
     :U   M   20.2
     :R   M   20.1
     Zustand 2
     :U   M   20.1
     :UN  E    0.1
     :S   M   20.2
     :U   M   20.0
     :R   M   20.2
     Zustand 3
     :U   M   20.0
     :U   E    0.2
     :S   M   20.3
     :O   M   20.4
     :O   M   20.1
     :R   M   20.3
     Zustand 4
     :U   M   20.3
     :UN  E    0.2
     :S   M   20.4
     :U   M   20.0
     :R   M   20.4
     Zeit T1
     :O   M   20.2
     :O   M   20.4
     :L   KT 050.1
     :SE  T    1
     Sprung ins
     Unterprogramm
     :U   M   20.0
     :U(
     :O   M   20.1
     :O   M   20.3
     :)
     :SPB FB  10
NAME :SCHIEBE
     :
     :U(
     :O   M   20.2
     :O   M   20.4
     :)
     :U   M    1.0
     :=   A    0.1
     :
     :O   M   20.0
     :O   M   20.1
     :O   M   20.3
     :=   A    0.2
     :BE

FB 10
NAME :SCHIEBE
     :U   M   20.3
     :SPB =M001
     :
     :U   M   10.3
     :=   M    1.0
     :
     :L   MW  10
     :SLW      1
     :T   MW  10
     :
     :U   E    0.3
     :=   M   11.0
     :BEA
     :
M001 :
     :U   M   11.0
     :=   M    1.0
     :
     :L   MW  10
     :SRW      1
     :T   MW  10
     :
     :U   E    0.3
     :=   M   10.3
     :
     :BE
```

Übung 17.3: Mischbehälter

Die Steuerungsaufgabe wird in zwei Zustandsgraphen unterteilt:

Zustandsgraph 1: Sollwerte eingeben

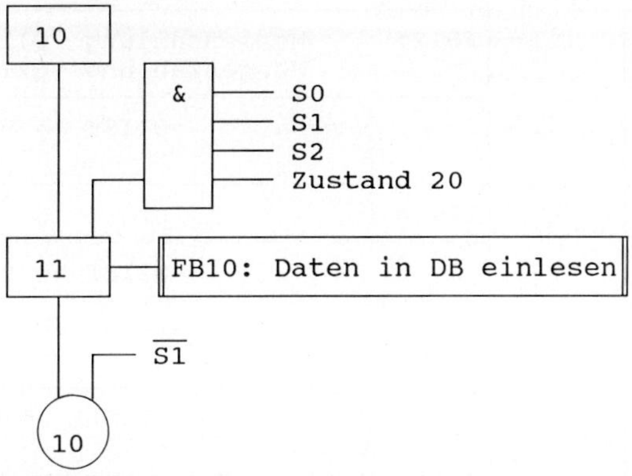

Unterprogramm FB10: Sollwert einlesen

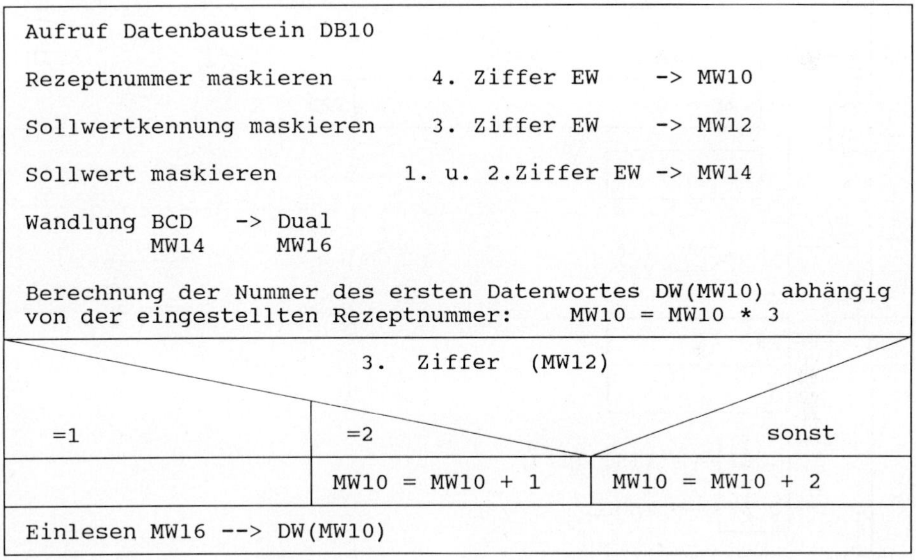

Zustandsgraph 2: Mischvorgang

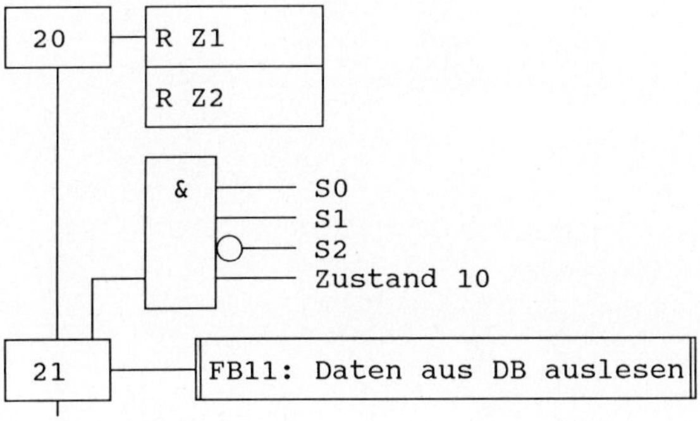

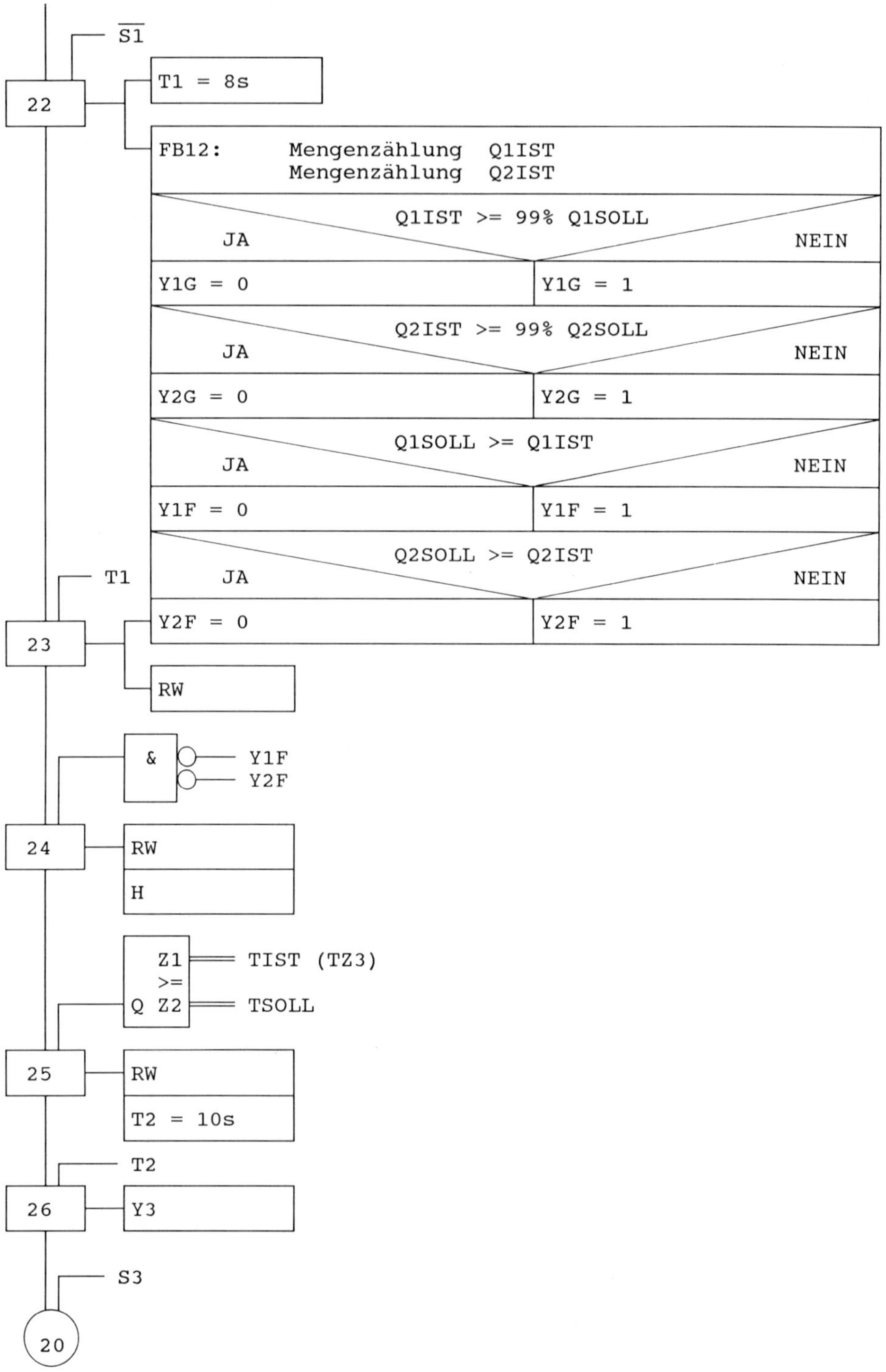
S1
22
T1 = 8s
FB12: Mengenzählung Q1IST
Mengenzählung Q2IST
Q1IST >= 99% Q1SOLL
JA
NEIN
Y1G = 0
Y1G = 1
Q2IST >= 99% Q2SOLL
JA
NEIN
Y2G = 0
Y2G = 1
Q1SOLL >= Q1IST
JA
NEIN
Y1F = 0
Y1F = 1
Q2SOLL >= Q2IST
JA
NEIN
Y2F = 0
Y2F = 1
T1
23
RW
&
Y1F
Y2F
24
RW
H
Z1
>=
Q Z2
TIST (TZ3)
TSOLL
25
RW
T2 = 10s
T2
26
Y3
S3
20

Unterprogramm FB11: Sollwerte auslesen

Aufruf Datenbaustein DB10 Maskieren der Rezeptnummer und Berechnung der Datenbaustein-nummer für den Sollwert Q1: (4. Ziffer EW)*3 -> MW18 Setzen von Zähler und Register zur indirekten Adressierung der Sollwerte: MW20 = 22
DW(MW18) -> MW(MW20) MW18 = MW18 + 1 MW20 = MW20 + 2
Wiederhole bis MW20 = 28
Multiplikation von Q1 und Q2 mit 10 (1% entpricht 10 Impulsen) Q1SOLL: MW22 = MW22*10 Q2SOLL: MW24 = MW24*10 Bestimmung der Sollwertvorgaben für die Grobeinlaβventile Y1G und Y2G 99% Q1SOLL: MW28 = MW22 - 10 99% Q2SOLL: MW30 = MW24 - 10

Die Umsetzung der beiden Zustandsgraphen in ein Steuerungsprogramm erfolgt nach den in Kapitel 8 beschriebenen Regeln. Beim Zustandsgraph 2 "Mischvorgang" wird in Zustand 22 und Zustand 23 stets das im Struktogramm angegebene Unterprogramm bearbeitet. Dieses Unterprogramm ist im Funktionsbaustein FB12 realisiert.

Realisierung mit einer SPS:

PB10: Zustandsgraph 1
PB11: Zustandsgraph 2
FB10: Unterprogramm Sollwert einlesen
FB11: Unterprogramm Sollwert auslesen
FB12: Mengenzählung Q1IST, Q2IST und Ansteuerung der Ventile

Zuordnung:

```
S0  = E 0.0   Y1G = A 0.0   M10 = M 80.0   Richtimpuls: M 160.1
S1  = E 0.1   Y2G = A 0.1   M11 = M 80.1   Hilfsmerker: M 160.0
S2  = E 0.2   Y1F = A 0.2   M12 = M 80.2                M  81.0
S3  = E 0.3   Y2F = A 0.3   M20 = M 90.0                M  81.1
QZ1 = E 0.4    Y3 = A 0.4   M21 = M 90.1
QZ2 = E 0.5    RW = A 0.5   M22 = M 90.2   Merkerregister:
TZ3 = EB 1      H = A 0.6   M23 = M 90.3   MW10, MW12, MW14, MW16,
EW  = EW 12                 M24 = M 90.4   MW18, MW20
                            M25 = M 90.5   Q1SOLL     = MW 22
                            M26 = M 90.6   Q2SOLL     = MW 24
                                           TSOLL      = MW 26
                                           99%Q1SOll  = MW 28
                                           99%Q2SOll  = MW 30

                                           Zähler: Z1 = Q1IST
                                                   Z2 = Q2IST
                                           Zeiten: T1,T2
```

Anweisungsliste:

```
OB 1
      :SPA PB  10
      :SPA PB  11
      :
      :BE

PB 10
      Richtimpuls
      :UN  M  160.0
      :=   M  160.1
      :S   M  160.0
      Zustand 10
      :O   M  160.1
      :O
      :U   M   80.1
      :UN  E    0.1
      :S   M   80.0
      :U   M   80.1
      :U   E    0.1
      :R   M   80.0
      Zustand 11
      :U   M   80.0
      :U   E    0.0
      :U   E    0.1
      :U   E    0.2
      :S   M   80.1
      :U   M   80.0
      :UN  E    0.1
      :R   M   80.1
      Sprung in FB10
      :U   M   80.1
      :UN  M   81.0
      :=   M   81.1
      :U   M   81.1
      :S   M   81.0
      :UN  M   80.1
      :R   M   81.0
      :U   M   81.1
      :SPB FB  10
NAME  :EINLESEN
      :BE

PB 11
      Zustand 20
      :O   M  160.1
      :O
      :U   E    0.3
      :U   M   90.6
      :S   M   90.0
      :U   M   90.1
      :R   M   90.0
      Zustand 21
      :U   M   90.0
      :U   E    0.0
      :U   E    0.1
      :UN  E    0.2
      :U   M   80.0
      :S   M   90.1
      :U   M   90.2
      :R   M   90.1
      Zustand 22
      :U   M   90.1
      :UN  E    0.1
      :S   M   90.2
      :U   M   90.3
      :R   M   90.2
      Zustand 23
      :U   M   90.2
      :U   T    1
      :S   M   90.3
      :U   M   90.4
      :R   M   90.3
      Zustand 24
      :U   M   90.3
      :UN  A    0.3
      :UN  A    0.4
      :S   M   90.4
      :U   M   90.5
      :R   M   90.4
      Zustand 25
      :U   M   90.4
      :U(
      :L   EB   1
      :L   MW  26
      :>=F
      :)
      :S   M   90.5
      :U   M   90.6
      :R   M   90.5
      Zustand 26
      :U   M   90.5
      :U   T    2
      :S   M   90.6
      :U   M   90.0
      :R   M   90.6
     Ruecksetzen Z1,Z2
      :U   M   90.0
      :R   Z    1
      :R   Z    2
      Sprung in FB11
      :U   M   90.0
      :U   M   90.1
      :SPB FB  11
NAME  :AUSLESEN
      Sprung in FB12
      :O   M   90.2
      :O   M   90.3
      :SPB FB  12
NAME  :VENTILE
      Zeiten
      :U   M   90.2
      :L   KT 080.1
      :SE  T    1
      :
      :U   M   90.5
      :L   KT 100.1
      :SE  T    2
     Ausgabezuweisungen
      :U   M   90.6
      :=   A    0.3
      :O   M   90.3
      :O   M   90.4
      :O   M   90.5
      :=   A    0.4
      :U   M   90.4
      :=   A    0.5
      :BE

FB 10
NAME  :EINLESEN
      :A   DB  10
      :L   EW  12
      :SRW     12
      :T   MW  10
      :L   EW  12
      :L   KH 0F00
      :UW
      :SRW      8
      :T   MW  12
      :L   EW  12
      :L   KH 00FF
      :UW
      :T   MW  14
      :SPA FB 240
NAME  :COD:B4
BCD   :    MW  14
SBCD  :    M  100.0
DUAL  :    MW  16
      :
      :L   MW  10
      :SLW      1
      :L   MW  10
      :+F
      :T   MW  10
      :
      :L   MW  12
      :L   KF +1
      :!=F
      :SPB =M001
      :L   MW  12
      :L   KF +2
      :!=F
      :SPB =M002
      :L   MW  10
      :I        2
      :T   MW  10
      :SPA =M001
M002  :L   MW  10
      :I        1
      :T   MW  10
      :
M001  :L   MW  16
      :B   MW  10
      :T   DW   0
      :
      :BE
```

```
FB 11
NAME :AUSLESEN
     :A    DB  10
     :L    EW  12
     :SRW      12
     :T    MW  18
     :
     :SLW       1
     :L    MW  18
     :+F
     :T    MW  18
     :L    KF +22
     :T    MW  20
     :
M001 :B    MW  18
     :L    DW   0
     :B    MW  20
     :T    MW   0
     :
     :L    MW  18
     :I         1
     :T    MW  18
     :
     :L    MW  20
     :I         2
     :T    MW  20
     :
     :L    MW  20
     :L    KF +28
     :<F
     :SPB =M001
     :
     :L    MW  22
     :SLW       1
     :L    MW  22
     :SLW       3
     :+F
     :T    MW  22
     :
     :L    MW  24
     :SLW       1
     :L    MW  24
     :SLW       3
     :+F
     :T    MW  24
     :
     :L    MW  22
     :L    KF +10
     :-F
     :T    MW  28
     :
     :L    MW  24
     :L    KF +10
     :-F
     :T    MW  30
     :
     :BE
```

```
FB 12
NAME :VENTILE
     :U    E    0.4
     :ZV   Z    1
     :U    E    0.5
     :ZV   Z    2
     :
     :L    Z    1
     :L    MW  28
     :>=F
     :SPB =M001
     :S    A    0.0
     :SPA =M002
M001 :
     :R    A    0.0
M002 :
     :L    Z    2
     :L    MW  30
     :>=F
     :SPB =M003
     :S    A    0.1
     :SPA =M004
M003 :
     :R    A    0.1
M004 :
     :L    Z    1
     :L    MW  22
     :>=F
     :SPB =M005
     :S    A    0.2
     :SPA =M006
M005 :
     :S    A    0.2
M006 :
     :L    Z    2
     :L    MW  24
     :>=F
     :SPB =M007
     :S    A    0.3
     :BEA
M007 :
     :R    A    0.3
     :BE
```

```
DB10
 0:   KF = +00000;
 1:   KF = +00000;
 2:   KF = +00000;
 3:   KF = +00000;
 4:   KF = +00000;
 5:   KF = +00000;
 6:   KF = +00000;
 7:   KF = +00000;
 8:   KF = +00000;
 9:   KF = +00000;
10:   KF = +00000;
11:   KF = +00000;
12:   KF = +00000;
13:   KF = +00000;
14:   KF = +00000;
15:   KF = +00000;
16:   KF = +00000;
17:   KF = +00000;
18:   KF = +00000;
19:   KF = +00000;
20:   KF = +00000;
21:   KF = +00000;
22:   KF = +00000;
23:   KF = +00000;
24:   KF = +00000;
25:   KF = +00000;
26:   KF = +00000;
27:   KF = +00000;
28:   KF = +00000;
29:   KF = +00000;
30:
```

Übung 17.4: Analyse einer AWL

Eingangscodierung:

E0.2	E0.1	Bezeichnung
0	0	B0
0	1	B1
1	0	B2
1	1	B3

Zustandsdiagramm:

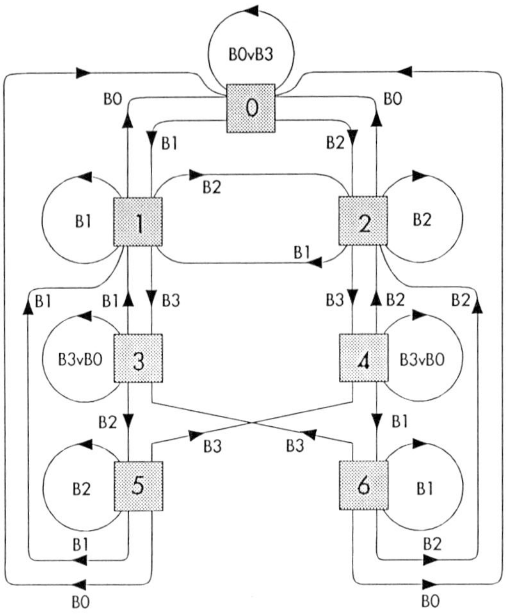

Übung 17.5: Steuerung für Regenwasserpumpen

Zuordnungstabelle

Eingangsvariable	Betriebsmittel-kennzeichen	Logische Zuordnung	
unterer Niveau-Geber mittlerer Niveau-Geber oberer Niveau-Geber	S1 S2 S3	betätigt betätigt betätigt	S1 = 1 S2 = 1 S3 = 1
Ausgangsvariable			
Pumpe 1 Pumpe 2 Pumpe 3 Pumpe 4	P1 P2 P3 P4	Pumpe 1 läuft Pumpe 2 läuft Pumpe 3 läuft Pumpe 4 läuft	P1 = 1 P2 = 1 P3 = 1 P4 = 1

Bei der Lösung der Steuerungsaufgabe wird davon ausgegangen, daß nach dem Signalwechsel eines Niveau-Gebers auf jeden Fall die Reaktionszeit abgewartet wird, bevor der nächste Niveau-Geber seinen Signalzustand ändert.

Strukturierung in Teilschaltwerke

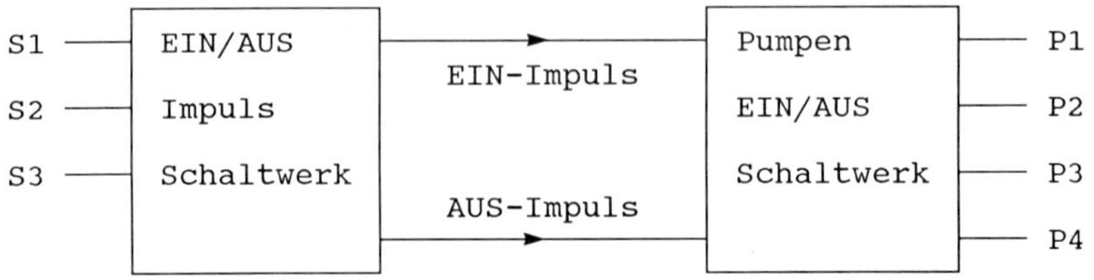

Zustandsdiagramm des EIN/AUS-Impuls-Schaltwerkes

Weiterschaltbedingungen:

B1 = 0 -> 1 Flanke von S1 v S2 v S3
B2 = 1 -> 0 Flanke von S1 v S2 v S3
T1 Zeitglied T1 ist abgelaufen
T2 Zeitglied T2 ist abgelaufen

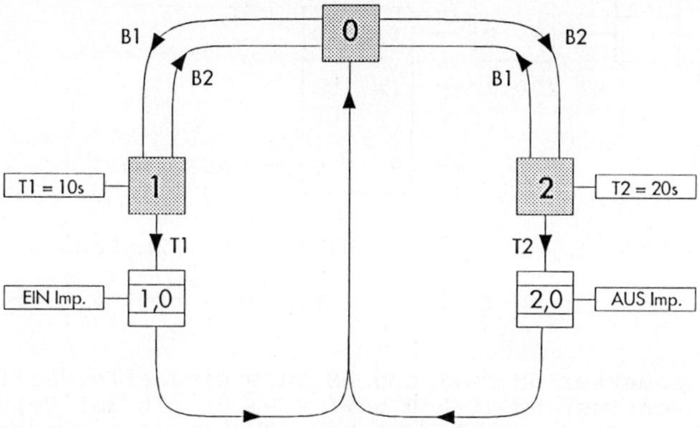

Funktionsplan des EIN/AUS-Impuls-Schaltwerkes

Signalvorverarbeitung:
Der Funktionsplan der positiven und negativen Flankenauswertung der Niveau-Geber ist nicht dargestellt.

B1: 0-1 Flanke (S1, S2, S3)

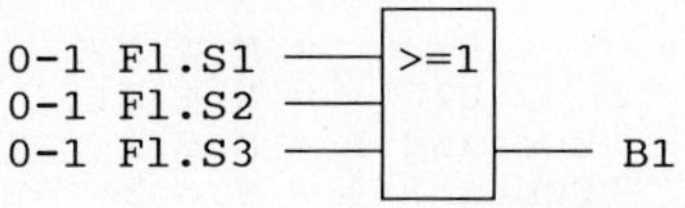

B2: 1-0 Flanke (S1, S2, S3)

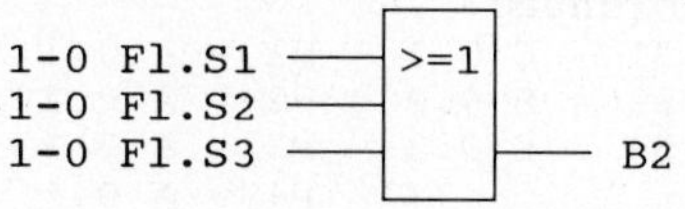

Zustand 1

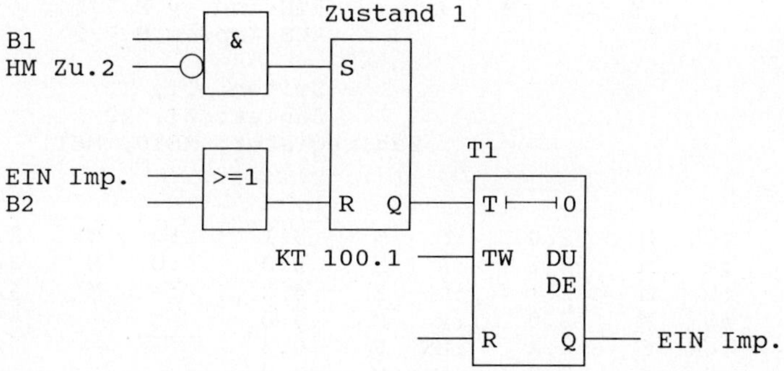

Zustand 2

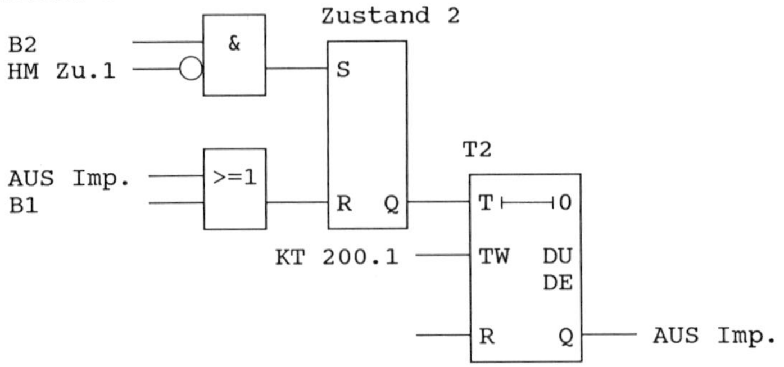

Hilfsmerker Zustand 1

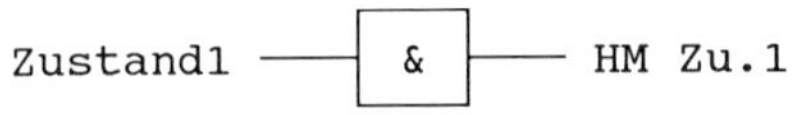

Hilfsmerker Zustand 2

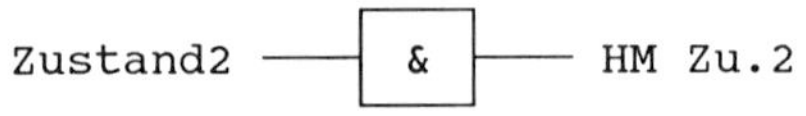

Die beiden Hilfsmerker HM Zu.1 und HM Zu.2 sind erforderlich, damit beim Übergang von Zustand 1 -> 0 bzw. 2 -> 0 mit der Weiterschaltbedingung B2 bzw. B1 der Zustand 2 bzw. Zustand 1 nicht gesetzt werden kann.

Pumpen-EIN/AUS-Schaltwerk
Das Pumpen-EIN/AUS-Schaltwerk kann aus dem im Lehr- und Arbeitsbuch auf der Seite 380 dargestellten Beispiel Pumpensteuerung unverändert übernommen werden.

Realisierung mit einer SPS:
Zuordnung:

S1 = E 0.1	P1 = A 0.1	Flankenmerker:		B1 = M 4.1
S2 = E 0.2	P2 = A 0.2	M 1.0	M 1.1	B2 = M 4.2
S3 = E 0.3	P3 = A 0.3	M 1.2	M 1.3	Zustand 1 = M 6.1
	P4 = A 0.4	M 2.0	M 2.1	Zustand 2 = M 6.2
		M 2.2	M 2.3	HM Zu.1 = M 6.5
		M 3.0	M 3.1	HM Zu.2 = M 6.6
		M 3.2	M 3.3	EIN Imp. = M 7.1
				AUS Imp. = M 7.2

Zeiten: T1, T2
Zähler: Z1, Z2
Zählregister: MB10, MB11

Anweisungsliste:

Flankenauswertungen

```
:U   E  0.1
:UN  M  1.0
:=   M  1.1
:U   M  1.1
:S   M  1.0
:UN  E  0.1
:R   M  1.0
:UN  E  0.1
:U   M  1.2
:=   M  1.3
:U   M  1.3
:R   M  1.2
:U   E  0.1
:S   M  1.2
:U   E  0.2
:UN  M  2.0
:=   M  2.1
:U   M  2.1
:S   M  2.0
:UN  E  0.2
:R   M  2.0
:UN  E  0.2
:U   M  2.2
:=   M  2.3
:U   M  2.3
:R   M  2.2
:U   E  0.2
:S   M  2.2
:U   E  0.3
:UN  M  3.0
:=   M  3.1
:U   M  3.1
:S   M  3.0
:UN  E  0.3
:R   M  3.0
:UN  E  0.3
:U   M  3.2
:=   M  3.3
:U   M  3.3
:R   M  3.2
:U   E  0.3
:S   M  3.2
:O   M  1.1
:O   M  2.1
:O   M  3.1
:=   M  4.1
:O   M  1.3
:O   M  2.3
:O   M  3.3
:=   M  4.2
```

EIN/AUS Impuls Schaltwerk

```
:U   M    4.1
:UN  M    6.6
:S   M    6.1
:O   M    7.1
:O   M    4.2
:R   M    6.1
:U   M    6.1
:L   KT 030.1
:SE  T    1
:U   T    1
:=   M    7.1
:U   M    4.2
:UN  M    6.5
:S   M    6.2
:O   M    7.2
:O   M    4.1
:R   M    6.2
:U   M    6.2
:L   KT 050.1
:SE  T    2
:U   T    2
:=   M    7.2
:U   M    6.1
:=   M    6.5
:U   M    6.2
:=   M    6.6
```

Pumpen EIN/AUS Schaltwerk

```
:U   M    7.1
:ZV  Z    1
:U   M   10.2
:R   Z    1
:L   Z    1
:T   MB  10
:U   M    7.2
:ZV  Z    2
:U   M   11.2
:R   Z    2
:L   Z    2
:T   MB  11
:U   M    7.1
:U   M   10.0
:UN  M   10.1
:S   A    0.1
:U   M    7.2
:U   M   11.0
:UN  M   11.1
:R   A    0.1
:U   M    7.1
:UN  M   10.0
:U   M   10.1
:S   A    0.2
:U   M    7.2
:UN  M   11.0
:U   M   11.1
:R   A    0.2
:U   M    7.1
:U   M   10.0
:U   M   10.1
:S   A    0.3
:U   M    7.2
:U   M   11.0
:U   M   11.1
:R   A    0.3
:U   M    7.1
:UN  M   10.0
:UN  M   10.1
:S   A    0.4
:U   M    7.2
:UN  M   11.0
:UN  M   11.1
:R   A    0.4
:BE
```

Übung 17.6: Erweiterung der Pumpensteuerung

Zuordnungstabelle

Eingangsvariable	Betriebsmittel-kennzeichen	Logische Zuordnung
Druckmesser mit zwei Signalgebern	E1,E2	Druck zu groß E1 = 1 Druck zu klein E2 = 1
Ausgangsvariable		
Pumpe 1 einfache Leistung Pumpe 2 einfache Leistung Pumpe 3 einfache Leistung Pumpe 4 einfache Leistung Pumpe 5 doppelte Leistung Pumpe 6 doppelte Leistung	P1 P2 P3 P4 P5 P6	Pumpe 1 läuft P1 = 1 Pumpe 2 läuft P2 = 1 Pumpe 3 läuft P3 = 1 Pumpe 4 läuft P4 = 1 Pumpe 5 läuft P5 = 1 Pumpe 6 läuft P6 = 1

Strukturierung in Teilschaltwerke

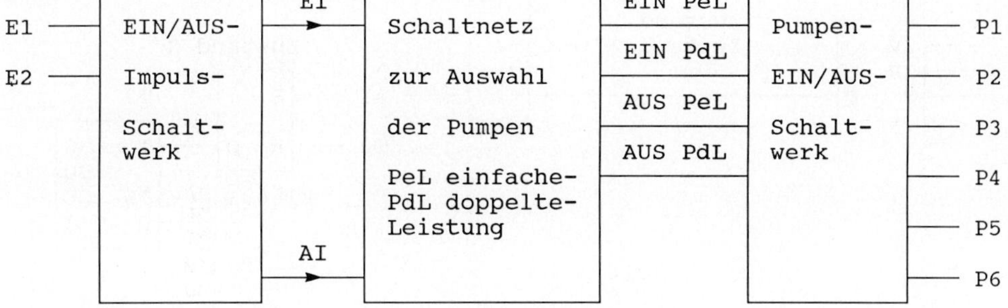

1. EIN/AUS-Impuls-Schaltwerk
Zustandsdiagramm:

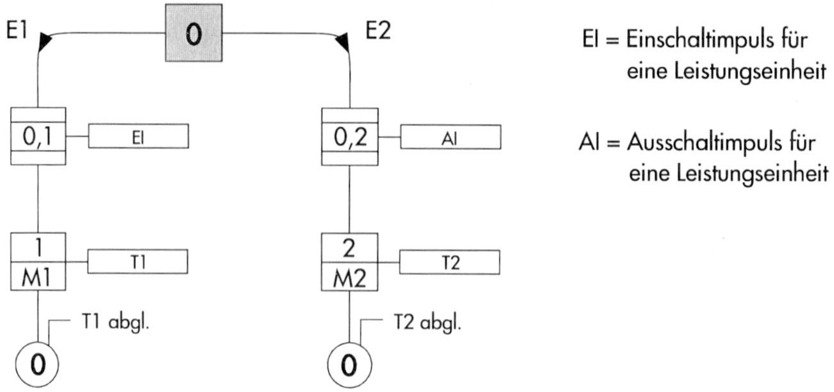

Funktionsplan:
Bei der Umsetzung des Zustandsdiagramms in einen Funktionsplan wird gegenüber der im Beispiel dargestellten Umsetzung lediglich die Verriegelung der Impulse, wenn alle Pumpen ein- bzw. ausgeschaltet sind, geändert. Im Schaltnetz für die Auswahl, ob eine Pumpe mit einfacher oder doppelter Leistung ein- bzw. ausgeschaltet werden muß, wird ein Zähler Z3 verwendet, der die Gesamtzahl der eingeschalteten Pumpen angibt. Ist der Zählerstand dieses Zählers gleich "8" bzw. gleich "0", dürfen vom EIN/AUS-Schaltwerk keine weiteren Impulse EI und AI mehr ausgegeben werden.

Funktionsplan für den Einschaltimpuls EI

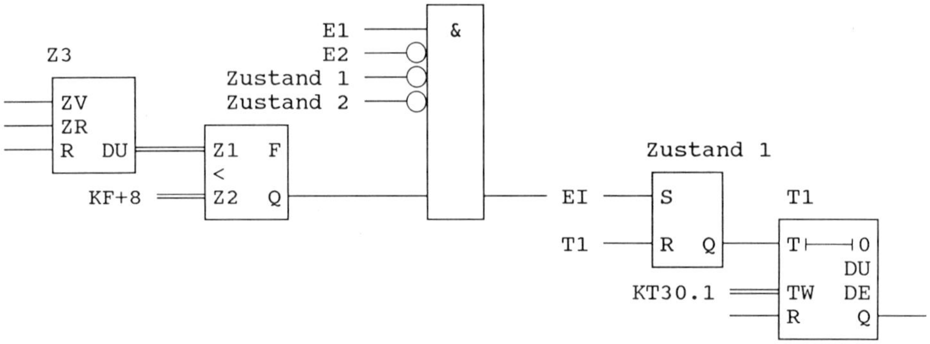

Funktionsplan für den Abschaltimpuls AI

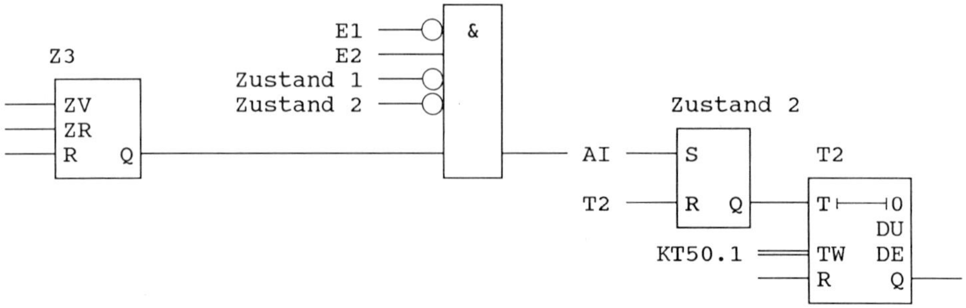

2. Schaltnetz zur Auswahl der Pumpen

Zur Ermittlung wieviele Pumpen mit einfacher Leistung und wieviele Pumpen mit doppelter Leistung eingeschaltet sein müssen, wird ein Zähler Z3 verwendet, der mit dem Einschaltimpuls EI aufwärts gezählt und mit dem Ausschaltimpuls AI abwärts gezählt wird.

Tabelle zur Ermittlung der Anzahl der eingeschalteten Pumpen:

Zählerstand Z3 EI: ZV AI: ZR	Anzahl der eingeschalteten Pumpen einfache Leistung	Anzahl der eingeschalteten Pumpen doppelte Leistung
0	0	0
1	1	0
2	0	1
3	1	1
4	0	2
5	1	2
6	2	2
7	3	2
8	4	2

Aus der Tabelle kann die Zuordnung für die Einschalt- und Ausschaltimpulse für die verschiedenen Pumpen gewonnen werden.

Einschaltimpuls für die Pumpen mit einfacher Leistung:
EIN PeL = EI & (Z3 = 0 v 2 v 4 v 5 v 6 v 7) v AI & (Z3 = 4 v 2)

Einschaltimpuls für die Pumpen mit doppelter Leistung:
EIN PdL = EI & (Z3 = 1 v 3)

Ausschaltimpuls für die Pumpen mit einfacher Leistung:
AUS PeL = AI & (Z3 = 1 v 3 v 5 v 6 v 7 v 8) v EI & (Z3 = 1 v 3)

Ausschaltimpuls für die Pumpen mit doppelter Leistung:
AUS PdL = AI & (Z3 = 2 v 4)

Funktionsplan:

Zur Auswertung des Zählerstandes Z3 wird der Dualwert des Zählers dem Merkerbyte MB8 zugewiesen. Nach entsprechender Minimierung lassen sich dann die verschiedenen Zählerstände durch Abfrage der Merkerbit M 8.0, M 8.1, M 8.2 und M 8.3 den EIN- und AUS-Impulsen zuweisen.

Zum Beispiel: Minimierung für EIN PeL:

EI & (Z3 = 0 v 2 v 4 v 5 v 6 v 7)

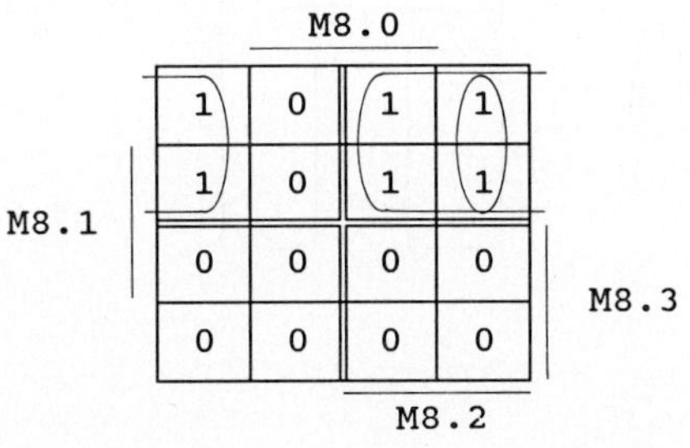

AI & (Z3 = 4 v 2)

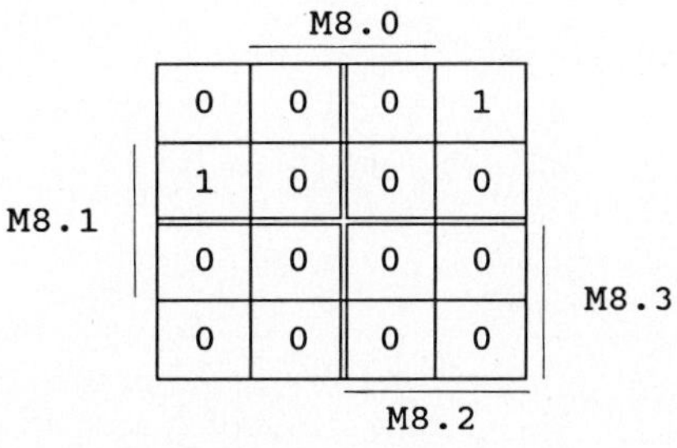

EIN PeL = $(\overline{M8.0}\ \overline{M8.3} \vee M8.2\ \overline{M8.3})$ & EI

$\vee\ (\overline{M8.0}\ M8.1\ \overline{M8.2}\ \overline{M8.3} \vee \overline{M8.0}\ \overline{M8.1}\ M8.2\ \overline{M8.3})$ & AI

Einschaltimpuls für die Pumpen mit einfacher Leistung:

Minimierung der folgenden Zählerstände

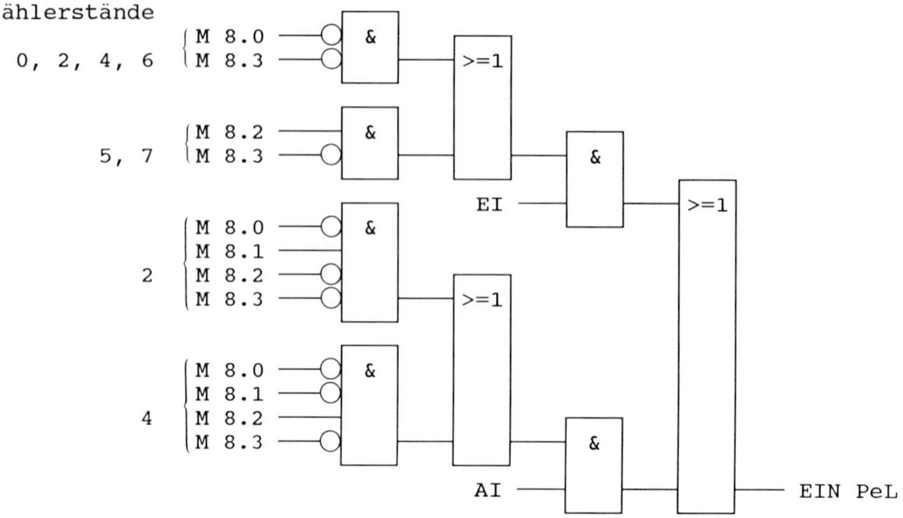

Einschaltimpuls für die Pumpen mit doppelter Leistung:

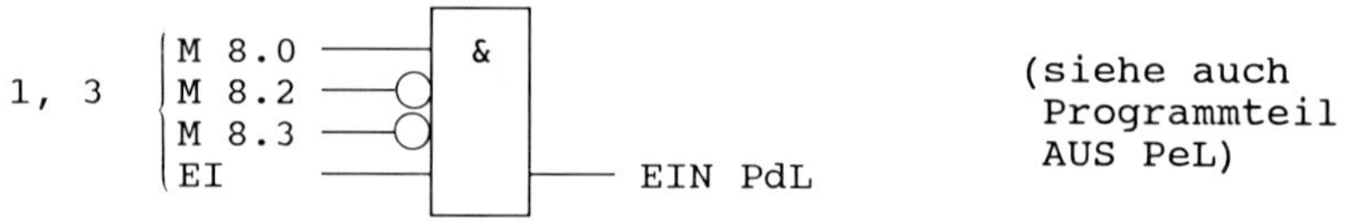

Ausschaltimpuls für die Pumpen mit einfacher Leistung:

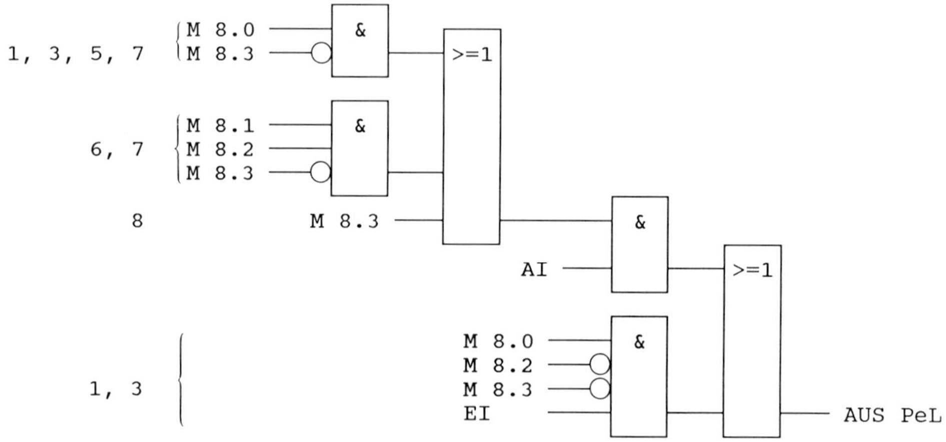

Ausschaltimpuls für die Pumpen mit doppelter Leistung:

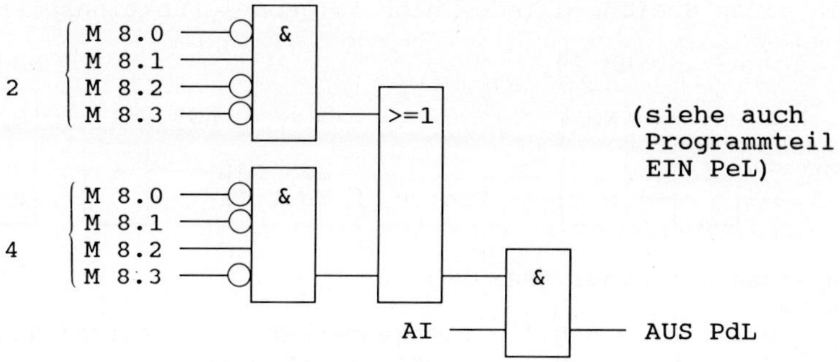

3. Pumpen-EIN/AUS-Schaltwerk

Für die Pumpen P1 bis P4 mit einfacher Leistung können die Zustandsdiagramme des Beispiels Pumpensteuerung, sowie deren Umsetzung übernommen werden (siehe Seite 383f).
Für die Pumpen P5 und P6 ist ein neues Zustandsdiagramm zu entwerfen und umzusetzen.

Zustandsdiagramm für das Einschalten der Pumpen mit doppelter Leistung:

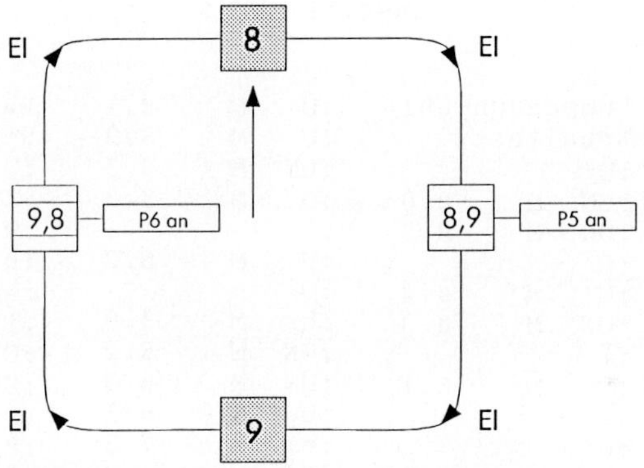

Zustandsdiagramm für das Ausschalten der Pumpen mit doppelter Leistung:

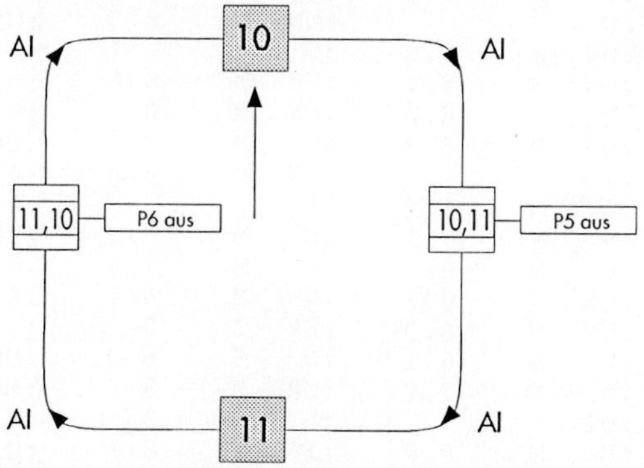

Die Umsetzung der beiden Zustandsdiagramme erfolgt durch Verwendung jeweils eines Speichergliedes nach folgendem Funktionsplan:

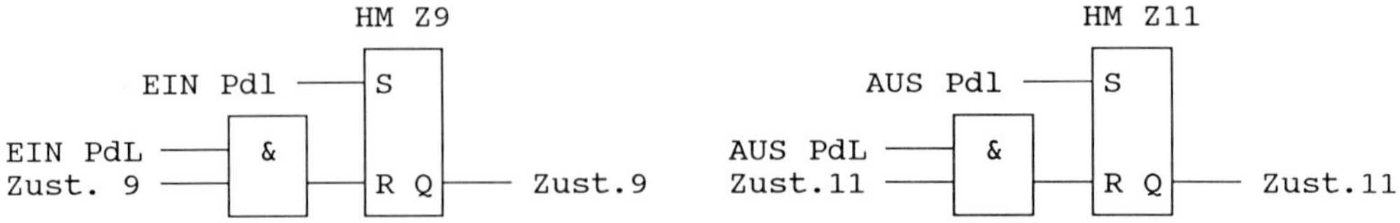

Realisierung mit einer SPS:

Zuordnung:

E1 = E 0.1	P1 = A 0.1	Flankenmerker:	Zeiten: T1, T2
E2 = E 0.2	P2 = A 0.2	Zust. 1 = M 5.1	
	P3 = A 0.3	Zust. 2 = M 5.2	Zähler: Z1, Z2, Z3
	P4 = A 0.4	EI = M 6.1	
	P5 = A 0.5	AI = M 6.2	Zählregister
	P6 = A 0.6	EIN PeL = M 7.1	MB8, MB10, MB11
		EIN PdL = M 7.2	
		AUS PeL = M 7.3	
		AUS PdL = M 7.4	
		HM Z9 = M 9.1	
		Zust. 9 = M 9.2	
		HM Z11 = M 9.3	
		Zust.11 = M 9.4	

Anweisungsliste:

EIN/AUS-Impuls Schaltwerk

```
:U    E    0.1
:UN   E    0.2
:UN   M    5.1
:UN   M    5.2
:U(
:L    Z    3
:L    KF +8
:<F
:)
:=    M    6.1
:U    M    6.1
:S    M    5.1
:U    T    1
:R    M    5.1
:U    M    5.1
:L    KT 030.1
:SE   T    1
:UN   E    0.1
:U    E    0.2
:UN   M    5.1
:UN   M    5.2
:U    Z    3
:=    M    6.2
:U    M    6.2
:S    M    5.2
:U    T    2
:R    M    5.2
:U    M    5.2
:L    KT 050.1
:SE   T    2
```

Pumpenauswahl Schaltnetz

```
:U(
:UN   M    8.0
:UN   M    8.3
:O
:U    M    8.2
:UN   M    8.3
:)
:U    M    6.1
:O
:U(
:UN   M    8.0
:U    M    8.1
:UN   M    8.2
:UN   M    8.3
:O
:UN   M    8.0
:UN   M    8.1
:U    M    8.2
:UN   M    8.3
:)
:U    M    6.2
:=    M    7.1
:U    M    8.0
:UN   M    8.2
:UN   M    8.3
:U    M    6.1
:=    M    7.2
:U(
:U    M    8.0
:UN   M    8.3
:O
:U    M    8.1
:U    M    8.2
:UN   M    8.3
:O    M    8.3
:)
:U    M    6.2
:O
:U    M    8.0
:UN   M    8.2
:UN   M    8.3
:U    M    6.1
:=    M    7.3
:U(
:UN   M    8.0
:U    M    8.1
:UN   M    8.2
:UN   M    8.3
:O
:UN   M    8.0
:UN   M    8.1
:U    M    8.2
:UN   M    8.3
:)
:U    M    6.2
:=    M    7.4
:U    M    6.1
:ZV   Z    3
:U    M    6.2
:ZR   Z    3
:L    Z    3
:T    MB   8
```

Pumpen EIN/AUS Schaltwerk

```
:U    M    7.1
:ZV   Z    1
:U    M    10.2
:R    Z    1
:L    Z    1
:T    MB   10
:U    M    7.3
:ZV   Z    2
:U    M    11.2
:R    Z    2
:L    Z    2
:T    MB   11
:U    M    7.1
:U    M    10.0
:UN   M    10.1
:S    A    0.1
:U    M    7.3
:U    M    11.0
:UN   M    11.1
:R    A    0.1
:U    M    7.1
:UN   M    10.0
:U    M    10.1
:S    A    0.2
:U    M    7.3
:UN   M    11.0
:U    M    11.1
:R    A    0.2
:U    M    7.1
:U    M    10.0
:U    M    10.1
:S    A    0.3
```

```
:U   M    7.3
:U   M   11.0
:U   M   11.1
:R   A    0.3
:U   M    7.1
:UN  M   10.0
:UN  M   10.1
:S   A    0.4

:U   M    7.3
:UN  M   11.0
:UN  M   11.1
:R   A    0.4
:U   M    7.2
:S   M    9.1
:U   M    7.2
:U   M    9.2
:R   M    9.1
:U   M    9.1
:=   M    9.2

:U   M    7.4
:S   M    9.3
:U   M    7.4
:U   M    9.4
:R   M    9.3
:U   M    9.3
:=   M    9.4

:U   M    7.2
:U   M    9.2
:S   A    0.5
:U   M    7.4
:U   M    9.4
:R   A    0.5
:U   M    7.2
:UN  M    9.2
:S   A    0.6
:U   M    7.4
:UN  M    9.4
:R   A    0.6
:BE
```

Übung 18.1: 7-Segmentanzeige

Funktionstabelle:

Dual-Nr.	E4	E3	E2	E1	A7	A6	A5	A4	A3	A2	A1	Dualwert der Ausgangskombin.
0	0	0	0	0	0	1	1	1	1	1	1	63
1	0	0	0	1	0	0	0	0	1	1	0	6
2	0	0	1	0	1	0	1	1	0	1	1	91
3	0	0	1	1	1	0	0	1	1	1	1	79
4	0	1	0	0	1	1	0	0	1	1	0	102
5	0	1	0	1	1	1	0	1	1	0	1	109
6	0	1	1	0	1	1	1	1	1	0	1	125
7	0	1	1	1	0	0	0	0	1	1	1	7
8	1	0	0	0	1	1	1	1	1	1	1	127
9	1	0	0	1	1	1	0	0	1	1	1	103
10	1	0	1	0	0	0	0	0	0	0	0	0
11	1	0	1	1	0	0	0	0	0	0	0	0
12	1	1	0	0	0	0	0	0	0	0	0	0
13	1	1	0	1	0	0	0	0	0	0	0	0
14	1	1	1	0	0	0	0	0	0	0	0	0
15	1	1	1	1	0	0	0	0	0	0	0	0

Aus dieser Funktionstabelle ergibt sich folgender Zuordner:

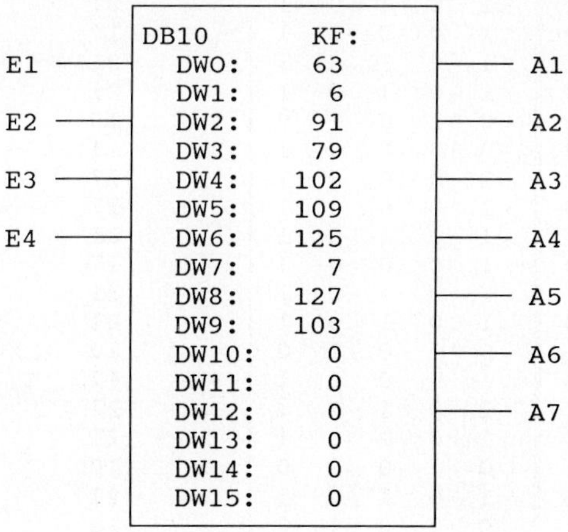

Realisierung mit einer SPS:

Zuordnung:

```
E1 = E 0.0    A1 = A 0.0    Adressenregister   MW10
E2 = E 0.1    A2 = A 0.1    Zustandsregister   MW20
E3 = E 0.2    A3 = A 0.2
E4 = E 0.3    A4 = A 0.3    Datenbaustein      DB10
              A5 = A 0.4
              A6 = A 0.5
              A7 = A 0.6
```

Anweisungsliste:

```
FB 10
NAME :S.SEGM.
     :L   EB    0       :
     :L   KH 000F       :L    AB    0
     :UW                :L    KH FF80
     :T   MW   10       :UW
     :                  :L    MW   20
     :A   DB   10       :OW
     :B   MW   10       :T    AB    0
     :L   DW    0       :BE
     :T   MW   20
```

```
DB10
0:     KF = +00063;      8:     KF = +00127;
1:     KF = +00006;      9:     KF = +00103;
2:     KF = +00091;     10:     KF = +00000;
3:     KF = +00079;     11:     KF = +00000;
4:     KF = +00102;     12:     KF = +00000;
5:     KF = +00109;     13:     KF = +00000;
6:     KF = +00125;     14:     KF = +00000;
7:     KF = +00007;     15:     KF = +00000;
                        16:
```

Übung 18.2: Tunnelbelüftung

Funktionstabelle:

Dual-Nr.	S5	S4	S3	S2	S1	K5	K4	K3	K2	K1	Dualwert der Ausgangskombin.
0	0	0	0	0	0	0	0	0	0	0	0
1	0	0	0	0	1	0	0	0	0	1	1
2	0	0	0	1	0	0	0	0	0	1	1
3	0	0	0	1	1	1	0	0	0	1	17
4	0	0	1	0	0	0	0	0	0	1	1
5	0	0	1	0	1	1	0	0	0	1	17
6	0	0	1	1	0	1	0	0	0	1	17
7	0	0	1	1	1	1	0	1	0	1	21
8	0	1	0	0	0	0	0	0	0	1	1
9	0	1	0	0	1	1	0	0	0	1	17
10	0	1	0	1	0	1	0	0	0	1	17
11	0	1	0	1	1	1	0	1	0	1	21
12	0	1	1	0	0	1	0	0	0	1	17
13	0	1	1	0	1	1	0	1	0	1	21
14	0	1	1	1	0	1	0	1	0	1	21
15	0	1	1	1	1	0	1	0	1	0	10
16	1	0	0	0	0	0	0	0	0	1	1
17	1	0	0	0	1	1	0	0	0	1	17
18	1	0	0	1	0	1	0	0	0	1	17
19	1	0	0	1	1	1	0	1	0	1	21
20	1	0	1	0	0	1	0	0	0	1	17
21	1	0	1	0	1	1	0	1	0	1	21
22	1	0	1	1	0	1	0	1	0	1	21
23	1	0	1	1	1	0	1	0	1	0	10
24	1	1	0	0	0	1	0	0	0	1	17
25	1	1	0	0	1	1	0	1	0	1	21
26	1	1	0	1	0	1	0	1	0	1	21
27	1	1	0	1	1	0	1	0	1	0	10
28	1	1	1	0	0	1	0	1	0	1	21
29	1	1	1	0	1	0	1	0	1	0	10
30	1	1	1	1	0	0	1	0	1	0	10
31	1	1	1	1	1	1	1	1	1	1	31

Aus dieser Funktionstabelle ergibt sich folgender Zuordner:

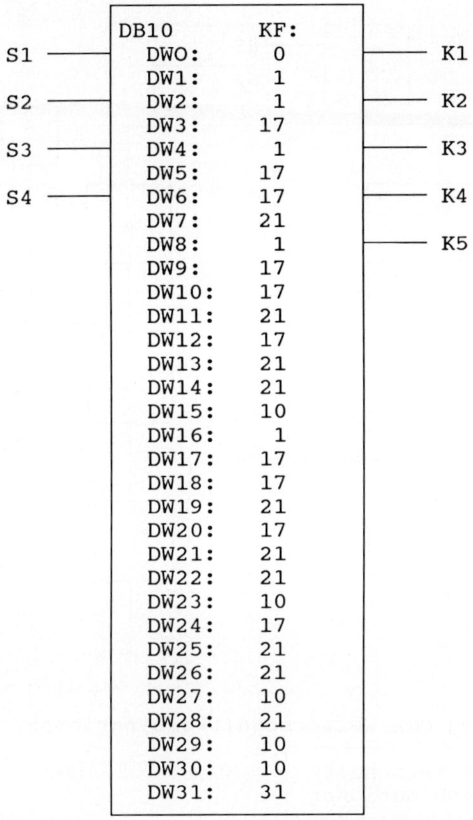

Realisierung mit einer SPS:

Zuordnung:

```
  S1 = E 0.0    K1 = A 0.0    Adressenregister  MW10
  S2 = E 0.1    K2 = A 0.1    Zustandsregister  MW20
  S3 = E 0.2    K3 = A 0.2
  S4 = E 0.3    K4 = A 0.3    Datenbaustein     DB10
                K5 = A 0.4
```

Anweisungsliste:

```
FB 10
NAME :TUNNEL
     :L    EB    0
     :L    KH 001F
     :UW
     :T    MW   10
     :
     :A    DB   10
     :B    MW   10
     :L    DW    0
     :T    MW   20
     :
     :L    AB    0
     :L    KH FFE0
     :UW
     :L    MW   20
     :OW
     :T    AB    0
     :BE
```

```
DB10
 0:   KF = +00000;    16:   KF = +00001;
 1:   KF = +00001;    17:   KF = +00017;
 2:   KF = +00001;    18:   KF = +00017;
 3:   KF = +00017;    19:   KF = +00021;
 4:   KF = +00001;    20:   KF = +00017;
 5:   KF = +00017;    21:   KF = +00021;
 6:   KF = +00017;    22:   KF = +00021;
 7:   KF = +00021;    23:   KF = +00010;
 8:   KF = +00001;    24:   KF = +00017;
 9:   KF = +00017;    25:   KF = +00021;
10:   KF = +00017;    26:   KF = +00021;
11:   KF = +00021;    27:   KF = +00010;
12:   KF = +00017;    28:   KF = +00021;
13:   KF = +00021;    29:   KF = +00010;
14:   KF = +00021;    30:   KF = +00010;
15:   KF = +00010;    31:   KF = +00031;
                      32:
```

Übung 18.3: Bedarfsampelanlage

Zustandsgraph:

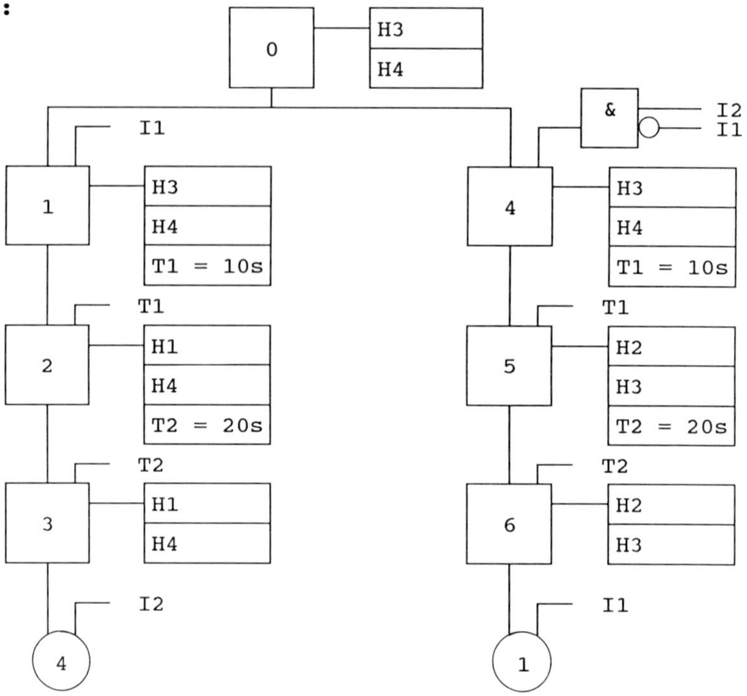

Tabelle für die Bezeichnung der Weiterschaltkombinationen:

T2	T1	I2	I1	Weiterschalt-kombinationen
0	0	0	0	B0
0	0	0	1	B1
0	0	1	0	B2
0	0	1	1	B3
0	1	0	0	B4
0	1	0	1	B5
0	1	1	0	B6
0	1	1	1	B7
1	0	0	0	B8
1	0	0	1	B9
1	0	1	0	B10
1	0	1	1	B11
1	1	0	0	B12
1	1	0	1	B13
1	1	1	0	B14
1	1	1	1	B15

Zustandstabelle:

Zustand	Übergangstabelle: Weiterschaltkombinationen																Ausgabetabelle: Ausgangszuweisungen						Dualwert
	B 0	B 1	B 2	B 3	B 4	B 5	B 6	B 7	B 8	B 9	B 10	B 11	B 12	B 13	B 14	B 15	T2	T1	H4	H3	H2	H1	
0	0	1	4	1	-	-	-	-	-	-	-	-	-	-	-	-	0	0	1	1	0	0	12
1	1	1	1	1	2	2	2	2	-	-	-	-	-	-	-	-	0	1	1	1	0	0	28
2	2	2	2	2	-	-	-	-	3	3	3	3	-	-	-	-	1	0	1	0	0	1	41
3	3	3	4	4	-	-	-	-	-	-	-	-	-	-	-	-	0	0	1	0	0	1	9
4	4	4	4	4	5	5	5	5	-	-	-	-	-	-	-	-	0	1	1	1	0	0	28
5	5	5	5	5	-	-	-	-	6	6	6	6	-	-	-	-	1	0	0	1	1	0	38
6	6	1	6	1	-	-	-	-	-	-	-	-	-	-	-	-	0	0	0	1	1	0	6

Codierung der Zustände:

Zustandsvariablen Q2	Q1	Q0	Zustand
0	0	0	Zustand 0
0	0	1	Zustand 1
0	1	0	Zustand 2
0	1	1	Zustand 3
1	0	0	Zustand 4
1	0	1	Zustand 5
1	1	0	Zustand 6

Zuordner der Übergangstabelle mit Weiterschaltkombinationen, Zustandsvariablen und Datenwörter:

Zustand	Weiterschaltkomb.	Q2	Q1	Q0	T2	T1	I2	I1	DB10 Datenwort DW	Folgezustand Q2	Q1	Q0	DB10 Eintragung in das DW
0	B0	0	0	0	0	0	0	0	DW0	0	0	0	0
0	B1	0	0	0	0	0	0	1	DW1	0	0	1	1
0	B2	0	0	0	0	0	1	0	DW2	1	0	0	4
0	B3	0	0	0	0	0	1	1	DW3	0	0	1	1
1	B0	0	0	1	0	0	0	0	DW16	0	0	1	1
1	B1	0	0	1	0	0	0	1	DW17	0	0	1	1
1	B2	0	0	1	0	0	1	0	DW18	0	0	1	1
1	B3	0	0	1	0	0	1	1	DW19	0	0	1	1
1	B4	0	0	1	0	1	0	0	DW20	0	1	0	2
1	B5	0	0	1	0	1	0	1	DW21	0	1	0	2
1	B6	0	0	1	0	1	1	0	DW22	0	1	0	2
1	B7	0	0	1	0	1	1	1	DW23	0	1	0	2
2	B0	0	1	0	0	0	0	0	DW32	0	1	0	2
2	B1	0	1	0	0	0	0	1	DW33	0	1	0	2
2	B2	0	1	0	0	0	1	0	DW34	0	1	0	2
2	B3	0	1	0	0	0	1	1	DW35	0	1	0	2
2	B8	0	1	0	1	0	0	0	DW40	0	1	1	3
2	B9	0	1	0	1	0	0	1	DW41	0	1	1	3
2	B10	0	1	0	1	0	1	0	DW42	0	1	1	3
2	B11	0	1	0	1	0	1	1	DW43	0	1	1	3
3	B0	0	1	1	0	0	0	0	DW48	0	1	1	3
3	B1	0	1	1	0	0	0	1	DW49	0	1	1	3
3	B2	0	1	1	0	0	1	0	DW50	1	0	0	4
3	B3	0	1	1	0	0	1	1	DW51	1	0	0	4

(Fortsetzung)

Zustand	Weiterschaltkomb.	Q2	Q1	Q0	T2	T1	I2	I1	DB10 Datenwort DW	Folgezustand Q2	Q1	Q0	DB10 Eintragung in das DW
4	B0	1	0	0	0	0	0	0	DW64	1	0	0	4
4	B1	1	0	0	0	0	0	1	DW65	1	0	0	4
4	B2	1	0	0	0	0	1	0	DW66	1	0	0	4
4	B3	1	0	0	0	0	1	1	DW67	1	0	0	4
4	B4	1	0	0	0	1	0	0	DW68	1	0	1	5
4	B5	1	0	0	0	1	0	1	DW69	1	0	1	5
4	B6	1	0	0	0	1	1	0	DW70	1	0	1	5
4	B7	1	0	0	0	1	1	1	DW71	1	0	1	5
5	B0	1	0	1	0	0	0	0	DW80	1	0	1	5
5	B1	1	0	1	0	0	0	1	DW81	1	0	1	5
5	B2	1	0	1	0	0	1	0	DW82	1	0	1	5
5	B3	1	0	1	0	0	1	1	DW83	1	0	1	5
5	B8	1	0	1	1	0	0	0	DW88	1	1	0	6
5	B9	1	0	1	1	0	0	1	DW89	1	1	0	6
5	B10	1	0	1	1	0	1	0	DW90	1	1	0	6
5	B11	1	0	1	1	0	1	1	DW91	1	1	0	6
6	B0	1	1	0	0	0	0	0	DW96	1	1	0	6
6	B1	1	1	0	0	0	0	1	DW97	0	0	1	1
6	B2	1	1	0	0	0	1	0	DW98	1	1	0	6
6	B3	1	1	0	0	0	1	1	DW99	0	0	1	1

Zuordner der Ausgabetabelle:

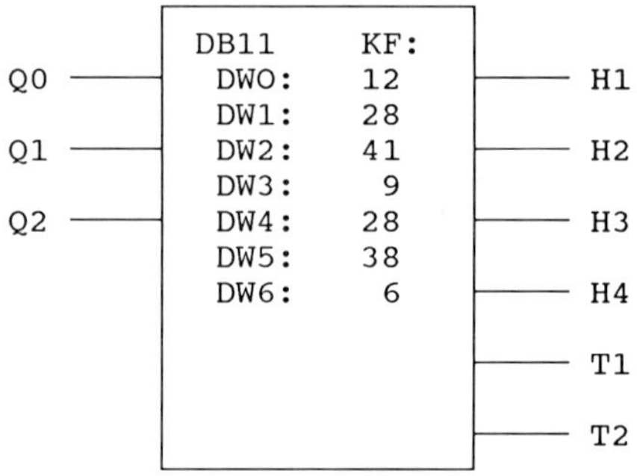

Realisierung mit einer SPS:

Zuordnung:

S1 = E 0.0	H1 = A 0.0	Hilfsregister	MB1, MB2
S2 = E 0.1	H2 = A 0.1	Adressenregister	MW10
	H3 = A 0.2	Ausgaberegister	MW20
	H4 = A 0.3	Datenbausteine	DB10, DB11

Anweisungsliste:

```
FB 10
NAME :BE.AMPEL
     :L    EB    0
     :L    KH 0003
     :UW
     :L    MB    2
     :SLW        4
     :OW
     :T    MW   10
     :
     :U    T     1
     :=    M    11.2
     :U    T     2
     :=    M    11.3
     :
     :A    DB   10
     :B    MW   10
     :L    DW    0
     :T    MW   20
     :
     :A    DB   11
     :B    MW   20
     :L    DW    0
     :T    MB    1
     :
     :U    M     1.4
     :L    KT 100.1
     :SE   T     1
     :
     :U    M     1.5
     :L    KT 200.1
     :SE   T     2
     :
     :L    MB    1
     :L    KH 000F
     :UW
     :T    MB    1
     :
     :L    AB    0
     :L    KH FFF0
     :UW
     :L    MB    1
     :OW
     :T    AB    0
     :
     :L    MW   20
     :T    MB    2
     :BE
```

```
DB10
  0:     KF = +00000;
  1:     KF = +00001;
  2:     KF = +00004;
  3:     KF = +00001;
  4:     KF = +00000;
  5:     KF = +00000;
  6:     KF = +00000;
  7:     KF = +00000;
  8:     KF = +00000;
  9:     KF = +00000;
 10:     KF = +00000;
 11:     KF = +00000;
 12:     KF = +00000;
 13:     KF = +00000;
 14:     KF = +00000;
 15:     KF = +00000;
 16:     KF = +00001;
 17:     KF = +00001;
 18:     KF = +00001;
 19:     KF = +00001;
 20:     KF = +00002;
 21:     KF = +00002;
 22:     KF = +00002;
 23:     KF = +00002;
 24:     KF = +00000;
 25:     KF = +00000;
 26:     KF = +00000;
 27:     KF = +00000;
 28:     KF = +00000;
 29:     KF = +00000;
 30:     KF = +00000;
 31:     KF = +00000;
 32:     KF = +00002;
 33:     KF = +00002;
 34:     KF = +00002;
 35:     KF = +00002;
 36:     KF = +00000;
 37:     KF = +00000;
 38:     KF = +00000;
 39:     KF = +00000;
 40:     KF = +00003;
 41:     KF = +00003;
 42:     KF = +00003;
 43:     KF = +00003;
 44:     KF = +00000;
 45:     KF = +00000;
 46:     KF = +00000;
 47:     KF = +00000;
 48:     KF = +00003;
 49:     KF = +00003;
 50:     KF = +00004;
 51:     KF = +00004;
 52:     KF = +00000;
 53:     KF = +00000;
 54:     KF = +00000;
 55:     KF = +00000;
 56:     KF = +00000;
 57:     KF = +00000;
 58:     KF = +00000;
 59:     KF = +00000;
 60:     KF = +00000;
 61:     KF = +00000;
 62:     KF = +00000;
 63:     KF = +00000;
 64:     KF = +00004;
 65:     KF = +00004;
 66:     KF = +00004;
 67:     KF = +00004;
 68:     KF = +00005;
 69:     KF = +00005;
 70:     KF = +00005;
 71:     KF = +00005;
 72:     KF = +00000;
 73:     KF = +00000;
 74:     KF = +00000;
 75:     KF = +00000;
 76:     KF = +00000;
 77:     KF = +00000;
 78:     KF = +00000;
 79:     KF = +00000;
 80:     KF = +00005;
 81:     KF = +00005;
 82:     KF = +00005;
 83:     KF = +00005;
 84:     KF = +00000;
 85:     KF = +00000;
 86:     KF = +00000;
 87:     KF = +00000;
 88:     KF = +00006;
 89:     KF = +00006;
 90:     KF = +00006;
 91:     KF = +00006;
 92:     KF = +00000;
 93:     KF = +00000;
 94:     KF = +00000;
 95:     KF = +00000;
 96:     KF = +00006;
 97:     KF = +00001;
 98:     KF = +00006;
 99:     KF = +00001;
100:

DB11
  0:     KF = +00012;
  1:     KF = +00028;
  2:     KF = +00041;
  3:     KF = +00009;
  4:     KF = +00028;
  5:     KF = +00038;
  6:     KF = +00006;
  7:
```

Übung 18.4: Überwachungsschaltung

Zuordnungstabelle:

Eingangsvariable	Betriebsmittel-kennzeichen	Logische Zuordnung
Quittierungstaste Lichtschranke 1 Lichtschranke 2	S0 S1 S2	betätigt S0 = 1 unterbrochen S1 = 1 unterbrochen S2 = 1
Ausgangsvariable		
Meldeleuchte	H1	leuchtet H1 = 1

Tabelle für die Codierung der Weiterschaltkombinationen

S2 S1	Bezeichnung
0 0	B0
0 1	B1
1 0	B2
1 1	B3

Zustandsdiagramm der Steuerungsaufgabe:

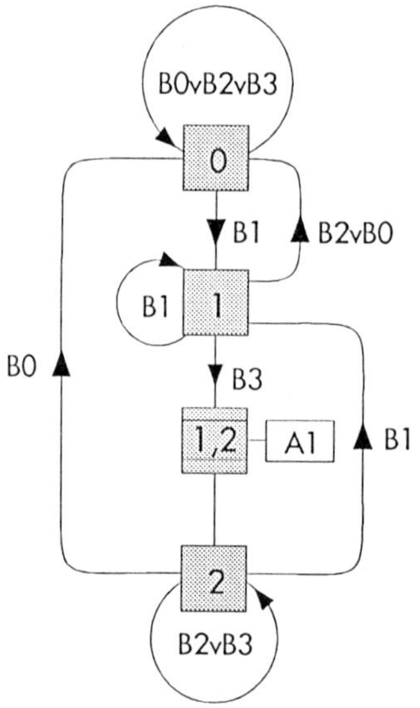

Die flüchtige Ausgabevariable A1 des Zustandsdiagramms setzt ein RS-Speicherglied. Der Ausgang des Speichergliedes steuert die Meldeleuchte H1 an. Rückgesetzt wird das Speicherglied mit der Quittiertaste S0.

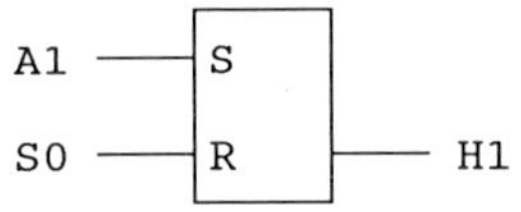

Zustandstabelle

Zustand	Weiterschaltkombinationen B0	B1	B2	B3
0	0/-	1/-	0/-	0/-
1	0/-	1/-	0/-	2/A1
2	0/-	1/-	2/-	2/-

Tabelle für die Codierung der Zustände

Zustandsvariablen Q1	Q0	Zustand
0	0	Zustand 0
0	1	Zustand 1
1	0	Zustand 2

Zustandstabelle mit Eingangs- und Zustandsvariablen

Dual-wert	Q1	Q0	S2	S1	Folge-zustand Q1	Q0	Ausgabe-zuweisung A1	Dual-wert
0	0	0	0	0	0	0	0	0
1	0	0	0	1	0	1	0	2
2	0	0	1	0	0	0	0	0
3	0	0	1	1	0	0	0	0
4	0	1	0	0	0	0	0	0
5	0	1	0	1	0	1	0	2
6	0	1	1	0	0	0	0	0
7	0	1	1	1	1	0	1	5
8	1	0	0	0	0	0	0	0
9	1	0	0	1	0	1	0	2
10	1	0	1	0	1	0	0	4
11	1	0	1	1	1	0	0	4

Zuordner der Zustandstabelle

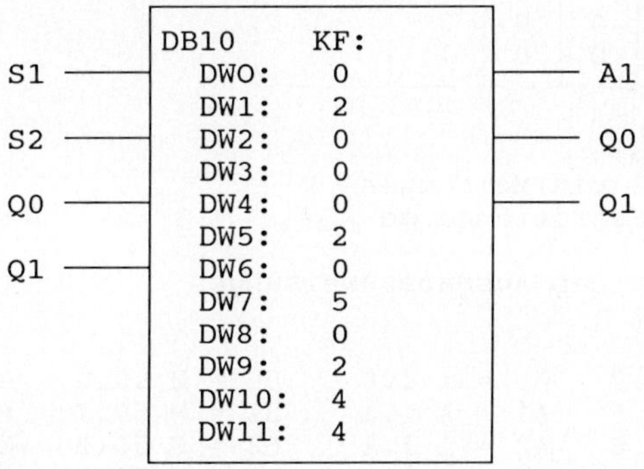

Realisierung mit einer SPS:

Zuordnung:

S0 = E 0.0	H1 = A 0.0	Altzustandsregister	MB2
S1 = E 0.1		Adressenregister	MW10
S2 = E 0.2		Ausgaberegister	MW20
		Datenbaustein	DB10

Anweisungsliste:

```
FB 10                                           DB10
NAME :UEBERWA                                    0:      KF = +00000;
     :L    EB    0      :U    M    20.0          1:      KF = +00002;
     :L    KH 0006      :S    A     0.0          2:      KF = +00000;
     :UW                :U    E     0.0          3:      KF = +00000;
     :SRW        1      :R    A     0.0          4:      KF = +00000;
     :L    MB    2      :                        5:      KF = +00002;
     :SLW        2      :L    MB   20            6:      KF = +00000;
     :OW                :SRW        1            7:      KF = +00005;
     :T    MW   10      :T    MB    2            8:      KF = +00000;
     :                  :BE                      9:      KF = +00002;
     :A    DB   10                              10:      KF = +00004;
     :B    MW   10                              11:      KF = +00004;
     :L    DW    0                              12:
     :T    MB   20
     :
```

Übung 18.5 Rohrbiegeanlage

Ablaufkette und Grundstellung der Anlage AM0 siehe Übung 9.2.

Das Steuerungsprogramm des Betriebsartenteils PB10 wird von der Übungsaufgabe 9.2 unverändert übernommen. Die Ablaufkette im Programmbaustein PB11 wird mit Zähler Z1 umgesetzt. Die Befehlsausgabe im Funktionsbaustein FB 13 erfolgt durch die Adressierung eines Datenwortes mit dem aktuellen Schritt.

Eintragungen in den Datenbaustein DB13:

Schritt	Ausgangsvariablen						DB13
	Y	H	MAU	MAB	W2	W1	
0	0	0	0	0	0	0	0
1	0	0	0	0	1	0	2
2	0	1	0	0	1	0	18
3	0	1	0	1	0	0	20
4	0	1	0	0	0	0	16
5	1	1	0	0	0	0	48
6	1	0	0	0	0	0	32
7	0	0	1	0	0	0	8
8	0	0	0	0	0	0	0
9	0	0	0	0	0	1	1

Realisierung mit einer SPS:

PB 10: Betriebsartenteil mit Meldungen
PB 11: Ablaufkette mit Schrittanzeige
FB 13: Befehlsausgabe
DB 13: Datenbaustein mit den Ausgabezuweisungen

Zuordnung:

E1 = E 1.1	S7 = E 0.7	A0 = A 1.0	B0 = M 50.0	Adressen-
E2 = E 1.2	S8 = E 1.5	A1 = A 1.1	B1 = M 50.1	register
E3 = E 1.3	S9 = E 1.6	A2 = A 1.2	B2 = M 50.2	MW10 = MW 10
E4 = E 1.4		A3 = A 1.3	B3 = M 50.3	
S0 = E 0.0		A4 = A 1.4	B4 = M 50.4	Zähler Z1
S1 = E 0.1		W1 = A 0.0	AM0 = M 51.0	
S2 = E 0.2		W2 = A 0.1	B10 = M 52.0	Zeit T1
S3 = E 0.3		MAB = A 0.2	B11 = M 52.1	
S4 = E 0.4		MAU = A 0.3	B12 = M 52.2	
S5 = E 0.5		H = A 0.4	M0 = M 40.0	
S6 = E 0.6		Y = A 0.5		

Anweisungsliste:

```
PB 10
:U   E    1.2
:UN  M   52.1
:=   M   52.0
:U   M   52.0
:S   M   52.1
:UN  E    1.2
:R   M   52.1
:U   M   52.0
:U   M   51.0
:UN  A    1.4
:U   E    1.1
:UN  M   40.0
:=   M   50.0
:U   M   51.0
:U   M   52.0
:U   M   40.0
:S   A    1.4
:ON  E    1.1
:O
:U   M   52.2
:U   M   40.0
:R   A    1.4
:U   A    1.4
:=   M   50.1
:U   A    1.4
:U   E    1.4
:S   M   52.2
:UN  A    1.4
:R   M   52.2
:U   M   52.0
:UN  E    1.1
:=   M   50.2
:U   E    0.0
:U   M   51.0
:=   M   50.3
:O   A    1.4
:O
:UN  E    1.1
:U   E    1.3
:=   M   50.4
:BE
```

```
PB 11
:U   E    0.1
:U   E    0.2
:UN  E    0.3
:UN  E    0.4
:U   E    0.5
:UN  E    0.6
:U   E    0.7
:UN  E    1.5
:UN  E    1.6
:=   M   51.0
:UN  Z    1
:U   M   50.1
:U   M   50.3
:ZV  Z    1
:U(
:L   Z    1
:L   KF +1
:!=F
:)
:U   M   50.1
:U   E    0.3
:ZV  Z    1
:U(
:L   Z    1
:L   KF +2
:!=F
:)
:U   M   50.1
:U   E    0.4
:ZV  Z    1
:U(
:L   Z    1
:L   KF +3
:!=F
:)
:U   M   50.1
:U   E    0.6
:ZV  Z    1
:U(
:L   Z    1
:L   KF +4
:!=F
:)
:U   M   50.1
:U   E    1.6
:ZV  Z    1
:U(
:L   Z    1
:L   KF +5
:!=F
:)
:U   M   50.1
:U   E    1.5
:ZV  Z    1
:U(
:L   Z    1
:L   KF +6
:!=F
:)
:U   M   50.1
:U   T    1
:ZV  Z    1
:U(
:L   Z    1
:L   KF +7
:!=F
:)
:U   M   50.1
:U   E    0.5
:ZV  Z    1
:U(
:L   Z    1
:L   KF +8
:!=F
:)
:U   M   50.1
:U   E    0.7
:ZV  Z    1
:O   M   50.0
:O
:U(
:L   Z    1
:L   KF +9
:!=F
:)
:U   M   50.1
:U   E    0.1
:R   Z    1
:U   M   50.2
:ZV  Z    1
:L   Z    1
:T   MW  10
:LC  Z    1
:T   AB  16
:L   Z    1
:L   KF +10
:!=F
:R   Z    1
:UN  Z    1
:=   M   40.0
:L   Z    1
:L   KF +6
:!=F
:L   KT 030.1
:SE  T    1
:BE
```

```
FB 13
NAME :BEFEHLSA
     :A   DB  13
     :
     :UN  M   50.4
     :SPB =M001
     :
     :B   MW  10
     :L   DW   0
     :T   AB   0
     :
     :BEA
M001 :
     :L   KH 0000
     :T   AB   0
     :
     :BE
```

```
DB13
 0:     KF = +00000;
 1:     KF = +00002;
 2:     KF = +00018;
 3:     KF = +00020;
 4:     KF = +00016;
 5:     KF = +00048;
 6:     KF = +00032;
 7:     KF = +00008;
 8:     KF = +00000;
 9:     KF = +00001;
10:
```

Übung 19.1: Schubantrieb mit Widerstandsferngeber

Realisierung mit einer SPS:

Zuordnung:

```
  S0 = E 0.0    Y0 = A 0.0   M 4.0 Merker Öffnen
  S1 = E 0.1    Y1 = A 0.1   M 4.1 Merker Schließen
  S2 = E 0.2                 MW 10 Istwert, normiert auf 0 .. 100%

  G  = Baugruppenadresse BG = 160
       Kanalnummer       KN = 0
       Kanaltyp          KT = 4
```

Anweisungsliste:

```
OB 1
:SPA PB   1
:BE

PB 1
     :U   E    0.0         Abfrage "Jalousie oeffnen"?
     :S   M    4.0         "Oeffnen" uebernehmen.
     :R   M    4.1         Verriegeln gegen "Schliessen".
     :R   A    0.1
     :
     :U   M    4.0         Bearbeiten des Funktionsbau-
     :SPB FB   1           steins "OEFFNEN".
NAME :OEFFNEN
     :
     :U   E    0.1         Abfrage "Jalousie schliessen"?
     :S   M    4.1         "Schliessen" uebernehmen.
     :R   M    4.0         Verriegeln gegen "Oeffnen".
     :R   A    0.0
     :
     :U   M    4.1         Bearbeiten des Funktionsbau-
     :SPB FB   2           steins "SCHLIESS".
NAME :SCHLIESS
     :
     :BE


FB 1
NAME :OEFFNEN
     :SPA FB 250           Analogwert einlesen: Geber G.
NAME :RLG:AE
BG   :    KF +160             Baugruppenadresse 160
KNKT :    KY 0,4              Kanal 0, Kanaltyp 4=unipolar
OGR  :    KF +100             Oberer Grenzwert
UGR  :    KF +0               Unterer Grenzwert
EINZ :    M  100.0
XA   :    MW  10              Normierter Analogwert:0...100
FB   :    M  100.1
BU   :    M  100.2
TBIT :    M  100.3
     :
     :U   E    0.2         Abfrage: Halb- oder Ganzoeffnung
     :SPB =M001
     :
     :L   MW  10           Vergleich, ob Jalousie weniger
     :L   KF +50           als 50% geoeffnet ist.
     :<F
     :=   A    0.0         Wenn ja, Motor-Rechtslauf: AUF
     :SPA =M002
     :
```

```
M001 :L    MW  10           Vergleich, ob Jalousie weniger
     :L    KF +100          als 100% geoeffnet ist.
     :<F
     :=    A     0.0        Wenn ja, Motor-Rechtslauf: AUF
     :
M002 :UN   A     0.0        Abfrage, ob Jalousie geoeffnet.
     :R    M     4.0        Wenn ja, Merker "Oeffnen" rueck-
     :BE                    setzen.

FB 2
NAME :SCHLIESS
     :SPA FB 250            Analogwert einlesen: Geber G
NAME :RLG:AE
BG   :     KF +160              Baugruppenadresse 160
KNKT :     KY 0,4               Kanal 0, Kanaltyp 4=unipolar
OGR  :     KF +100              Oberer Grenzwert
UGR  :     KF +0                Unterer Grenzwert
EINZ :     M  100.0
XA   :     MW  10               Normierter Istwert: 0...100
FB   :     M  100.1
BU   :     M  100.2
TBIT :     M  100.3
     :
     :L    MW  10           Vergleich, ob Jalousie noch
     :L    KF +0            geoeffnet ist.
     :>F
     :=    A     0.1        Wenn ja, Motor-Linkslauf: ZU
     :
     :UN   A     0.1        Abfrage, ob Jalousie zu.
     :R    M     4.1        Wenn ja, Merker "Schliessen"
     :BE                    ruecksetzen.
```

Übung 19.2: Drosselklappe mit 0(4) ... 20 mA Stellungsgeber

Realisierung mit einer SPS:

```
Zuordnung:
  S0 = E 0.0    Y0 = A 0.0   M 4.0 Merker: Position einstellen
  EW = EW 12    Y1 = A 0.1   MW  8 Sollwert, dual-codiert
       BCD-codiert           MW 10 Istwert (roh) 15° ... 75°
                             MW 12 Istwert, normiert auf 0 ... 60°

  G  = Baugruppenadresse BG = 160
       Kanalnummer       KN = 4
       Kanaltyp       a) KT = 3
                      b) KT = 4
```

Anweisungsliste:

```
OB 1
     :U    E     0.0        Startimpuls durch Taster S0 zum
     :S    M     4.0        Anfahren der neuen Klappenstellg
     :
     :U    M     4.0        Wenn ja,
     :SPB  PB    1          Sollwert u. Istwert einlesen,
     :U    M     4.0        Motor fuer Rechts-bzw.Links-
     :SPB  PB    2          lauf einschalten.
     :
     :UN   A     0.0        Wenn neue Klappenstellung
     :UN   A     0.1        erreicht, dann
     :R    M     4.0        Merker ruecksetzen.
     :BE
```

PB 1

Fuer 4...20 mA - Signal:

```
FB250       :Analogwert einlesen
Kanal 4     :0,5 V Nennbereich
Kanaltyp 3 :Betragsdarstellung 4...20 mA (s.Tabelle S.430)
Obergrenze :OGR = 75 bewirkt Normierung fuer I = 20 mA --> 2560 Einheiten
Untergrenze:UGR = 15 bewirkt Normierung fuer I =  4 mA -->  512 Einheiten
```

```
     :SPA FB 240            Sollwert einlesen.
NAME :COD:B4
BCD  :    EW  12            BCD-Zahleneinsteller ablesen.
SBCD :    M  100.0
DUAL :    MW   8            Sollwert dual-codiert nach MW8.
     :
     :SPA FB 250            Istwert einlesen:
NAME :RLG:AE
BG   :    KF +160              Baugruppenadresse
KNKT :    KY 4,3               Kanal 4, Kanaltyp 3=4...20mA
OGR  :    KF +75               Obergrenze
UGR  :    KF +15               Untergrenze
EINZ :    M  100.1
XA   :    MW  10               Istwert (roh): 15...75
FB   :    M  100.2
BU   :    M  100.3
TBIT :    M  100.4
     :
     :BE
```

PB 2

Vor dem Sollwert - Istwert - Vergleich ist der Istwert (roh) = (15...75) durch Subtaktion von 15 an den Sollwert - Bereich (0...60) anzupassen.

```
     :L   MW  10            Istwert (roh): 15...75.
     :L   KF +15            Betrag 15 subtrahieren.
     :-F
     :T   MW  12            Normierter Istwert: 0...60.
     :
     :L   MW  12            Solange Istwert kleiner als
     :L   MW   8            Sollwert,
     :<F                    Motor-Rechtslauf: Klappe weiter
     :=   A    0.0          oeffnen.
     :
     :L   MW  12            Solange Istwert groesser als
     :L   MW   8            Sollwert,
     :>F                    Motor-Linkslauf: Klappe weiter
     :=   A    0.1          schliessen.
     :BE
```

PB 3

Fuer 0...20 mA - Signal: Im OB1 die Sprungbefehle auf PB3 und PB4 abaendern!

```
FB250       :Analogwert einlesen
Kanal 4     :0,5 V Nennbereich
Kanaltyp 4 :Unipolare Darstellung (s.Tabelle S.428)
Obergrenze :OGR = 48 bewirkt Normierung fuer I = 16 mA --> 2048 Einheiten
Untergrenze:UGR =  0 bewirkt Normierung fuer I =  0 mA -->    0 Einheiten
```

Der FB250 liefert dann fuer I = 20 mA --> 2560 Einheiten den Zahlenwert 60.
Dieser etwas komplizierte Umrechnungsvorgang liesse sich vermeiden, wenn der Analogeingang hardwaremaessig umgebaut werden wuerde: Anstelle des vorhandenen 31,25 Ohm- einen 25 Ohm- Widerstand verwenden. Die Obergrenze waere dann auf OGR = 60 zu setzen.

```
     :SPA FB 240            Sollwert einlesen.
NAME :COD:B4
BCD  :    EW  12            BCD-Zahleneinsteller ablesen.
SBCD :    M  100.0
DUAL :    MW   8            Sollwert dual-codiert nach MW8.
     :
     :SPA FB 250            Istwert einlesen:
NAME :RLG:AE
BG   :    KF +160               Baugruppenadresse
KNKT :    KY 4,4                Kanal 4, Kanaltyp 4=unipolar
OGR  :    KF +48                Obergrenze entspricht 16 mA
UGR  :    KF +0                 Untergrenze entspricht 0 mA
EINZ :    M  100.1
XA   :    MW  12                Normierter Istwert: 0...60
FB   :    M  100.2              (hochgerechneter Wert fuer
BU   :    M  100.3               20 mA).
TBIT :    M  100.4
     :
     :BE

PB 4
     :L   MW  12            Solange Istwert kleiner als
     :L   MW   8            Sollwert,
     :<F                    Motor-Rechtslauf: Klappe weiter
     :=   A    0.0          oeffnen.
     :
     :L   MW  12            Solange Istwert groesser als
     :L   MW   8            Sollwert,
     :>F                    Motor-Linkslauf: Klappe weiter
     :=   A    0.1          schliessen.
     :BE
```

Übung 19.3: DC-DC-Wandler

Realisierung mit einer SPS:

Zuordnung:

```
  G =  Baugruppenadresse BG = 160   MW 10 Zahlenwert nach AD-Umsetzung
       Kanalnummer       KN = 5     MW 12 Zahlenwert nach dem Offset
       Kanaltyp          KT = 6     MW 14 Zahlenwert nach
  V =  Baugruppenadresse BG = 192         Vorzeichenumkehr
       Kanalnummer       KN = 0     MW 16 Zahlenwert nach
       Kanaltyp          KT = 1           Multiplikation mit 1,25
                                    MW 18 Zahlenwert nach BCD-Wandlung
  AW = AW 16
```

Anweisungsliste:

```
OB 1
     :SPA FB   1            Analogwert einlesen u. umrechnen
NAME :OFFSET
     :
     :SPA FB   2            Messbereich auf 0...10V anpassen
NAME :V-FAKTOR
     :
     :SPA PB   1            Temperatur als Analogwert im
     :                      Bereich 0...10 V ausgeben.
     :
     :SPA FB   3            Temperaturwert an BCD - Anzeige.
NAME :TEMPZAHL
     :
     :BE
```

```
FB 1
NAME :OFFSET
     :SPA FB 250             Analogwert einlesen:
NAME :RLG:AE
BG   :    KF +160                Baugruppenadresse
KNKT :    KY 5,6                 Kanal 5, Kanaltyp 6=bipolar
OGR  :    KF +2048               Obergrenze
UGR  :    KF -2048               Untergrenze
EINZ :    M  100.0
XA   :    MW  10                 Istwert:Zahlenwert nach AD-
FB   :    M  100.1                       Umsetzung.
BU   :    M  100.2
TBIT :    M  100.3
     :
     :L   MW  10             Umrechnung auf Temperaturwerte
     :L   KF +2867           (Offset), es entstehen negative
     :-F                     Temperaturwerte.
     :T   MW  12             Istwert: Zahlenwert nach Offset.
     :
     :L   MW  12             Umwandlung der negativen Temp.-
     :KZW                    werte in positive Zahlenwerte.
     :T   MW  14
     :BE

FB 2
NAME :V-FAKTOR
     :L   MW  14             Multiplikation mit 1,25. Damit
     :SRW      2             wird der interne Zahlenbereich
     :L   MW  14             der Temperaturwerte an den
     :+F                     Nennbereich der Analogausgabe
     :T   MW  16             angepasst.
     :BE

PB 1
     :SPA FB 251             Temp. als Analogwert ausgeben:
NAME :RLG:AA
XE   :    MW  16               Zahlenwert in MW16,
BG   :    KF +192              Baugruppenadresse,
KNKT :    KY 0,1               Kanal 0, Kanaltyp 1 =bipolar,
OGR  :    KF +1024             Obergrenze,
UGR  :    KF -1024             Untergrenze.
FEH  :    M  100.5
BU   :    M  100.6
     :
     :BE

FB 3
NAME :TEMPZAHL
     :SPA FB 241             Dual - BCD - Umwandlung.
NAME :COD:16
DUAL :    MW  16               Temperaturwert dual-codiert.
SBCD :    M  100.4
BCD2 :    MB 102
BCD1 :    MW  18               Temperaturwert BCD-codiert.
     :
     :L   MW  18             Division des BCD-codierten
     :SRW      4             Temperaturwertes durch 10.
     :T   AW  16             Ausgabe des umgerechneten Temp.-
     :BE                     wertes an BCD-Ziffernanzeige.
```

Übung 20.1: Mehrpunktregler

Realisierung mit einer SPS:

Zuordnung:

```
  S = E 0.0    A0 = A 0.0   MW 10 Sollwert, dual-codiert
               A1 = A 0.1   MW 20 Istwert, dual-codiert
                            MW 30 Regeldifferenz

  w = Baugruppenadresse BG = 160
      Kanalnummer       KN = 0
      Kanaltyp          KT = 4
  x = Baugruppenadresse BG = 160
      Kanalnummer       KN = 1
      Kanaltyp          KT = 4
```

Anweisungsliste:

```
OB 1
     :UN  E    0.0        Regelung EIN-AUS
     :BEB
     :
     :SPA FB   1          Soll-u. Istwerte erfassen.
NAME :EINLESEN
     :
     :SPA FB   2          Regelprogramm bearbeiten.
NAME :DREIPKT
     :
     :BE

FB 1
NAME :EINLESEN
     :SPA FB 250          Einlesen Sollwert w:
NAME :RLG:AE
BG   :    KF +160           Baugruppenadresse,
KNKT :    KY 0,4            Kanal 0, Kanaltyp 4 =unipolar
OGR  :    KF +250           Obergrenze  entspr. 25 Grad,
UGR  :    KF +150           Untergrenze entspr. 15 Grad,
EINZ :    M  100.0
XA   :    MW  10            Sollwert dual-codiert.
FB   :    M  100.1
BU   :    M  100.2
TBIT :    M  100.3
     :
     :SPA FB 250          Einlesen Istwert x:
NAME :RLG:AE
BG   :    KF +160           Baugruppenadresse,
KNKT :    KY 1,4            Kanal 1, Kanaltyp 4 =unipolar
OGR  :    KF +500           Obergrenze  entspr. 50 Grad,
UGR  :    KF +0             Untergrenze entspr.  0 Grad,
EINZ :    M  100.4
XA   :    MW  20            Istwert dual-codiert.
FB   :    M  100.5
BU   :    M  100.6
TBIT :    M  100.7
     :BE
```

```
FB 2
NAME :DREIPKT
     :L   MW  10         Sollwert w
     :L   MW  20         Istwert  x
     :-F
     :T   MW  30         Regeldifferenz xd = w - x
     :
     :L   MW  30         Feststellen, ob Regeldifferenz
     :L   KF +5          kleiner als 0,5 Kelvin ist.
     :<F
     :SPB =M001          Wenn ja, Sprung zu Marke M001.
     :
     :L   MW  30         Feststellen, ob Regeldifferenz
     :L   KF +10         kleiner als 1,0 Kelvin ist.
     :<F
     :BEB                Wenn ja, Luefteransteuerung
     :                   unveraendert lassen.
     :
     :L   MW  30         Feststellen, ob Regeldifferenz
     :L   KF +30         groesser als 3,0 Kelvin.
     :>F
     :SPB =M002          Wenn ja, Sprung zu Marke M002.
     :
     :L   MW  30         Feststellen, ob Regeldifferenz
     :L   KF +25         groesser als 2,5 Kelvin ist.
     :>F
     :BEB                Wenn ja, Luefteransteuerung
     :                   unveraendert lassen.
     :
     :L   MW  30         Feststellen, ob Regeldifferenz
     :L   KF +20         groesser als 2,0 Kelvin ist.
     :>F
     :SPB =M003          Wenn ja, Sprung zu Marke M003.
     :
     :L   MW  30         Feststellen, ob Regeldifferenz
     :L   KF +15         groesser als 1,5 Kelvin ist.
     :>F
     :BEB                Wenn ja, Luefteransteuerung
     :                   unveraendert lassen.
     :
     :L   MW  30         Feststellen, ob Regeldifferenz
     :L   KF +10         groesser als 1,0 Kelvin ist.
     :>F
     :SPB =M004          Wenn ja, Sprung zu Marke M004.
     :BEA
     :
M001 :R   A     0.0      Luefter
     :R   A     0.1      ausschalten.
     :BEA
     :
M002 :S   A     0.0      Luefter auf
     :S   A     0.1      Stufe 3 schalten.
     :BEA
     :
M003 :R   A     0.0      Luefter auf
     :S   A     0.1      Stufe 2 schalten.
     :BEA
M004 :S   A     0.0      Luefter auf
     :R   A     0.1      Stufe 1 schalten.
     :BE
```

Übung 20.2: Thyristor-Stellglied an K-Regler

Realisierung mit einer SPS:

Zuordnung:

```
  S = E 0.0    A0 = A 1.0            MW 10 Istwert, dual-codiert
  w = EW 12                          MW 12 Sollwert, BCD-codiert
                                     MW 14 Sollwert, dual-codiert
                                     MW 16 Stellgröße, normiert auf
                                           0 ... 1024 Einheiten = 0 ... 10 V
                                     DW 11 Steuerwort
                                           KF +33: K-Regler EIN
                                           KF +37: K-Regler AUS
  x = Baugruppenadresse BG = 160
      Kanalnummer       KN = 0
      Kanaltyp          KT = 4
  y = Baugruppenadresse BG = 192
      Kanalnummer       KN = 0
      Kanaltyp          KT = 0
```

Anweisungsliste:

OB 21

Bei einem manuellen Neustart wird der OB21 einmal bearbeitet und veranlasst die einmalige Bearbeitung des FB1. Dort wird ein Systemwort geladen, das den Organisationsbaustein OB13 auf Zeitintervalle von 0,1 s einstellt; damit ist die Abtastzeit TA eingestellt.

```
     :SPA FB   1          OB fuer manuellen Neustart.
NAME :SYSTEMDW
     :BE
```

OB 22

Der Organisationsbaustein OB22 wird bei automatischen Neustart einmal bearbeitet. Weiterer Text siehe OB21.

```
     :SPA FB   1          OB fuer automatischen Neustart.
NAME :SYSTEMDW
     :BE
```

```
FB 1
NAME :SYSTEMDW
     :L   KF +10          Bearbeitungsintervalle fuer
     :T   BS  97          OB13 auf 10 x 10 ms = 0,1 s
     :BE                  einstellen.
```

```
OB 13
     :SPA FB  10          Aufruf Abtastregler alle 0,1 s.
NAME :KREG
     :
     :UN  A    1.0
     :=   A    1.0        Anzeige der Abtastzeitpunkte.
     :BE
```

```
FB 10
NAME :KREG
     :A   DB  10          Aufruf Regelkreis-Datenbaustein.
     :
     :UN  E    0.0        Abfrage Reglerfreigabe S.
     :SPB =M001
     :L   KF +33          Steuerwort fuer K-Regler "EIN"
     :T   DW  11          nach Datenwort DW11 im DB10.
     :
     :SPA FB 250          Istwert x (Analogwert) einlesen:
NAME :RLG:AE
BG   :    KF +160            Baugruppenadresse,
KNKT :    KY 0,4             Kanal 0, Kanaltyp 4 =unipolar
OGR  :    KF +250            Obergrenze,
UGR  :    KF +0              Untergrenze,
EINZ :    M  100.0
XA   :    MW  10             Istwert x (dual-codiert).
FB   :    M  100.1
BU   :    M  100.2
TBIT :    M  100.3
     :
     :L   MW  10          Istwert x nach DW22 im DB10.
     :T   DW  22
     :
     :L   EW  12          Sollwert w (BCD-codiert) in
     :T   MW  12          Zwischenspeicher.
     :
     :SPA FB 240          Wandeln BCD --> Dual:
NAME :COD:B4
BCD  :    MW  12             Sollwert w (BCD-codiert),
SBCD :    M  100.4
DUAL :    MW  14             Sollwert w (dual-codiert).
     :
     :L   MW  14          Sollwert w (dual-codiert) nach
     :T   DW   9          DW9 im DB10.
     :
     :SPA OB 251          PID- Regelalgorithmus bearbeiten
     :
     :L   DW  48          Stellgroesse y an Analogausgabe
     :SRW      1          anpassen: Maximalwert auf 1024
     :T   MW  16          Einheiten = 10 V.
     :
     :SPA FB 251          Stellgroesse y analog ausgeben:
NAME :RLG:AA
XE   :    MW  16             Stellgroesse (dual-codiert),
BG   :    KF +192            Baugruppenadresse,
KNKT :    KY 0,0             Kanal 0, Kanaltyp 0=unipolar
OGR  :    KF +1024           Obergrenze  : 1024 = 10 V,
UGR  :    KF +0              Untergrenze :    0 =  0 V.
FEH  :    M  100.5
BU   :    M  100.6
     :BEA
     :
M001 :L   KF +37          Steuerwort fuer K-Regler "AUS"
     :T   DW  11          nach DW11 in DB10.
     :
     :SPA OB 251          Bearbeiten des Regelalgorithmus-
                          zum Loeschen der Altwerte.
```

```
      :L    KF +0
      :T    MW  10           Loeschen der Register.
      :T    MW  12
      :T    MW  14
      :T    MW  16
      :T    PW 192
      :BE

DB10
 0:      KH = 0000;
 1:      KF = +02000;        Proportionalbeiwert K: Vorschlag
 2:      KH = 0000;
 3:      KF = +01000;        Konstante R
 4:      KH = 0000;
 5:      KF = +00100;        Konstante TI = TA:TN: Vorschlag
 6:      KH = 0000;
 7:      KF = +00000;        Konstante TD = Tv:TA
 8:      KH = 0000;
 9:      KF = +00000;        Datenwort fuer Sollwert w
10:      KH = 0000;
11:      KF = +00000;        Datenwort fuer Steuerwort
12:      KH = 0000;
13:      KH = 0000;
14:      KF = +02047;        Obergrenze Stellgroesse
15:      KH = 0000;
16:      KF = -02047;        Untergrenze Stellgroesse
17:      KH = 0000;
18:      KH = 0000;
19:      KH = 0000;
20:      KH = 0000;
21:      KH = 0000;
22:      KF = +00000;        Datenwort fuer Istwert x
23:      KH = 0000;
24:      KH = 0000;
25:      KH = 0000;
26:      KH = 0000;
27:      KH = 0000;
28:      KH = 0000;
29:      KH = 0000;
30:      KH = 0000;
31:      KH = 0000;
32:      KH = 0000;
33:      KH = 0000;
34:      KH = 0000;
35:      KH = 0000;
36:      KH = 0000;
37:      KH = 0000;
38:      KH = 0000;
39:      KH = 0000;
40:      KH = 0000;
41:      KH = 0000;
42:      KH = 0000;
43:      KH = 0000;
44:      KH = 0000;
45:      KH = 0000;
46:      KH = 0000;
47:      KH = 0000;
48:      KF = +00000;        Datenwort fuer Stellgroesse y
49:
```

Übung 20.3: Erweitertes Programm für einen S-Regler

Die kommentierten Programmstellen weisen auf die gemäß Aufgabenstellung erforderlichen Programmänderungen gegenüber dem Ausgangsprogramm des Lehrbuches von S. 500 bis 503 hin. Alle anderen Programmstellen sind von dort unverändert übernommen worden.

Realisierung mit einer SPS:

Zuordnung:

```
  S0 = E 0.0    IMPM = A 0.0            MB 10 Zählvariablen
  S1 = E 1.0    IMPW = A 0.1            MW 12 Regeldifferenz
  S2 = E 1.1      A0 = A 1.0            MW 14 Sammelspeicher
   w = EW 12      A1 = A 1.7            MW 16 Zwischenspeicher
   x = Baugruppenadresse BG = 160       MW 18 Neue Impulszahl Ti
       Kanalnummer       KN = 0         MW 20 Rest
       Kanaltyp          KT = 4         MW 22 Impulszahlspeicher
                                        DW 11 Steuerwort
                                              KF +57: S-Regler EIN
                                              KF +61: S-Regler AUS
```

Anweisungsliste:

```
OB 21
     :SPA FB   1            OB fuer manuellen Neustart.
NAME :SYSTEMDW
     :BE

OB 22
     :SPA FB   1            OB fuer automatischen Neustart.
NAME :SYSTEMDW
     :BE

FB 1
```

Die Bearbeitungsintervalle fuer den OB13 berechnen sich aus: Faktor *10 ms. Dieser Wert muss in das Betriebsdatenwort BS97 eingetragen werden. Der Wert fuer die Mindesteinschaltdauer Tmin des Schrittreglers steht im Datenwort DW54 des Datenbausteins DB10. Dort ist fuer z.B. Tmin = 0,1s laut Aufgabenstellung der 10-fach Wert, also 1, einzutragen. Um auf den Faktor 10 zu kommen, der 10 * 10 ms = 0,1 s ergibt, ist also nochmals eine Multiplikation mit 10 erforderlich. Diese Multiplikation wird hier im Baustein durchgefuehrt und das Ergebnis in das Betriebsdatenwort BS97 transferiert.

```
NAME :SYSTEMDW
     :A   DB  10            Aufruf Datenbaustein DB10:
     :
     :L   DW  54            Der Zahlenwert aus dem Datenwort
     :SLW      3            DW54 wird mit 10 multipliziert:
     :L   DW  54            zuerst den Zahlenwert 3 mal
     :+F                    Linksschieben, was einer Multi-
     :L   DW  54            plikation mit 8 entspricht und
     :+F                    dann noch 2 mal den Ausgangswert
     :T   BS  97            addieren. Ergebnis in Betriebs-
     :BE                    datenwort BS97 transferieren.

OB 13
     :SPA FB   5
NAME :VERTEILE
     :
     :UN  A    1.0          Anzeige der Abtastzeitpunkte.
     :=   A    1.0
     :BE
```

```
FB 5
NAME :VERTEILE
     :A   DB  10
     :
     :UN  E     0.0
     :SPB =M001
     :L   KF +57
     :T   DW  11
     :
     :L   MB  10
     :L   KF +0
     :!=F
     :SPB FB  10
NAME :IMPZAHL
     :
     :SPA FB  20
NAME :IMPAUSG
     :
     :L   MB  10
     :I        1
     :T   MB  10
     :
     :
     :L   MB  10         Abfragen, ob Zaehlgrenze
     :L   DR  56         erreicht. Diese steht im rechten
     :!=F                Byte des Datenwortes DW56.
     :SPB =M002
     :BEA
     :
M002 :L   KF +0
     :T   MB  10
     :BEA
     :
M001 :R   A     0.0
     :UN  E     1.1
     :=   A     0.1
     :
     :L   KF +61
     :T   DW  11
     :SPA OB 251
     :
     :L   KF +0
     :T   MB  10
     :T   MW  12
     :T   MW  14
     :T   MW  16
     :T   MW  18
     :T   MW  20
     :T   MW  22
     :T   MW  30
     :T   MW  40
     :T   MW  42
     :BE
```

```
FB 10
NAME :IMPZAHL
     :UN  A    1.7       Anzeige der Reglerbearbeitungs-
     :=   A    1.7       zeitpunkte.
     :SPA FB 240
NAME :COD:B4
BCD  :    EW  12
SBCD :    M  100.0
DUAL :    DW   9
     :
     :SPA FB 250
NAME :RLG:AE
BG   :    KF +160
KNKT :    KY 0,4
OGR  :    KF +1000
UGR  :    KF +0
EINZ :    M  100.1
XA   :    DW  22
FB   :    M  100.2
BU   :    M  100.3
TBIT :    M  100.4
     :
     :L   DW   9
     :L   DW  22
     :-F
     :T   MW  12
     :
     :L   MW  12
     :L   KF +0
     :>F
     :SPB =M001
     :
     :L   MW  12
     :KZW
     :T   MW  12
     :
M001 :L   MW  12
     :L   KF +1
     :>F
     :SPB =M002
     :BEA
     :
M002 :SPA OB 251
     :
     :L   MW  14
     :L   DW  48
     :+F
     :T   MW  14
     :
     :L   MW  14
     :L   KF +0
     :>F
     :SPB =M003
     :
     :L   MW  14
     :KZW
     :T   MW  16
     :SPA =M004
     :
M003 :L   MW  14
     :T   MW  16
     :
M004 :SPA FB 243         Division im Funktionsbaustein:
```

```
NAME :DIV:16
Z1   :    DW  52            Ty* = Ty : Tmin (s.S.494 Lehrb.)
Z2   :    DW  54
OV   :    M  100.5          Der Funkt.baustein rechnet Z1:Z2
FEH  :    M  100.6
Z3=0 :    M  100.7
Z4=0 :    M  101.0
Z3   :    MW  30            Quotient (Ganzzahlwert)
Z4   :    MW  32            Rest (wird nicht verwendet).
     :
     :SPA FB 242            Multiplikation im Funkt.baustein
NAME :MUL:16
Z1   :    MW  30            delta y * Ty*   (s.S.494 Lehrb.)
Z2   :    MW  16
Z3=0 :    M  101.1          Der Funkt.baustein rechnet Z1*Z2
Z32  :    MW  40            Produkt (2.Teil):VZ u.hoehere St
Z31  :    MW  42            Produkt (1.Teil):niedere Stellen
     :
     :L   MB  42            Division durch delta y max =2048
     :T   MB  43            in zwei Schritten:
     :L   MB  41            1. Umladen der hoeherwertigen in
     :T   MB  42            niederwertige Bytes; diese ent
     :L   MB  40            spricht einer Division durch
     :T   MB  41            2 hoch 8 = 256.
     :
     :L   MW  42            2. Inhalt des niederwertigsten
     :SRW      3            Bytes wird nochmals durch
     :T   MW  18            2 hoch 3 = 8 geteilt in Form von
     :                      Rechtsschieben um 3 Stellen.
     :                      Ergebnis nach MW18.
     :L   MW  16
     :L   KH 0007
     :UW
     :T   MW  20
     :
     :L   MW  14
     :L   KF +0
     :>F
     :SPB =M005
     :
     :L   MW  20
     :KZW
     :T   MW  14
     :
     :L   MW  18
     :KZW
     :T   MW  18
     :SPA =M006
     :
M005 :L   MW  20
     :T   MW  14
     :
M006 :L   MW  22
     :L   MW  18
     :+F
     :T   MW  22
     :BE
```

```
FB 20
NAME :IMPAUSG
     :NOP 1
     :R   A    0.0
     :R   A    0.1
     :
     :L   MW  22
     :L   KF +0
     :>F
     :SPB =M001
     :
     :U   E    1.1
     :BEB
     :
     :L   MW  22
     :KZW
     :L   KF +1
     :>=F
     :SPB =M002
     :BEA
     :
M002 :S   A    0.1
     :
     :L   MW  22
     :L   KF +1
     :+F
     :T   MW  22
     :BEA
     :
M001 :U   E    1.0
     :BEB
     :
     :L   MW  22
     :L   KF +1
     :>=F
     :SPB =M003
     :BEA
     :
M003 :S   A    0.0
     :
     :L   MW  22
     :L   KF +1
     :-F
     :T   MW  22
     :BE
```

```
DB10
  0:     KF = +00000;
  1:     KF = +02000;
  2:     KF = +00000;
  3:     KF = +01000;
  4:     KF = +00000;
  5:     KF = +00100;
  6:     KF = +00000;
  7:     KF = +00000;
  8:     KF = +00000;
  9:     KF = +00000;
 10:     KF = +00000;
 11:     KF = +00000;
 12:     KF = +00000;
 13:     KF = +00000;
 14:     KF = +02047;
 15:     KF = +00000;
 16:     KF = -02047;
 17:     KF = +00000;
 18:     KF = +00000;
 19:     KF = +00000;
 20:     KF = +00000;
 21:     KF = +00000;
 22:     KF = +00000;
 23:     KF = +00000;
 24:     KF = +00000;
 25:     KF = +00000;
 26:     KF = +00000;
 27:     KF = +00000;
 28:     KF = +00000;
 29:     KF = +00000;
 30:     KF = +00000;
 31:     KF = +00000;
 32:     KF = +00000;
 33:     KF = +00000;
 34:     KF = +00000;
 35:     KF = +00000;
 36:     KF = +00000;
 37:     KF = +00000;
 38:     KF = +00000;
 39:     KF = +00000;
 40:     KF = +00000;
 41:     KF = +00000;
 42:     KF = +00000;
 43:     KF = +00000;
 44:     KF = +00000;
 45:     KF = +00000;
 46:     KF = +00000;
 47:     KF = +00000;
 48:     KF = +00000;
 49:     KF = +00000;
 50:     KF = +00000;
 51:     KF = +00000;
 52:     KF = +00256;
 53:     KF = +00000;
 54:     KF = +00001;
 55:     KF = +00000;
 56:     KF = +00005;
 57:
```

Beispielwerte:
Stellgliedlaufzeit Ty = 25,6 s
Mindesteinschaltdauer Tmin=0,1 s
Abtastzeit Ta = 0,5 s